3판
실용 기계공작법

3판
실용 기계공작법

박원규 · 이훈 · 이종구 · 이종항 · 우영환 지음

교문사

국내 제조업의 근간이 되는 주조, 금형, 소성가공, 용접, 표면처리, 열처리 등의 뿌리산업 분야와

스마트 제조분야의 기술개발은 첨단기술의 기술경쟁력 확보에도 매우 중요한 역할을 하고 있다는 것은 부인 할 수 없는 사실이다.

기계공작법이란 생산제조기술의 기본이 되는 학문 분야로 창의적이면서도 다양한 방법을 연구하고 개발해야 하므로 폭넓은 지식과 현장의 장인정신이 요구된다. 이 책의 구성은 제조업의 근간인 뿌리산업 등의 기본 개념을 서술하였고, 공작기계를 이용한 절삭, 연삭 및 특수가공법에 대하여 소개하였다.

제1장 주조에서는 주조재료와 주조방법, 주조공정 등을, 제2장 소성가공에서는 기초적인 소성이론과 소성가공의 종류를 도해와 함께 쉽게 설명하였으며, 제3장에서는 다양한 용접방법을 소개하였다. 제4장 강의 열처리에서는 열처리 종류와 공정을 소개하였고, 제5장 측정과 수기가공에서는 기본적인 측정기기와 사용법을 쉽게 소개하였다. 제6장 절삭가공은 기본적인 절삭이론과 다양한 공작기계의 가공방법과 공정 및 공구에 대하여 다루었으며, 제7장 연삭가공은 연삭숫돌과 연삭기의 종류, 가공방법 등을, 제8장 정밀 입자가공에서는 입자를 이용한 가공법과 특수가공법의 종류를, 제9장에서는 CNC공작기계의 메커니즘과 가공법에 따른 공작기계의 종류 및 가공공정을 알기 쉽게 많은 사진과 함께 설명하였다. 특히 3판을 개정하면서 사진과 그림을 보강하였다.

이 책은 기계공학도 뿐만 아니라 관련 분야 학생들의 공작기술 입문서 및 산업현장의 기술자들도 쉽게 접할 수 있는 내용으로 구성하였으나, 내용상의 부족함이나 서술의 난해함 등은 독자님들의 지도 편달 부탁드립니다.

끝으로 3판이 출간되기까지 힘써주신 교문사에 깊은 감사를 드립니다.

2023년 3월
저자 일동

| 차례 |

서 론

1. 기계공작의 개요 11
1 기계공작법과 그 특징 11 2 기계공작 공정 13

2. 기계공작 재료 14
1 기계재료의 분류 14 2 기계재료의 가공성 15

1장
주 조

1. 주조의 개요 18
1 주조공정 18 2 주물의 분류 19 3 주조금속의 특성 21
4 주조의 장단점 26 5 주조재료 27 6 주물결함과 검사법 32

2. 모형 36
1 모형의 정의 36 2 모형의 종류 36 3 모형제작의 유의사항 41
4 모형의 검사와 정리 43

3. 주형 44
1 주형의 종류 44 2 주물사 45 3 주형제작 방안 48
4 주형 공구 및 기계 54

4. 용해와 후처리 58
1 용해로의 개요 58 2 주입 64 3 용탕의 처리 67
4 후처리 68

5. 특수 주조법 69
1 고압 주조법 69 2 중력 주조법 70 3 저압 주조법 71
4 다이캐스팅 71 5 이산화탄소 주조법 74 6 쉘몰드법 73
7 인베스트먼트 주조법 76 8 쇼 주조법 78 9 풀 몰드 주조법 79
10 원심 주조법 79 11 진공 주조법 81 12 연속 주조법 81

2장
소성 가공

1. 소성 가공의 개요 84
1 재료의 성질 84   **2** 응력 – 변형률 곡선 84   **3** 소성변형의 유형 85
4 인장응력 – 변형률곡선 88   **5** 열간 가공·냉간 가공·온간 가공 89

2. 소성 가공의 종류 91
1 소성 가공의 분류 91   **2** 압연 92   **3** 압출 99
4 인발 105   **5** 전조 109   **6** 단조 111
7 프레스 가공 119   **8** 전단 가공 123   **9** 굽힘 가공 127
10 드로잉 132   **11** 압축 가공 135   **12** 제관 가공 136
13 그 밖의 성형법 138

3장
용 접

1. 용접의 개요 142
1 용접의 역사 142   **2** 용접의 특징 142   **3** 용접의 분류 143
4 용접 이음부의 형식과 자세 144

2. 가스 용접 149
1 가스 용접의 개요 149   **2** 가스 용접 장치 152

3. 아크 용접 159
1 아크 용접의 개요 159   **2** 아크 용접기 163   **3** 용접봉 166
4 아크 용접 작업 169

4. 특수 용접 172
1 특수 용접의 개요 172   **2** 불활성가스 아크 용접 173
3 이산화탄소 아크 용접 175   **4** 서브머지드 아크 용접 176
5 기타 특수 용접 177

5. 전기저항 용접 180
1 전기저항 용접의 개요 180   **2** 전기저항 용접의 종류 182

6. 그 밖의 금속 압접 185

1 압접 185　　　　**2** 단접 188　　　　**3** 납땜 189

7. 절단법 190

1 절단 190　　　　**2** 절단 토치 193　　　**3** 특수 절단법 194
4 자동 가스 절단기 197

8. 용접부의 결함과 검사 199

1 용접부의 결함 199　　**2** 용접부의 검사 201

4장
강의 열처리

1. 열처리의 개요 206

2. 가열과 냉각 방법 207

1 가열 방법 207　　　　**2** 냉각 방법 208　　　**3** 냉각 방법의 3형태 208

3. 강의 열처리 209

1 열처리의 원리 209　　**2** 금속 원자의 구조 및 결합 방법 210
3 순철의 변태 212　　　**4** 철 – 탄소 평형 상태도 213
5 강의 현미경 조직 214　**6** 항온 변태 215　　　**7** 연속냉각 변태 216

4. 열처리 216

1 담금질 216　　　　　**2** 강의 변태 217　　　**3** 담금질 작업 217
4 풀림 224　　　　　　**5** 불림 226　　　　　**6** 뜨임 227

5. 표면 경화법 230

1 표면 경화의 개요 230　**2** 표면 경화의 종류 230
3 금속 침투법 234

6. 표면 처리 235

1 표면 처리의 개요 235　**2** 표면 처리의 종류 236

5장
측정과 수기 가공

1. 측정의 개요 240
1 측정의 기초 240   2 게이지 251

2. 수기 가공과 조립 작업 258
1 수기 가공의 개요 258   2 조립과 분해 작업 263

6장
절삭 가공

1. 절삭 가공의 개요 268
1 절삭 가공의 종류 268   2 절삭날에 의한 가공 269
3 입자에 의한 가공 269   4 가공 능률에 따른 분류 270

2. 절삭 가공의 이론 271
1 절삭 조건 271   2 절삭 양식 272   3 절삭 이론 274
4 절삭 유제 278   5 공구 재료의 종류와 특징 280

3. 절삭 공구 282
1 선삭 가공용 공구 283   2 밀링 커터 285   3 밀링 커터의 종류 286
4 드릴과 리머 289   5 나사 절삭용 공구 291
6 기어 절삭용 공구 292

4. 절삭 가공용 공작 기계 295
1 선반 295   2 선반 가공 302   3 공작물의 고정 304
4 바이트의 고정 304   5 센터 작업 305   6 원통면의 절삭 가공 305
7 나사 가공 307

5. 선반의 종류와 특징 307
1 보통 선반과 터릿 선반 307 2 자동 선반과 모방 선반 310

6. 플레이너와 슬로터 311
1 플레이너 311   2 슬로터 314

7. 드릴링과 보링　316

　1 드릴링 머신의 구조와 기능　316　　2 보링 머신　322

8. 밀링 머신　325

　1 밀링 머신의 구조와 부속장치　326　　2 분할대와 분할법　330
　3 밀링 가공　333　　　　　　　　　　4 밀링 가공 기구　334
　5 공작물의 고정　336

9. 밀링 머신의 종류와 특징　337

　1 니이형 밀링 머신　337　　2 특수 밀링 머신　338

10. 기어 가공 기계　340

　1 호빙 머신과 기어 가공　340

11. 기어 세이퍼와 기어 가공　342

7장
연삭 가공

1. 연삭　346

　1 연삭 가공 개요　346　　2 연삭숫돌　348　　3 연삭숫돌의 종류　353
　4 연삭기　354　　　　　　5 연삭 작업　364

8장
정밀 입자 가공

1. 정밀 입자 가공의 개요　374

　1 정밀 입자 가공의 종류　374

2. 래핑　374

　1 래핑 개요　374　　　　2 랩 및 래핑유　375　　3 래핑 방식　376
　4 래핑 작업과 래핑 머신　377

3. 호닝　378

　1 호닝 개요　378　　　　2 혼　379　　　　　　3 호닝 머신　380
　4 액체 호닝　381

4. 슈퍼 피니싱 382
1 슈퍼 피니싱 개요 382   2 숫돌 압력 및 가공액 382   3 슈퍼 피니싱 방법 383

5. 폴리싱과 버핑 384
1 폴리싱 384   2 버핑 384

6. 기타 가공 385
1 분사 가공 385   2 쇼트 피닝 385   3 버니싱 386
4 배럴 다듬질 387

7. 특수 가공 387
1 기계적 특수 가공 388   2 전기적 특수 가공 392   3 열적 특수 가공 397
4 화학적 특수 가공 400

9장
CNC 가공

1. CNC 공작기계 404
1 CNC 공작기계의 개요 404
2 CNC 공작기계의 메커니즘과 제어 방법 409
3 자동화를 위한 주변 기술 427

2. 다축 가공 434
1 5축 가공의 개요 434   2 5축 CNC 기계 가공의 분류 437   3 기계로 전송 438

찾아보기 441

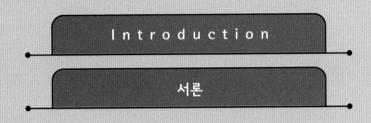

1 기계공작의 개요

1 기계공작법과 그 특징

기계공작법(manufacturing process)은 기계재료를 각종 방법으로 가공하거나 성형하여 유용한 기계장치 등을 제작하는 이론 및 기술에 관한 기계공학의 한 분야로서, 크게 비절삭 가공과 절삭 가공 그리고 특수가공으로 분류한다.

여기에 사용되는 재료에는 금속, 플라스틱, 목재, 고무, 피혁, 유리, 직물, 시멘트, 세라믹, 소결 재료 등 매우 많은 종류가 있으나, 주로 금속재료가 사용된다. 금속재료를 가공하는 경우 그 외형을 변화시키는 대표적인 가공법으로는 다음과 같은 가공법이 있다.

① 금속을 용해한 다음 필요로 하는 모양으로 응고시키는 주조
② 고체 금속의 소성을 이용하여 가공 변형시키는 소성 가공
③ 주조 또는 소성 가공으로 성형한 재료를 정확한 치수로 절삭하는 절삭 가공
④ 절삭 가공한 기계 부품을 정밀한 치수로 다듬질 가공하는 연삭 가공

표 1 기계공작법의 분류

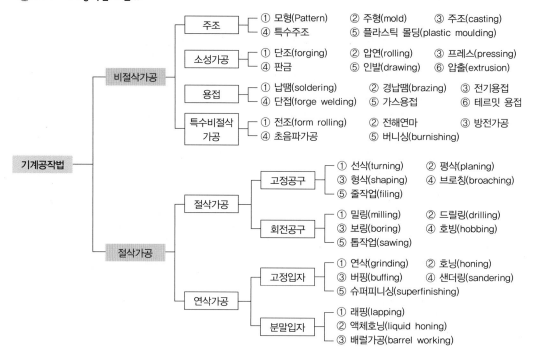

(1) 비절삭 가공

① **주조법** 금속을 용해하여 소정의 주형에 주입한 다음 응고시켜 원하는 모양의 금속 제품을 제조하는 방법을 주조(casting)라 한다.

② **용접법** 금속을 접합하는 방법 중에서 접합 부분을 가열하여 녹이고, 여기에 용접봉을 용해·보충하여 접합하는 방법을 용접법(welding)이라 한다.

③ **소성 가공** 가공할 재료에 힘을 가하여 원하는 모양으로 성형하거나 분리 또는 결합 등의 가공으로 제품을 만드는 공작법을 소성 가공(plastic working)이라 한다.

(2) 절삭 가공

① **절삭 가공** 단조, 주조 등으로 1차 가공하여 만든 부품 소재의 모양과 치수를 정확하게 가공하기 위하여 절삭공구로 쇳밥을 내면서 깎는 방법을 절삭 가공이라 한다.

② **연삭 가공** 공작물이 단단하거나 절삭 가공만으로는 정밀가공이 어려운 경우에 연삭 가공을 하게 된다. 연삭가공은 미세한 숫돌 입자의 예리한 모서리의 하나하나가 작은 날끝으로 작용하여 일반 재료는 물론, 담금질한 강이나 초경합금 그리고 유리, 석재 및 도자기 등의 비금속재료 등 절삭 가공이 어려운 단단한 재료의 가공이 가능하며, 치수가 정밀하고, 매끈한 다듬질 면을 얻을 수 있는 가공 방법이다.

(3) 특수가공

초경합금과 같이 매우 단단하여 구멍을 뚫을 수 없는 재료는 방전가공(electro-discharge machining)이 효과적이다. 또한 전해작용을 이용한 전해가공(electrolytic machining), 전자에너지를 이용한 전자빔 가공(electron beam machining)과 레이저 가공(laser machining), 초음파 가공(ultrasonic machining), 플라즈마 가공(plasma machining) 등이 특수가공에 속한다.

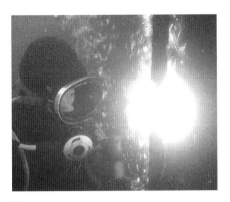

❀ 그림 1 **특수(수중) 용접**

❀ 그림 2 **플라즈마 절단**

2 기계공작 공정

기계를 제작하려면 우선 기계의 제작 목적을 충분히 달성할 수 있는 기구를 구성하고, 재료를 선정하면 형상 및 치수 등을 설계하여 제작도를 그린다. 제작도는 기계제작 공장에 배포되어 기계부품을 가공하고 조립 및 시험하여 출고하게 된다.

❀ 표 2 **기계공작 공정**

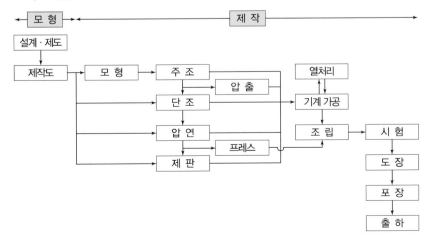

따라서 기계공작 공정은 크게 설계와 제작 두 단계로 나눌 수 있으며, 기계가 소재로부터 완성된 제품을 만들기 위한 기계제작 공정은 표 2와 같다.

2 기계공작 재료

기계와 장치는 그 사용 목적과 종류에 따라 많은 부품으로 구성되어 있으며, 이들 부품은 여러 종류의 재료를 사용하여 가공·생산된다. 자동차를 예로 들면, 철강 재료를 비롯하여 알루미늄, 동합금, 플라스틱, 고무 직물, 유리, 도료 등이 사용된다. 기계재료는 이상과 같이 기계나 구조물의 설계 제작에 필요한 일반적인 재료 외에 기계공작에 필요한 공구 재료, 공기, 윤활유, 절삭유 등도 기계재료에 포함하고 있다.

좋은 기계재료를 선택함으로써 기계나 장비의 성능을 향상시키고, 가공의 효율성을 높이는 등 경제적인 생산을 위해서는 사용할 재료의 성질과 가공성에 대해 잘 알고 있어야 한다.

1 기계재료의 분류

표 3 기계재료의 분류

기계재료의 종류는 재질에 따라 금속재료(metallic material), 비금속재료(nonmetallic material), 복합재료(composites material) 등 세 가지로 분류되며 표 3과 같다.

2 기계재료의 가공성

기계재료 중에서 가장 많이 사용되고 있는 금속재료는 그 성질을 이용하여 알맞은 가공을 하게 되는데, 이와 같은 가공에 적합한 성질을 가공성(workability)이라 한다.

비절삭 가공에 이용되는 성질은 (1), (2), (3) 그리고 절삭 가공에 이용되는 성질은 (4), (5)이다.

(1) 가융성 fusibility

금속재료를 높은 온도로 가열하면 녹아서 유동성을 갖는 액상이 되는데, 금속 특유의 이러한 성질을 가융성(fusibility)이라 한다. 이 성질을 이용한 가공법에는 주조(casting)가 있으며, 이에 대한 가공성을 주조성이라 한다.

(2) 전연성 malleability

가열한 금속을 가압하거나 해머 등으로 타격하면 변형된다. 이와 같이 금속재료는 외부로부터 힘을 받으면 늘어나거나 퍼지는데, 이와 같이 변형하는 성질을 전연성(malleability)이라 한다. 이 성질을 이용한 가공법에는 단조(forging), 압출(extrusion), 압연(rolling), 인발(drawing), 프레스 가공(press-working)등이 있다.

(3) 접합성 weldability

금속재료의 가융성을 이용하여 접합할 금속재료의 일부분에 열을 가하여 용해하고, 두 부분을 서로 접합하거나 접합할 부분에 전기를 보내어 전기저항열로 가열·압접하는 방법 그리고 접할 부분에 땜납을 매개체로 접합하는 방법 등이 있다. 이 접합성을 이용한 가공법에는 용접(welding), 단접(forge welding), 납땜(soldering) 등이 있다.

(4) 절삭성 machinability

금속을 바이트와 같은 날물로 가공할 때 가공물의 재질에 따라 절삭의 용이성이 다르다. 즉, 단단한 재료와 연한 재료는 가공의 난이에 차이가 있다. 이러한 성질을 절삭성(machinability)이라 한다. 이 성질을 이용한 가공법에는 절삭(cutting), 연삭(grinding) 등이 있다.

(5) 연삭성 grindingability

재료에 대한 연삭가공의 난이도를 나타내는 성질로서, 연삭가공은 금속재료에 비해 경도가 매우 높은 연삭입자를 이용하여 가공한다. 고정입자에 의한 가공에는 연삭, 호닝, 수퍼피니싱 등이 있고, 분말입자에 의한 가공에는 래핑, 액체호닝 등이 있다.

그림 3 절삭 가공

그림 4 연삭 가공

그림 5 주조

그림 6 용접

그림 7 단조

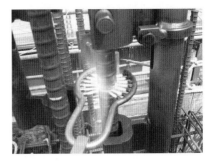
그림 8 압접(가스가열)

CHAPTER 1

주조

1. 주조의 개요
2. 모형
3. 주형
4. 용해와 후처리
5. 특수 주조법

1 주조의 개요

주조(casting)란 금속을 용융점 이상의 온도로 가열하여 유동성을 가지는 액체로 만든 다음, 주형 공간에 주입하여 응고시켜 고체 상태의 금속제품을 만드는 것, 즉 주물을 만드는 과정을 말한다.

주조에 쓰이는 금속도 주철, 주강을 비롯하여 비철금속인 알루미늄 합금, 동 합금, 아연 합금 등 그 종류가 다양하다.

따라서 주조는 산업 전반에 걸친 기반 기술로 그 중요성이 매우 크다.

1 주조공정

제품의 형상에 따라 모형(pattern)을 만들고, 이것을 주물사로 다져서 주형(mold)을 만든다. 용해로에서 금속을 녹여 주형에 주입한 후 응고시킨다. 주형을 해체하고 탕도를 절단하여 후처리한다. 이와 같이 주물이 만들어지는 과정을 주조 공정(casting process)이라 한다.

가장 일반적인 사형주조공정에 대해서 살펴보면 다음과 같다.

① 모형제작 → ② 주형재료 → ③ 주형제작 준비 → ④ 용해 → ⑤ 주입 및 냉각 → ⑥ 주물해체 및 다듬질 → ⑦ 열처리 → ⑧ 검사 등의 과정을 거친다. 그림 1.1은 주조공정을 나타낸 것이며, 그림 1.2는 사형주조 제품을 보여 주고 있다.

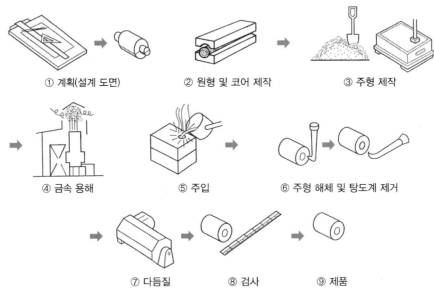

① 계획(설계 도면)　　② 원형 및 코어 제작　　③ 주형 제작

④ 금속 용해　　⑤ 주입　　⑥ 주형 해체 및 탕도계 제거

⑦ 다듬질　　⑧ 검사　　⑨ 제품

🔩 그림 1.1 **주조공정**

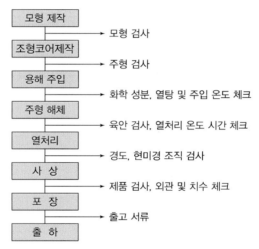

그림 1.2 사형주조 제품

그림 1.3은 주조 작업의 계통을 도식적으로 나타낸 것이다.

```
모형 제작 ────────→ 모형 검사
조형코어제작 ──────→ 주형 검사
용해 주입 ─────────→ 화학 성분, 열탕 및 주입 온도 체크
주형 해체 ─────────→ 육안 검사, 열처리 온도 시간 체크
열처리 ──────────→ 경도, 현미경 조직 검사
사  상 ──────────→ 제품 검사, 외관 및 치수 체크
포  장 ──────────→ 출고 서류
출  하
```

그림 1.3 주조 작업의 계통도

2 주물의 분류

주물의 재료와 주형의 종류에 따라 분류하는 것이 일반적이다.

(1) 주물재료에 의한 분류

일반적으로 많이 사용되고 있는 주물재료를 분류하면 주철, 주강, 동 합금, Al 합금, Mg 합금, Zn 합금 등과 같은 합금을 사용하는데, 특히 주철은 취성이 있으나 주조성이 양호하고, 강도가 크고, 가격도 저렴하여 가장 많이 사용되고 있다. 주물재료를 분류하면 그림 1.4와 같다.

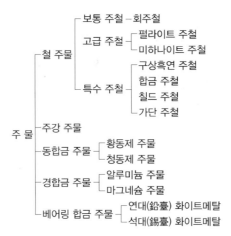

○ 그림 1.4 주물재료에 의한 분류

(2) 주형에 의한 분류

금속형(metal mold)과 사형(sand mold)이 있으나 일반적으로 사형을 많이 사용하고 있으며, 쉘몰드, 인베스트먼트 주형법 등이 개발되어 주조기술이 발전되었다. 금속형을 사용하여 주조공정이 기계화되고 정밀주조가 가능함은 물론 대량생산까지 가능하게 되었다. 주형의 종류에 따라 분류하면 그림 1.5와 같다.

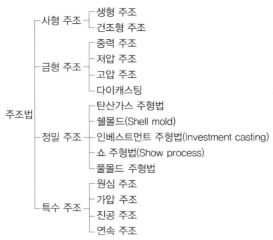

○ 그림 1.5 주형에 의한 분류

(3) 용도별에 따른 분류

① 기계주물 치수, 모양 등이 정밀·정확해야 하고, 기계적 강도가 요구조건을 만족시켜야 하는 경우로, 엔진블록, 펌프 하우징, 실린더 헤드 등이 있다.

🔩 그림 1.6 기계주물품

② **일용품 주물** 치수나 재질에 비하여 외관이 좋아야 하는 경우로, 난로, 가스레인지, 실내
  장식품 등이 있다.

🔩 그림 1.7 일용품 주물

③ **미술공예 주물** 재질, 강도보다는 미적 요소가 중요시되어 특수 주조기술이 필요한 경우로,
  불상, 화병, 미술공예품 등이 있다.

🔩 그림 1.8 미술공예 주물품

3 주조금속의 특성

양질의 주물을 얻기 위해서는 용융 금속의 성질, 주형 내의 용탕의 흐름, 응고에 따른 여러
가지 형상 등의 기본 지식을 이해하고, 이것을 충분히 응용하여 용해, 주입 등에 적용하는
것이 필요하다.

(1) 수력학적 성질

주입 시 용융 금속의 흐름은 실험 결과, 정상류가 아닌 난류이며, 주형의 벽으로부터 떨어지기 쉽다. 탕구나 탕도는 그 형상이나 단면에 급격한 변화가 있으며, 용융 금속이 흘러들어갈 때 탕도 안의 기압이 대기압보다 낮아지는 경우가 있다.

이때 주형의 통기성에 의하여 그림 1.9와 같이 주형 안에 공기가 용융 금속 중에 밀려들어가 주물 결함의 원인이 되므로 주의해야 한다.

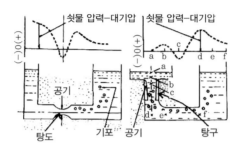

🔧 그림 1.9 탕구 및 탕도의 공기 혼입

(2) 유동성 fluidity

유동성은 대표적으로 점도로 나타낼 수 있는데, 점도가 높으면 유동성이 떨어진다. 점도는 보통 합금의 조성에 따라 다르고, 합금 내의 비금속 개재물, 가스 등의 혼입물이 있을 때 점도가 높아진다. 그러나 용융 합금의 용해도가 높아지면 점도가 급격히 떨어지므로 유동성이 좋아진다. 또 표면장력이 크면 유동성을 감소시킨다.

유동성이란 용탕이 주형 속을 채울 수 있는 능력을 말한다.

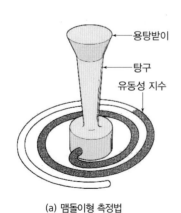

(a) 맴돌이형 측정법

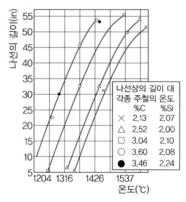

(b) 온도-유동성 곡선

🔧 그림 1.10 유동성 실험

주형 속으로 용탕을 천천히 주입할수록 빠르게 냉각되므로 유동성이 떨어진다. 용융 금속의 유동성을 측정하기 위하여 다음과 같은 유동성 실험 방법이 사용된다.

① 나선형 모래형 유동성 측정법(맴돌이형 측정법)
② 경험에 의한 측정법
③ 흡입관 측정법

(3) 응고 solidification

용융 금속은 주형 속에서 응고할 때 주형 벽면에 응고층이 형성되며, 이 응고층은 점차 안쪽으로 진행되어 주물 전체가 고체로 된다.

응고의 초기 상태에서는 온도가 낮은 주형벽에 얇은 응고층이 형성되고, 시간이 지남에 따라 두꺼워진다. 편평한 주형벽에서 이 두께는 시간의 제곱근에 비례한다.

즉, 시간을 2배로 하면 두께는 $\sqrt{2}=1.41$배, 즉 41% 두꺼워진다.

응고시간은 다음과 같이 주물의 체적과 표면적의 함수로 주어진다(Chvorinov's rules).

$$응고시간 = C(부피/표면적)^2$$

C는 주형재료, 금속의 성질, 온도 등을 반영하는 상수이다.

큰 구가 주위 온도까지 응고되어 냉각 시까지 걸리는 시간은 작은 구에 비해서 더 느리게 되는데, 그 이유는 체적은 직경의 세제곱에 비례하고 표면적은 직경의 제곱에 비례하기 때문이다.

마찬가지로 같은 체적의 육면체가 구형보다 빨리 응고됨을 알 수 있다.

주형 모양과 주입 후 시간에 따른 응고층의 두께와 형상이 그림에 나타나 있다.

🔩 그림 1.11 **주형 주입 중**

 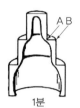 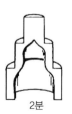 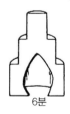

A : 내부각
B : 내부각

5초   1분   2분   6분

🔩 그림 1.12 **응고층의 두께와 형상**

(4) 수축 shrinkage

수축(shrinkage)이란 주물의 체적과 치수의 전반적인 감소를 말한다. 수축량은 용융 금속의 수축, 응고 시 금속의 수축 또는 팽창, 응고 상태에서 냉각에 의한 수축을 모두 합한 것이다.

금속은 내부에서 응고할 때 체적의 감소 또는 팽창이 일어나고, 고체 상태에서 냉각되면서 체적이 감소하고, 심하면 주물 내부에 수축공(shrinkage cavity)이 발생한다. 그림 1.13은 용융 금속의 응고 과정과 압탕 효과를 나타낸 것이다.

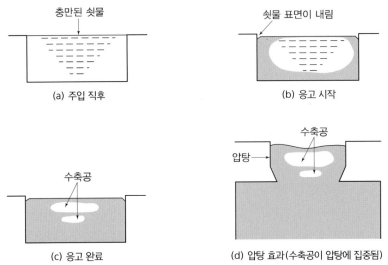

충만된 쇳물   쇳물 표면이 내림

(a) 주입 직후   (b) 응고 시작

수축공   수축공   압탕

(c) 응고 완료   (d) 압탕 효과(수축공이 압탕에 집중됨)

그림 1.13 **응고에 따른 금속의 수축과 응고 과정 및 압탕 효과**

(5) 주조응력 casting stress

금속이나 합금은 응고된 다음에도 냉각되므로 새로운 수축이 진행되며, 주물의 모양과 필렛(fillet) 두께에 따라 냉각 속도가 고르지 못한 부분에 열응력이 남게 되는데, 이것을 주조응력(casting stress)이라 한다.

주물에 주조응력이 생기면 그 크기에 따라 다음과 같은 영향을 준다.

① 주조응력이 합금의 항복점보다 작으면 주물 내에 내부응력으로 남고, 내부의 기공이나 사용하면서 생기는 응력에 의하여 점차 커진다.

② 주조응력이 합금의 항복점보다 크고 파괴 강도보다 작으면 물체에 비틀림이 생긴다.

③ 주조응력이 합금의 파괴 강도보다 크면 주물에 균열이 생기고 파괴가 일어난다.

주물의 내부응력은 대부분 열처리로 제거할 수 있다. 이 열처리는 먼저 합금의 탄성이 현저히 감소되는 온도(200℃)까지 주물을 서서히 가열했다가, 단계적으로 균일하게 냉각시키거나 주조 후 재가열하여 응력을 제거하는 열처리를 풀림처리(annealing)라 한다.

(6) 편석

주물의 모서리 부분에서 또는 합금의 각 수지상 정(dendrite) 내에서 화학조성이 균일하지 않은 것을 주물의 편석(segregation)이라 한다.

이 부분에는 불순물이 모이기 쉬우며 취약해 진다.

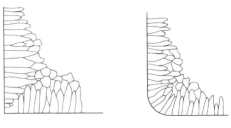

그림 1.14 주형 내의 결정성장 방향

(7) 가스의 흡수

금속과 합금은 여러 종류의 가스를 흡수하는 능력을 가지고 있다. 가스가 응고 중에 미처 빠져나가지 못하면 주물 내부에 기포(bubble)가 생기는데, 이것을 기공이라 한다. 기공은 주물결함에서 큰 비중을 차지한다.

가스는 거의 일산화탄소(Co), 수소(H), 질소(N_2) 등이며, 대다수의 금속은 용해 시 수소를 흡수하게 된다.

그림 1.15는 수소 용해도의 한 예로서 순철인 경우 수소의 흡수량은 용융 금속의 온도가 높아짐에 따라 증가하며, 액상과 고상 사이에는 그 차가 점점 증가되는 것을 보여 준다.

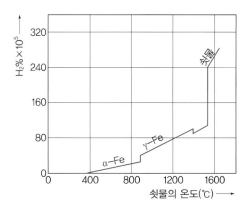

그림 1.15 순철의 수소 용해도

가스가 용융 금속이나 고체 금속에 존재하는 경우는 다음 두 가지 형태가 있다.

① 가스로서 용융 금속에 용해되어 있거나, 고체 금속에 고용되어 있는 경우

② 가스가 용융 금속과 반응하여 화합물을 만들어 결정체 또는 유리 모양의 슬래그(slag) 로서 존재하는 경우

그림 1.16은 수소에 의한 가스의 발생과 기포(bubble)가 생기는 과정을 보여 주고 있다.

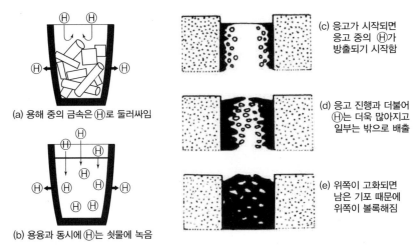

(a) 용해 중의 금속은 ⒣로 둘러싸임

(b) 용융과 동시에 ⒣는 쇳물에 녹음

(c) 응고가 시작되면 응고 중의 ⒣가 방출되기 시작함

(d) 응고 진행과 더불어 ⒣는 더욱 많아지고 일부는 밖으로 배출

(e) 위쪽이 고화되면 남은 기포 때문에 위쪽이 볼록해짐

그림 1.16 **용해 과정에서 수소에 의한 기포 발생 과정**

그림 1.17은 주형에 주입하는 방법으로, 중력을 이용하는 방법이 일반적이나 특수한 경우에는 가압 주조, 원심 주조 및 다이캐스팅 등이 사용된다.

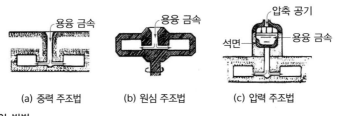

(a) 중력 주조법   (b) 원심 주조법   (c) 압력 주조법

그림 1.17 **주입 방법**

4 주조의 장단점

주조는 소성 가공(plastic working)과 기계가공(machining) 등의 금속 가공법과 비교해서 다음과 같은 장단점을 가지고 있다.

(1) 장점

① 복잡한 형상을 쉽게 제조할 수 있다.
② 불가능한 내부의 형상을 만들기 쉽다.
③ 부피나 무게가 큰 제품을 쉽게 가공할 수 있다.
④ 재료의 성분조정이나 합금을 만들 수 있다.
⑤ 가공비가 비교적 싸다.

(2) 단점

① 결정조직(주조조직)이 거칠어서 기계적 성질이 떨어진다.

② 재질이 균일하지 못하다.

③ 응고 시 수축하여 치수가 정밀하지 않다.

④ 가공시간(lead time)이 길다.

⑤ 수량이 적을 경우 가공비가 비싸진다.

⑥ 3D(dirty, dangerous, difficult) 직종이다.

⑦ 제작준비 시간이 길다.

그림 1.18 **주물제품 및 작업광경**

5 주조재료

(1) 회주철

철강은 순철(Fe)을 주성분으로 하고 탄소 함유량에 의해 주철과 강으로 구분된다. 탄소 함유량이 2.14% 이상이면 주철이 되고, 그 이하이면 강이 된다.

주철은 강에 비하여 인장강도가 작고 취성이 크며, 고온에서도 소성변형이 잘 되지 않는 단점이 있으나, 주조성이 우수하며, 복잡한 형상으로도 주조되고, 가격이 저렴하여 널리 사용된다. 주철은 용광로에서 만들어진 선철(pig iron)의 잉곳(ingot)과 철강의 파쇄(scrap)와 필요한 성분을 첨가하여 용해로에서 녹여 만든다.

주철에서 유리탄소의 혼합비가 커서 단면이 회색인 것을 회주철(gray cast iron)이라 하고, 화합탄소(Fe_2C_3)의 혼합비가 커서 단면이 백색인 것을 백주철(white cast iron)이라 하며 그 중간을 반주철(mottled cast iron)이라 한다.

일반적으로 주물은 회주철을 주로 사용한다. 백주철은 경도와 내마모성이 회주철보다 크나 취성이 있어 주철롤러나 캠노우즈 등 표면경도를 요하는 곳을 급냉(chill)하여 사용한다. 회주철은 강에 비해 인장강도가 낮고, 연성이 부족하나, 주조성과 절삭성이 우수하고, 진동 흡수성이 좋고, 가격도 저렴하여 가장 흔히 사용되는 주물재료이다.

(2) 고급 주철 및 특수 주철

회주철은 인장강도가 낮으므로 그 성질을 개선하여, 인장강도를 $30\,kg/mm^2$ 이상으로 높인 주철을 고급 주철이라 한다. 강도의 개선은 흑연의 분포 상태와 형태를 변화시키거나 바탕조직(basic structure)을 변화시키거나 특수 원소를 첨가하여 열처리하는 방법 등이 있다.

① 퍼얼라이트 주철 주철의 바탕조직을 퍼얼라이트(pearlite)나 소르바이트(sorbite)로 만들고, 흑연을 미세하게 분포시켜 강인하게 한 것을 퍼얼라이트 주철이라 한다.

② 미하나이트 주철 이것은 회주철에 비해 조직이 치밀하고, 표 1.1과 같이 기계적 성질이 우수하며, 내마모성과 내열성이 좋아 자동차의 브레이크드럼, 크랭크축, 기어, 캠 등에 널리 사용된다.

표 1.1 미하나이트 주철의 기계적 성질

종 류	인장강도(kg/mm^2)	항복점(kg/mm^2)	경 도(H_B)
MG 60	42~45	37~42	215~240
GA	35~42	32~39	196~222
Super A	35~42	32~39	240~310

③ 합금 주철 합금 주철은 주철에 Mn, Ni, Cr, Mo, V, B 등의 특수 원소를 첨가하여 강도, 경도, 인성, 내열성, 절삭성 등의 기계적 성질을 용도에 맞게 개선한 주철의 총칭이다. 첨가 원소의 양과 개선되는 기계적 성질은 표 1.2와 같다.

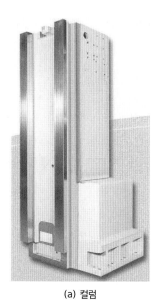
(a) 컬럼

(b) 새들

그림 1.19 공작기계의 안내면 주물제품

표 1.2 합금의 성분과 효과

원소	%	주요효과
Mn	0.25~0.40	황과 화합하여 취성을 방지함
	>1%	변태점을 저하시키고 변태를 둔화시켜 경화능을 증대시킴
S	0.08~0.15	쾌삭성을 줌
Ni	2~5	강인성을 줌
	12~20	내식성을 줌
Cr	0.5~2	경화능을 증대시킴
	4~18	내식성을 줌
Mo	0.2~5	안정한 탄화물 형성, 결정립 성장 방지
V	0.15	안정한 탄화물 형성, 연성을 유지한 채 강도 향상시킴. 결정립 미세화를 촉진시킴
B		강력한 경화능 촉진제
W	0.001~0.003	고온에서 높은 경도를 줌
Si		강도를 향상시킴
	0.2~0.7	spring 강
	2	자성을 향상시킴
Cu	높은 함유율	내식성을 줌
Al	0.1~0.4	질화강의 합금성분
Ti	소량	탄소를 불활성 입자로 고정시킴
	…	크롬강의 마르텐사이트 경도를 저하시킴

④ **구상흑연 주철** 구상흑연 주철(nodular cast iron, ductile cast iron)은 주철의 편상흑연을 응고과정에서 구상흑연으로 변화시킨 것이다. 구상화 방법은 Ca, Mg, Ce 등의 원소를 첨가하고, 특수 원소로 접종한다. 인장강도 40~70 kg/mm^2, 연신율 5~20%이고 내마모성, 내열성, 절삭성이 좋고 용접도 가능하여 자동차 부품, 고급 기계 부품 등 사용 용도가 다양하다.

⑤ **가단 주철** 주철은 주강에 비해 주조성이 우수하나, 강도가 낮고, 연성이 없어 충격에 약하다. 가단 주철(malleable cast iron)은 주철의 우수한 주조성과 주강의 기계적 성질을 함께 갖춘 재료이다. 가단이란 단조가 가능하다는 의미가 아니고 연성을 가진다는 의미이다. 가단 주철은 풀림처리 방법에 따라서 백심가단 주철과 흑심가단 주철이 있다.

- **백심가단 주철** : 백심가단 주철은 인장강도가 40 kg/mm^2, 연신율이 10% 정도가 되어 인성과 용접성이 우수하다.

- **흑심가단 주철** : 흑심가단 주철은 인장강도가 40 kg/mm^2, 연신율이 20% 정도로 우수하여 자동차 부품이나 기계 부품으로 많이 사용된다.

(3) 주강

① **보통 주강** 주강(cast steel)은 주철에 비해 탄소함유량이 1.7% 이하로서, 강의 성질에 가까운 금속이다. 주강은 인장강도가 35~60 kg/mm^{2}이고, 연신율이 10~25% 정도로 기계적 성질이 우수하다. 그러나 주조성이 주철보다 좋지 못하고, 유동성이 작으며, 응고 시 수축이 크다. 그러므로 단면이 얇고 복잡한 제품은 제작하기 어렵고, 주조 후에는 내부응력을 제거하기 위해 풀림처리가 필요하다.

표 1.3 탄소강주강의 기계적 성질

종류	기호	인장시험			단면 수축률 (%)	굽힘 각도	내측 반지름 (mm)
		인장강도 (kg/mm²)	항복점 (kg/mm²)	연신율 (%)			
탄소강주강 1종	SC 37	37 이상	18 이상	26 이상	35 이상	120°	25
2종	SC 42	42 이상	21 이상	24 이상	35 이상	120°	25
3종	SC 46	46 이상	23 이상	22 이상	30 이상	90°	25
4종	SC 49	49 이상	25 이상	20 이상	25 이상	90°	25

② **합금 주강** 합금 주강은 주강에 Mn, Cr, Mo 등의 합금 성분을 첨가하여 기계적 성질을 개선한 재료이다. 합금 주강은 KS D 4102에서 저망간주강품, 실리콘망간주강품, 망간 크롬주강품 등이 규격화되어 있다.

(4) 동합금 copper alloy

① **황동** 황동(brass)은 Cu에 Zn을 첨가한 합금으로, Zn의 함유량에 따라서 인장강도와 연신율이 변한다. 황동은 주조성이 청동에 비해 좋으나 내식성은 떨어진다.

그림 1.20 황동 주물제품

② **청동** 청동(bronze)은 Cu에 Sn을 첨가한 합금으로, 보통 청동 주물은 성분에 따라 KS 에서는 5가지로 규격화되어 있다. 청동은 황동에 비해 내식성, 내마멸성이 좋다. 청동을 용해할 때 탈산제로서 소량의 인을 첨가하면 인청동이 되는데 경도, 내마멸성, 내식성이 좋아 베어링, 밸브, 기어 등의 재료로 사용된다.

그림 1.21 청동 주물제품

(5) 경합금

① 알루미늄 합금 알루미늄 합금은 철강 및 구리 합금에 비해 용융점이 낮고, 비중이 작으며, 강도가 비교적 크다. 그러나 응고 시 수축이 크고 가스를 흡수하여 기공이 많이 발생하는 단점이 있다. 알루미늄 합금은 성분에 따라서 Cu계, Si계, Zn계 등으로 나누어지고 그 종류도 다양하다. 표 1.4와 표 1.5는 많이 사용되고 있는 알루미늄 합금 재료의 성분과 기계적 성질을 나타낸다.

표 1.4 알루미늄합금의 특성

명칭	성분(%)						인장강도 (kg/mm²)	연신율 (%)	상태
	Cu	Ni	Mg	Mn	Si	Fe			
No. 12 합금	8	–	–	–	– –	– –	12~16 20	2~4 1.3	모래주형 모래주형
Y 합금	4	2	1.5	–	11~	–	17~20	8~4	모래주형
주조용 알루미늄 합금	–	–	–	–	13	0.3~0.6	35~44	20~15	열처리한 것
두랄루민	4	–	0.5	0.5	0.3~0.5		46~62	21~2	열처리한 후 상온가공한 것

표 1.5 알루미늄다이캐스팅 합금성분(나머지 Al)

		기호	Cu	Si	Mg	Zn	Fe	Mn	Ni	Sn	인장 강도	연신율
알루미늄 다이캐스팅합금	1종	Al DC1	0.6 이하	11.0 ~13.0	0.1 이하	0.5 이하	1.3 이하	0.3 이하	0.5 이하	0.5 이하	20 이상	2.0% 이상
	2종	Al DC2	0.6 이하	0.0 ~10.6	0.4 ~0.6	0.5 이하	1.3 이하	0.3 이하	0.5 이하	0.5 이하	26 이상	3.0% 이상
	3종	Al DC3	0.2 이하	0.3 〃	0.4 ~11.0	0.1 〃	1.8	〃	0.1 〃	〃	24 이상	4% 이상
	4종	Al DC4	0.12 이하	1.0 〃	2.5 ~4.0	0.4 〃	0.8	0.4 ~0.5	〃	〃	24 이상	5% 이상
	5종	Al DC5	0.6 이하	4.5 ~6.0	0.3 이하	0.5 〃	2.0 〃	0.3 이상	0.5 이하	〃	18 이상	3% 이상
	6종	Al DC6	2.0 ~0.45	4.5 ~7.5	0.3 〃	1.0 〃	1.3 〃	〃	〃	0.3 〃	20 이상	2% 이상
	7종	Al DC7	0.2 ~0.45	7.5 ~9.5	〃	〃	〃	0.5 이하	〃	〃	24 이상	2% 이상
	8종	Al DC8	0.2 ~0.45	10.5 ~12.0	〃	〃	〃	〃	〃	0.35 〃	26 이상	1% 이상

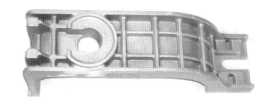

🔧 그림 1.22 **알루미늄 합금제품**

② **마그네슘 합금** 마그네슘(Mg) 합금은 비중이 1.75~2.0 정도로 알루미늄 합금보다 가볍고, 절삭성이 우수하여 비행기나 자동차 부품에서 큰 강도가 요구되지 않는 곳에 사용된다.

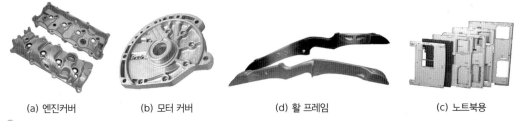

(a) 엔진커버   (b) 모터 커버   (d) 활 프레임   (c) 노트북용

🔧 그림 1.23 **마그네슘합금의 제품**

6 주물결함과 검사법

(1) 주물의 결함

대표적인 주물결함과 원인은 다음과 같다.

① **기공** blow hole 용융 금속 내부에 침투한 가스나 주형에서 발생한 수증기, 주형 내부의 공기 등이 외부로 배출되지 못하고, 내부에 남아 있는 것을 기공이라 한다.

② **수축공** shrinkage cavity 쇳물은 접촉되는 부분부터 응고가 시작되어 내부로 진행된다. 마지막 응고되는 부분에 응고수축에 의한 쇳물 부족으로 빈 공간이 생기는 것을 수축공이라 한다.

🔧 그림 1.24 **기공**

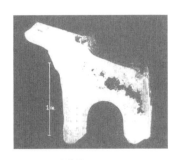

🔧 그림 1.25 **수축공**

③ **편석** segregation 주물의 각 부분에서 불순물이 집중되거나, 성분의 비중 차이로 성분간의 경계가 발생하거나, 응고 속도의 차이로 결정간의 경계가 발생하는 것을 주물의 편석 (segregation)이라 한다.

🔩 그림 1.26 슬래그 개재물

④ **변형** deformation과 **균열** crack 용융 금속이 응고할 때 수축이 발생한다. 이 수축이 각 부분에서 균일하지 않을 때 내부응력이 생기고, 이로 인해 변형과 균열이 발생한다.

⑤ **주물표면 불량** 주물표면의 조도가 불량하거나 이물질이 부착하면 제품품질에 큰 영향을 준다. 이를 방지하기 위한 방법은 다음과 같다.

- 모형을 다듬질하고 도장한다.
- 주형의 주물사 입도를 작게 하고 도장한다.
- 주입온도를 적절하게 한다.

🔩 그림 1.27 **모형의 도장**

⑥ **치수 불량** 주물상자의 조립이 잘못되었거나, 코어 및 목형이 변형 또는 이동되었을 때, 주물사의 선정이 잘못되었을 때 치수 불량이 생길 수 있다.

⑦ **주탕 불량** 용융 금속이 주형을 완전히 채우지 못하고 응고된 것을 말한다. 그 원인은 용융 금속의 유동성이 나쁘거나, 주입온도가 낮거나 탕구 방안이 잘못되어 주입속도가 늦거나 주형의 예열이 부적당할 때 발생한다.

🔩 그림 1.28 주탕 불량

(2) 주물의 검사

주물의 검사법은 크게 파괴검사와 비파괴검사로 나눌 수 있으며, 주물에 적용하는 검사법과 대상이 되는 결함은 다음과 같다.

① 육안 검사법

- **외관검사법** : 주물 표면의 균열, 휨, 표면조도, 치수, 균열, 수축공
- **파단면검사법** : 기포, 편석, 수축공, 균열

🔩 그림 1.29 주물의 검사

② 물리적 검사법

- **타진음향법** : 주물을 망치로 가볍게 두드려서 나는 소리를 듣고 균열이나 흠 등을 검사한다.
- **압력시험법** : 공기압 또는 수압을 이용하여 주물용기의 내압력을 시험한다.
- **현미경검사법** : 결정입자, 금속의 조직, 편석
- **초음파탐상법** : 균열, 기포, 수축공
- **방사선검사법** : X선을 투과하여 주물 내의 결함을 검사하거나 두께를 검사한다.

(a) TEM(미세조직 분석기)

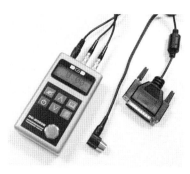
(b) 초음파 디지털측정기

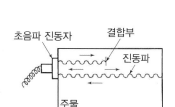

(c) 초음파탐상기 및 탐상방법

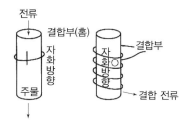
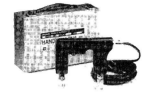
(d) 자분탐상기 및 탐상방법

🔩 그림 1.30 검사용 장비

③ 기계적 시험법
- 인장시험
- 압축시험
- 경도시험
- 충격시험
- 마모시험
- 피로시험

(a) 로크웰 경도시험기

(b) 비커스 경도시험기

🔩 그림 1.31 경도시험기

1 모형의 정의

주물을 만들기 위해서는 주형에 사용되는 형을 모형(Pattern, 원형)이라 한다. 그림 1.32는 원형과 주물과의 관계를 나타낸 것이다.

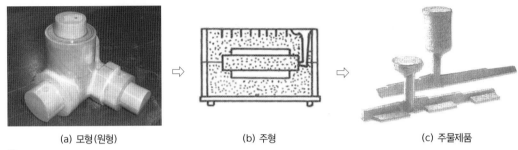

(a) 모형(원형)   (b) 주형   (c) 주물제품

🔩 그림 1.32 주물과 모형

2 모형의 종류

(1) 모형의 재료

① 목재wood 모형을 총칭하여 목형이라고도 한다. 목재의 장점은 가벼워 취급하기 쉽고, 열팽창 계수가 작고, 못이나 접착제로 접합이 쉽다. 무엇보다 주변에서 쉽게 구할 수 있어 가격이 싸다. 목형에 많이 사용되는 목재는 미송, 나왕, 소나무, 벚나무, 박달나무, 전나무 등이다.

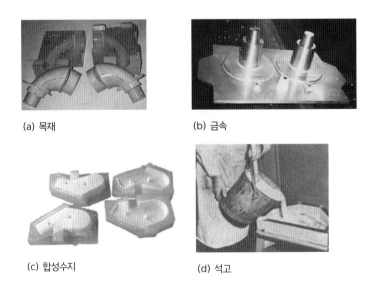

(a) 목재   (b) 금속

(c) 합성수지   (d) 석고

🔩 그림 1.33 모형의 종류

② **금속** metal 금속 모형은 변형이 거의 없고, 치수가 정밀하고, 수명이 길다. 그러나 제작비가 비싸고, 무게가 무거워 취급이 어려운 단점이 있다. 금속의 재료는 알루미늄, 동합금 등 가볍고 사용목적에 알맞은 재료를 선택한다.

③ **합성수지** synthetic resin 합성수지는 가볍고, 재질이 균일하고, 변형이 작고, 가공면이 깨끗하다. 합성수지 모형은 목형이나 금속 모형의 단점을 모두 보완할 수 있다.

④ **석고** plaster 석고 모형은 변형이 거의 없고, 복잡한 형상을 만들기 쉽고, 표면이 깨끗하다. 그러나 충격에 약하고 가격이 비싸다.

⑤ **기타 재료** 기타 특수한 용도로 발포성수지, 왁스, 납, 시멘트 등이 사용된다.

(2) 모형의 구조

① **현형** solid pattern 원형으로서 가장 기본적이고, 주조 시 수축여유와 가공여유 등을 고려하여 제품과 같은 형상으로 만든 것을 현형(solid pattern)이라 한다. 현형은 주형제작을 고려하여 여러 조각으로 나누어 제작된다.

- **단체형(one piece pattern)** : 구조가 간단한 모형으로 분할하지 않고 일체로 제작한 모형이다.

🔩 그림 1.34 **원형**

- **분할형(split pattern)** : 상형과 하형 두 개로 분할된 모형으로 가장 일반적인 현형의 형태이며, 복잡한 주형을 만들 때 이용한다.

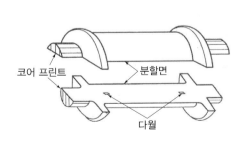
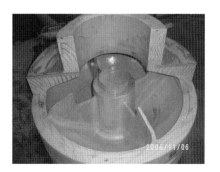

코어 프린트 분할면 다월

🔩 그림 1.35 **분할형**

■ **조립형**(built-up pattern) : 형상이 복잡한 모형으로 세 개 이상으로 분할된 모형으로 대형인 주형제작에 사용된다. 분할모형과 조립모형은 접합면에 돌기부(dowel pin)와 구멍(dowel hole)을 만들어서 모형을 조립한다.

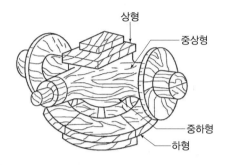
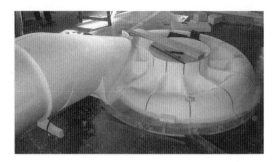

그림 1.36 **조립형**

② **회전형** revolve 주물의 형상이 축을 중심으로 한 회전체일 때 회전단면의 반쪽을 평판으로 만들고, 목마를 중심축으로 회전시켜 주형을 제작한다. 회전 모형은 주형이 정밀하지 못하므로 대형주물을 소량 생산할 때 사용된다.

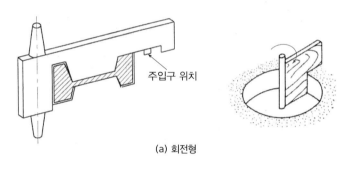

(a) 회전형

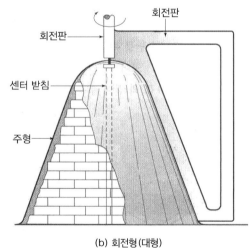

(b) 회전형(대형)

그림 1.37 **회전형**

③ **고르개 (긁기)형** strickle 주물의 형상이 일정한 단면으로 길이가 가늘고 긴 단면(파이프)에 해당하는 긁기판을 안내판에 따라 긁어서 주형을 제작한다.

🔩 그림 1.38 **고르개(긁기)형**

④ **부분형** section pattern 주형이 크고 중심과 대칭으로 되어 있을 때 또는 연속적으로 반복되어 있을 때 한 부분만 모형을 만들어 연속적으로 주형을 만들어 간다. 이것은 대형기어나 대형 폴리, 프로펠러, 톱니바퀴 등을 소량 생산할 때 사용된다.

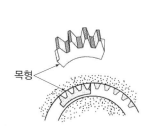

🔩 그림 1.39 **부분형**

⑤ **골격형** skeleton pattern 주물이 대형이고 형상이 간단할 때 나무나 철근으로 골격을 만들고, 여기에 점토나 석고로 살을 채워 모형을 만들거나, 얇은 합판이나 양철판으로 덮어 씌워 만든다.

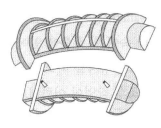

🔩 그림 1.40 **골격형**

⑥ 매치플레이트 match plate 소형주물을 대량 생산할 때 쇳물통로 역할을 하는 한 개의 형판에 여러 개의 모형을 양면으로 붙이고, 주형상자에 조립하여 조형한다. 매치플레이트는 일반적으로 금속형을 사용한다.

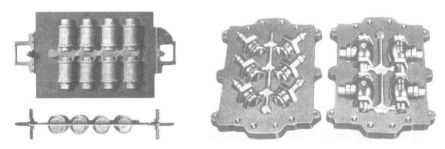

🔩 그림 1.41 **매치플레이트**

🔩 그림 1.42 **각종 매치플레이트 제품**

⑦ 코어형 core 주물의 내부에 빈 공간이나 오목하게 들어간 공간을 만들기 위한 모형을 코어(core)라 한다. 코어는 주형의 내부에 조립되어 주입 시 쇳물에 둘러싸이므로 내열성, 통기성, 강도 등이 특별히 요구되므로 외형과는 별도로 제작된다.

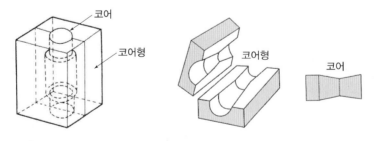

🔩 그림 1.43 **코어형**

⑧ 잔형 loose piece 주형제작 시 목형을 먼저 뽑고 곤란한 모형 부분은 주형 속에 남겨 두었다가 다시 붙여서 따로 빼낸다.

3 모형제작의 유의사항

(1) 수축여유 shrinkage allowance

주형에 주입된 용융 금속은 응고하면서 수축되고, 응고 후 냉각되면서 수축된다. 그러므로 모형은 실제 주물보다 크게 만들어 주는데, 이와 같은 수축에 대한 보정량을 수축여유 (shrinkage allowance)라 한다.

일반적으로 수축여유는 주물의 재질뿐만 아니라 주물의 형상, 크기, 주입온도, 냉각속도 등에 따라서도 차이가 있다. 표 1.6은 각종 주물재료의 수축여유이다.

표 1.6 주물의 수축여유

주물재료	수축여유	
	길이 1m에 대하여(mm)	길이 1자(1ft)에 대하여(in)
주 철	8	1/8
가단주철	15	3/16
주 강	16	1/4
알루미늄	12	1/4
황동, 청동, 포금 등	15	3/16

(2) 가공여유 machining allowance

주물의 표면을 절삭 가공할 경우에 가공량 만큼 크게 만들어 주어야 한다. 이 여유량을 가공여유 (machining allowance)라 한다. 가공여유가 너무 크면 가공비가 많이 들고, 너무 작으면 주물 불량이 발생하기 쉽다. 가공여유는 주물의 크기, 주물의 정밀도, 가공정밀도 등에 따라 달라진다.

일반적으로 정밀가공에는 1~5 mm, 거친가공에는 5~10 mm 정도 준다.

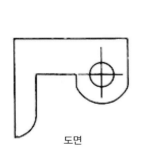

도면   목형

그림 1.44 가공여유

(3) 모형의 테이퍼 또는 구배

주형을 파손하지 않고 모형을 뽑기 위하여 모형의 수직면에 약간의 구배(draft)나 테이퍼 (taper)를 주어야 한다. 일반적으로 구배는 1/100~2/100 정도 준다.

원형길이 1 m에 6~30 mm 정도의 구배를 주어 제작하면 목형을 쉽게 분리할 수 있다.

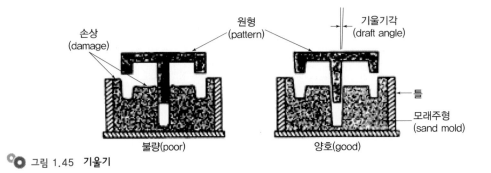

그림 1.45 **기울기**

(4) 라운딩

모형의 각진 모서리를 둥글게 만드는 것을 라운딩이라 한다. 모서리가 각지면 모형을 뽑을 때 주형이 파손되기 쉽다.

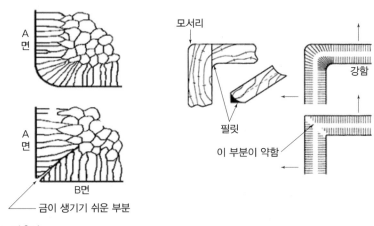

그림 1.46 **라운딩**

(5) 덧붙임 stop off

주물의 형상이나 두께가 고르지 못하면 냉각속도가 달라진다. 이로 인해 내부응력이 생겨 변형이나 균열이 발생한다. 이것을 방지하기 위해 냉각속도의 차이가 많은 부분을 서로 연결하여 내부응력을 제거한다. 이것을 덧붙임(stop off)이라 한다. 덧붙임은 제품과 무관하므로 주조 후에 잘라낸다.

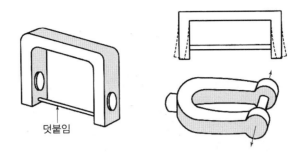

그림 1.47   덧붙임

(6) 코어프린트 core print

주형에 코어를 조립하여 얹을 부분을 코어시트(core seat)라 하는데, 이 부분을 만들기 위한 모형의 돌기부를 코어프린트(core print)라 한다.

코어는 주형 내에서 정확한 위치에 고정되어야 한다.

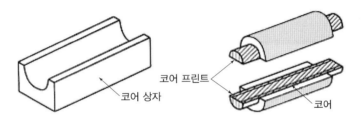

그림 1.48   코어프린트

4 모형의 검사와 정리

(1) 모형의 검사

모형제작이 완료되면 현도에서 지시한대로 가공이 되었는지 검사한다. 검사 항목은 치수공차, 형상공차, 거칠기공차 등을 측정하고, 모형제작에 고려해야 할 수축여유, 가공여유, 구배, 라운딩, 덧붙임, 코어프린트 등이 적절한지, 주형제작 후 모형뽑기에 이상이 없는지를 조사한다.

(2) 모형의 도장

모형은 모래 주형으로부터 쉽게 분리되고, 내마모성을 크게 하며, 습기에 의한 변형, 녹이나 부식을 방지하면서 표면정밀도를 향상하기 위해 일반적으로 도장을 한다.

목형은 래커나 왁스로 칠하고, 금속형은 페인트나 에나멜 등을 칠한다.

🐾 그림 1.49 **목형의 도장** Ⅰ

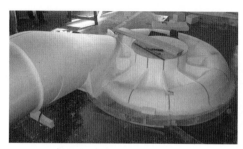

🐾 그림 1.50 **목형의 도장** Ⅱ

(3) 모형의 관리

목형은 환기가 잘되는 곳에 보관하여 부패나 변형이 없도록 하고, 재사용하여 모형(원형) 제작비용과 시간을 줄여 주조품의 생산 원가를 낮추는 데 있다.

---

3 주형

1 주형의 종류

주형은 주형재료에 따라 사형(1회용)과 금형(영구 및 반영구)으로 분류된다. 사형은 모래를 재료로 하고, 건조 상태에 따라 생형과 건조형으로 분류된다. 일반적으로 다음과 같이 분류된다.

(1) 사형 sand mold

① 생형 green sand mold 주물사로 주형을 제작한 후 수분을 건조하지 않은 상태로 주조하는 주형을 생형(green sand mold)이라 한다. 생형은 건조형에 비해 주형의 강도가 낮고, 통기성이 불량하며, 주입 시 수증기에 의해 주물에 기포가 생기기 쉽다. 생형은 주로 비철금속이나 정밀도가 낮은 회주철 주물에 사용되나 대형 주물의 생산에는 적합하지 않다.

② **건조형** dry sand mold   통기도를 향상시키기 위하여 주형을 건조로에 넣고 150~250℃의 온도로 1시간 이상 건조한 주형이다. 생형에 비해 강도와 통기성이 우수하여 형상이 복잡한 주형이나 코어 제작에 사용된다. 주강주물이나 고급주물은 주로 건조형을 사용한다.

(2) 금속주형

금속으로 제작한 주형을 금속주형 또는 금형(metal mold)이라 한다. 금형은 사형에 비해 반영구적으로 사용할 수 있어 비철금속이나 정밀도가 높은 소형 주물을 대량 생산할 때 사용된다. 금형의 재료는 주조금속에 따라 열에 대한 저항성이 큰 내열강으로 제작된다.

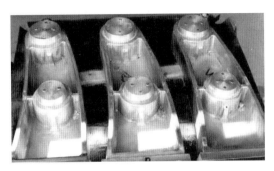

🔩 그림 1.51   **교각 난간대 주형**

2 주물사 molding sand

(1) 주물사의 구비조건

주물사(molding sand)는 사형의 재료로서 모래입자를 주성분으로 하고, 여기에 자연산 (natural sand)이나 인공(artifical sand)의 점결제와 주형의 성질을 개선하기 위한 첨가제를 가하여 적당량의 수분으로 배합한 것이다.

주물사의 특징은

① 주형을 제작하기 용이할 것
② 세밀한 부분까지 표현이 가능할 것
③ 재사용이 가능할 것
④ 가격이 싸고, 여러 번 사용이 가능할 것
⑤ 보온성이 있을 것
⑥ 충분한 성형성을 가질 것

🔩 그림 1.52   **주물사**

주물사의 배합은 주형의 성능에 직접적인 영향을 미치므로 주물사는 다음과 같은 구비조건이 필요하다.

- **점결성(cohesiveness)** : 주형에서 응집되어 어떤 형상을 유지할 수 있는 성질. 이 특성은 모래에 첨가물(진흙, 물, 수지 등)을 첨가함으로써 얻을 수 있다.
- **내열성(refractoriness)** : 고온의 쇳물과 같은 고열에서 견디어 내는 성질
- **통기성(permeability)** : 주형을 구성하는 주물사의 틈 사이로 기체가 빠져나갈 수 있는 성질
- **붕괴성(collapsibility)** : 금속이 응고 · 수축할 때 파괴가 일어나지 않고, 주물로부터 쉽게 떨어질 수 있도록 하는 성질

(2) 주물사의 시험법

① **수분함유량 시험** 주물사에 알맞은 양의 수분이 함유되어 있는가를 시험한다.
② **점토분 함유량 시험** 주물사의 점토분을 사립과 분리시켜 점토분의 함유량을 측정하는 시험이다.
③ **입도 시험** 시료는 점토분 시험에서 점토와 미분을 제거하고 남은 모래를 사용한다.
④ **통기도 시험** 통기도는 일정한 압력으로 보내어진 기체가 흐르는 정도를 나타낸다.
⑤ **강도 시험** 젖은 상태 및 건조 상태에서의 전단력, 항압력, 항장력 등의 시험이 있다.
⑥ **표면경도 시험** 주형의 다짐 정도를 측정하는 시험이다.

(3) 모래의 종류

모래는 주물의 기계적 성질과 품질에 많은 영향을 미치므로 주조금속의 종류, 주물의 크기와 형상 등을 고려하여 선택해야 한다.

① **천연사** 자연에서 채취한 모래로서 산지에 따라 산사, 하천사, 해사 등이 있다.
- 산사는 점토분이 2~30% 함유하고 불순물도 많아 주로 생형에 사용한다.
- 하천사는 점토분과 불순물이 적어 일반 주물에 가장 많이 사용된다.
- 해사는 염분을 충분히 제거하고 사용한다.
② **인조규사** 인조규사는 천연사에 비해 강도, 내화성 등이 우수하여 주강이나 특수주철의 주조에 사용한다.
③ **특수사**
- **올리빈사(olivine sand)** : 열팽창이 작고, 균일하며, 입도가 작아 주형의 표면사나 도형제 또는 철계 주물로 많이 사용된다.
- **지르콘사(zircinite sand)** : 열팽창이 작고 내화도가 2,200℃인 고가의 모래로서, 특수 주물에 사용된다.
- **샤모트사(chamotted sand)** : 내화성이 크고, 노화가 잘되지 않아 대량 생산용 소형주물에 사용된다.

(4) 점결제 binder

원료사인 모래 알갱이만 가지고는 주형을 만들 수 없기 때문에, 모래알을 결합시켜 성형성을 좋게 하는 점결제가 필요하다.

① 무기질 점결제 점토는 석영, 장석 등의 암석이 풍화하여 지름 0.01 mm 이하로 된 미세한 입자로서, Si, Al, O, Fe, Mg와 그밖에 알카리 금속, 알카리 토금속 등의 화학적 성분과 수분의 혼합물이다.
② 유기질 점결제 쇳물과 접촉하여 500℃ 전후에서 점결력이 소실된다. 따라서 붕괴성이 좋아야 하는 코어 등에 많이 사용된다. 유기질 점결제로는 유류, 곡분류, 당류, 합성수지, 피치(pitch) 등이 있다.
③ 그 밖의 점결제 주조방법에 따라서 규산나트륨, 시멘트, 석고 등이 있다.

(5) 첨가제 또는 보조제

주형은 모래와 점결제만으로 제작할 수 있지만 주형의 성질을 향상시키기 위하여 첨가제를 사용한다. 예를 들면, 강도, 성형성, 통기성, 내열성, 붕괴성, 표면정밀도 등의 성질을 향상시킨다.

표 1.7 첨가제의 종류와 사용목적

첨가제	첨가량	사용목적	비고
곡분	0.2% 이하	습태, 건태강도 및 붕괴성향상	
피치	3.0% 이하	Fe계 주물의 고온강도 증가, 주물표면 향상	코크스의 부산물
아스팔트	3.0% 이하	Fe계 주물의 고온강도 증가, 주물표면 향상	석유정제 부산물
시콜(seacoal)	2~8%	표면 미려, 후처리작업 용이	
흑연	0.2~2.0%	조형성 향상, 표면미려	
연료용기름	0.01~0.1%	조형성 향상	
목분, 쌀겨	0.5~2.0%	완충제, 붕괴성, 유동성 향상	
규사분	5~10%	고온강도 증가	200# 이상 사용
산화철	미량	고온강도 증가	

(6) 도형제 coating agent

주물사로 조형한 주형은 표면의 입자간 틈새에 쇳물이 스며들어 내화도가 떨어진다. 따라서 쇳물의 물리적 침투나 화학반응을 방지하고, 주형표면을 깨끗하게 하기 위해 주형표면을 도장하는 물질을 도형제(coating agent)라 한다.

① 흑연 및 숯가루 주형의 내화도를 높이고 환원가스를 발생시켜 주는 목적으로 흑연이나

숯가루 등의 탄소계 물질이 대형주물에 많이 사용된다. 도포방법은 건조한 분말을 생형에 뿌리거나 점토 등과 혼합하여 붓으로 도장한다.

② **운모가루** 활석분말이라고도 하며, 내열성은 흑연보다 작지만 표면을 평활하게 한다. 운모분말 단독으로도 사용되지만, 흑연분말과 혼합하여 도장한다.

(7) 이형제 parting agent

주형작업을 할 때 상형(cope)과 하형(drag) 또는 원형과 주물사가 서로 붙는 것을 막기 위하여 사용되는 것을 이형제라 한다.

모래형이 상형과 하형이 붙는 것을 막을 때에는 고운 규사나 강모래와 같이 점토분이 없는 것을 건조시켜 사용하는데, 이것을 분리사(parting sand)라 한다.

원형과 주물사가 붙는 것을 방지하는 데에는 니스, 래커, 실리콘 기름 등이 쓰인다.

(8) 주물사의 용도별 종류

① **생형사** green sand 생형은 일반 주철과 비철 금속에 주로 사용된다. 생형은 점토 함량이 많은 산사(山沙)에 점결성을 증가시키기 위하여 점토와 고사(사용한 모래)를 적당량 배합하여 사용한다. 여기에 용도에 따라 첨가제를 섞는다.

② **건조형사** dry sand 고급주철이나 주강은 강도와 통기성이 필요하여 건조형을 사용한다. 하천사나 규사에 점토를 섞고, 건조 시의 균열을 방지하고, 내화성과 통기성을 향상시키기 위해 흑연, 코크스분말, 아마인유 등의 첨가제를 배합한다.

③ **코어사** core sand 코어는 주형 내에서 쇳물로 둘러싸여 고온, 고압을 받는다. 따라서 내열성, 강도, 통기도 등이 우수해야 하고, 붕괴성이 좋아 주조 후 쉽게 제거할 수 있어야 한다.

④ **표면사** facing sand 고온의 쇳물과 직접 접촉하는 주형 표면의 주물사를 표면사라고 한다. 표면사는 신사의 비율을 크게 하고, 코크스분말, 흑연분말 등의 첨가제를 배합한다.

⑤ **분리사** parting sand 주형상자의 윗상자와 아래상자를 분리할 때 주형이 접착하는 것을 방지하기 위해 상형과 하형 사이의 경계면에 뿌리는 점토분이 적은 건조한 모래를 분리사라 한다.

3 주형제작 방안 gating and risering system

(1) 주형법에 의한 분류

주형은 주형상자의 사용 방법에 따라 바닥주형법, 혼성주형법, 조립주형법으로 구분한다.

① **바닥주형법** open sand moulding : 개방주형
- 상형을 사용하지 않고 바닥의 주물사에 모형을 다져 주입한다.

■ 주물표면은 평면으로 대기 중에 노출되므로 표면치수가 중요하지 않은 대형주물을 소량 생산할 때 사용한다.

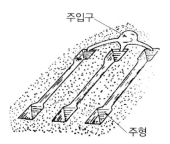

🔩 그림 1.53 **바닥주형법**

② **혼성주형법** bed-in moulding 주형 하부는 바닥주형법을 쓰고 주형 상부는 주형상자를 덮어 주입하여 대형주물의 상부 형상을 만든다.

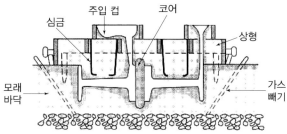

🔩 그림 1.54 **혼성주형법**

③ **조립주형법** turn over moulding 주물 전체를 주형상자에 만든다. 따라서 주물 크기에 제한이 있으나 정밀한 주물을 대량생산할 수 있다.

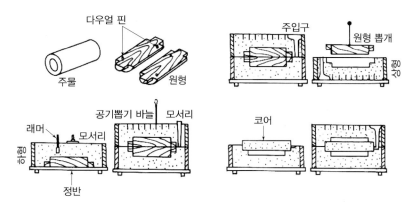

🔩 그림 1.55 **조립주형법**

(2) 주형의 구조

주형은 탕구계, 압탕, 공기뽑기, 냉각쇠, 코어받침 등으로 구성된다.

탕구계(gating system)란 용융 금속을 주입하기 위한 통로를 총칭하며, 주입컵, 탕구, 탕도, 주입구로 구성된다.

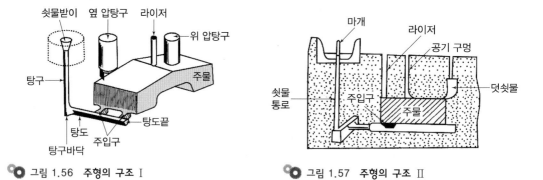

🔩 그림 1.56 **주형의 구조** Ⅰ 　　　　　🔩 그림 1.57 **주형의 구조** Ⅱ

탕구계를 제작할 때는 다음과 같은 사항을 고려해야 한다.

① 구석진 부분까지 쇳물이 충만될 수 있을 것
② 정숙한 주입으로 층류 상태의 흐름이 될 수 있을 것
③ 가스의 방출이 용이할 것
④ 불순물의 분리가 용이할 것
⑤ 주형에 충만된 쇳물에 가압 효과가 있는 높이로 할 것

또 주형의 구성요소들은 주물의 형상과 크기, 용융 금속의 재질, 주탕온도, 주형상자의 크기 등의 영향을 많이 받는다.

- **주입컵**(pouring cup : **쇳물받이**) : 쇳물을 주형에 주입하는 부분을 주입컵 혹은 탕구웅덩이, 쇳물받이라 한다. 쇳물이 탕구에 직접 떨어지지 않고 주입컵에 고여서 슬래그와 불순물을 제거하고, 서서히 탕구에 들어가도록 한다.
- **탕구**(sprue) : 쇳물이 주입컵에서 수직으로 흘러가는 통로를 탕구라 한다. 탕구는 보통 원통형으로 설치하지만 탕구가 크고 높은 대형주물은 쇳물의 유속과 유량을 고려하여 윗면이 넓은 원뿔모양으로 한다.
- **탕도**(runner) : 탕구의 쇳물이 수평으로 흘러 주입구로 보내지는 통로를 탕도라 한다. 탕도에는 탕도끝(runner extension)을 설치하여 처음 주형으로 유입되는 불순물이 많이 포함되어 있는 쇳물이 캐비티에 들어가는 것을 방지시키기도 한다.
- **주입구**(gate) : 탕도의 쇳물이 주형 내부에 들어가는 부분을 주입구라 한다.
- **압탕**(riser, feeder : **덧쇳물**) : 압탕은 덧쇳물이라고도 하고, 대형우물이나 수축량이 많은

주물일수록 역할이 중요하다. 압탕의 설치 위치는 주입구에서 멀고 주물의 형상에서 높은 곳에 설치한다. 압탕의 형상은 보통 원추형으로 하고, 절단을 쉽게 하기 위해 제품과의 접촉부는 단면을 작게 한다.

압탕의 역할을 요약하면 다음과 같다.

① 쇳물이 응고할 때 수축으로 인한 쇳물 부족을 보충한다.
② 주형 내의 쇳물에 압력을 가하여 조직을 치밀하게 한다.
③ 주형 내의 슬래그와 불순물을 밖으로 밀어낸다.
④ 주형 내의 공기와 가스를 밖으로 배출한다.
⑤ 쇳물의 주입량을 알 수 있다.
⑥ **공기뽑기** vent   주형 내의 공기나 수증기는 대부분 압탕으로 배출되지만 부분적으로 튀어나온 곳은 공기뽑기 구멍을 뚫어야 쇳물이 채워질 수 있다.

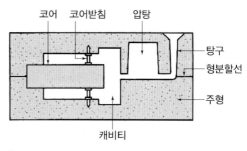

◎ 그림 1.58 **코어받침**

⑦ **코어받침** chaplet   코어받침은 주물과 같은 재료의 금속으로 얇게 만들어 주입 후 고온의 쇳물에 녹아 주물의 일부가 된다.
⑧ **냉각쇠** chiller   내부냉각쇠와 외부냉각쇠 두 종류가 있다. 내부냉각쇠는 수축공 발생이 예상되는 부분에 설치하여 냉각쇠가 수축공을 대체하도록 한다. 외부냉각쇠는 두께가 두꺼운 부분에 설치하여 냉각속도를 균일하게 해주어서 수축공이 생기는 것을 방지시킨다.

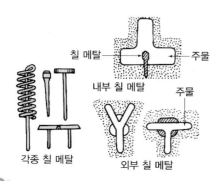

◎ 그림 1.59 **냉각쇠**

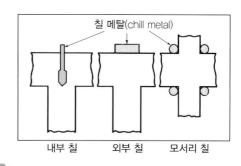

◎ 그림 1.60 **냉각쇠의 사용**

(3) 주형의 설계

① 탕구계통의 설계

- **탕구비**
  - 탕구, 탕도, 주입구의 최소 단면적 비율를 탕구비라 한다.
  - 탕구비는 쇳물을 조용하고 빠르게 주입되도록 설계하고, 주물의 종류에 따라 달라진다.
  - 가압 탕구계와 비가압 탕구계로 나뉘며, 표 1.8은 일반적으로 사용되는 비가압식 주입의 탕구비이다.

표 1.8 주물의 종류와 탕구비

합금의 종류	탕구비	비고
주철	1 : 0.81 : 0.625	10t 이상의 것
	1 : 0.86 : 0.715	10t 이하의 것
	1 : 0.96 : 0.9	엷은 판상의 것
	1 : 0.95 : 0.9	라디에이터
	1 : 0.75 : 0.25	탕도가 탕구 한쪽에 있을 때
	1 : 0.75 : 0.25	탕도가 탕구 양쪽에 있을 때
가단주철	1 : 0.5 : 2.45	살이 두꺼운 것
	1 : 0.6 : 1.67	살이 엷은 것
주강	1 : 2 : 2	운동량을 감소시키는 방법
	1 : 2 : 1	압력을 높이는 방법
고력황동, 청동	1 : 2.88 : 4.80	탕도 양측
Al-합금	1 : 4 : 4	탕도 양측
	1 : 6 : 6	탕도 양측
Mg-합금	1 : 2 : 2 - 1 : 4 : 4	

- **탕구높이** : 탕구높이와 유량과의 관계는 다음 식과 같으며, 경험식을 이용하기도 한다.

$$Q = CA\sqrt{2gh}$$

여기서 Q : 유량(cm^3/s) C : 유량계수

       A : 탕구의 최소단면적(cm^3) g : 중력가속도$(980\text{cm}/\text{sec}^2)$

       h : 탕구높이(cm)

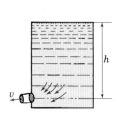
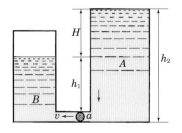

그림 1.61 유출속도

- **압탕의 크기** : 압탕은 주물보다 응고가 지연되어야 한다. 압탕의 크기는 재료에 따라 차이가 있으며, 상세한 것은 여러 가지 계산식과 경험치를 이용한다.
- **압상력과 중추** : 주형에 쇳물을 주입하면 주형이 접촉면에 직각방향으로 받는 쇳물의 부력을 압상력이라 한다. 압상력이 상형의 무게보다 크면 상형이 들려 쇳물이 흘러나온다. 이것을 막기 위해 상형에 중추를 올려놓는다.

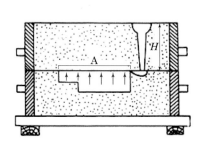

🔧 그림 1.62 **압상력**

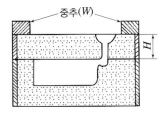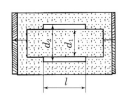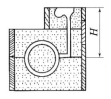

🔧 그림 1.63 **중추 놓는 법**

- **쇳물의 주입시간**
  - 주입속도가 빠르면 주형내면이 파손되기 쉽고, 주형 내의 공기가 빠지기 어렵고, 불순물이 부유할 시간적 여유가 없다. 반대로 주입속도가 느리면 유동성이 불량해서 주형의 구석진 부분까지 채워지기 어렵고, 재질이 균일하지 않아 취성이 큰 주물이 되기 쉽다.
  - 주물 중량에 따른 주입시간은 여러 경험식에 의한다.

② **주물제품의 설계**
- 그림 1.64는 주형의 형상 중에서 날카로운 모서리(corner) 부위, 각(angle) 부위, 필렛(fillet) 부위 등은 금속이 응고하는 동안 균열이나 찢어짐(tearing)의 발생을 일으킬 수 있으므로 피하는 것이 좋은 것을 나타낸 것이다.

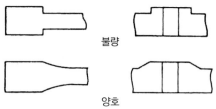

🔩 그림 1.64 모서리 및 각진 부분의 설계

- 필렛 부분은 특히 응력집중(stress concentration)을 완화시키고 용탕의 주입 시 잘 채워질 수 있도록 반경이 주의깊게 선택되어야 한다. 필렛 부위의 반지름이 너무 크면 그 부분의 재료의 부피도 너무 크게 되고, 결과적으로 냉각속도가 떨어지게 된다.
- 그림 1.65와 같이 주물품의 단면의 변화도 부드럽게 이어져야 한다. 이때 단면이 가장 큰 지역(단면에 가장 큰 내접원이 그려지는 곳)은 냉각속도가 매우 느리므로 열점(hot spot)이라 하고, 여기에는 수축공 등이 집중하게 된다. 따라서 생산비용이 많이 들더라도 주형 안에 금속의 냉각쇠를 넣어 열점을 줄이거나 제거해야 한다. 넓은 면은 냉각동안 온도구배에 의해 뒤틀림이 생기거나 금속 주입 시 불균일한 유동으로 인해 나쁜 표면을 만들 수 있기 때문에 피해야 한다.

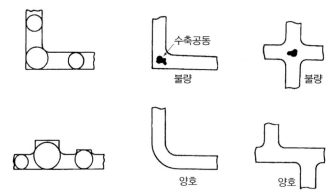

🔩 그림 1.65 주물결함을 피하기 위한 설계변경

4 주형 공구 및 기계

(1) 주형공구

① 주형상자 molding flask
- 주물의 재료, 크기, 형상 등에 따라 나무나 금속으로 제작한다.
- 주형상자는 상하 2개 또는 상중하 3개의 상자를 조립하여 사용한다.

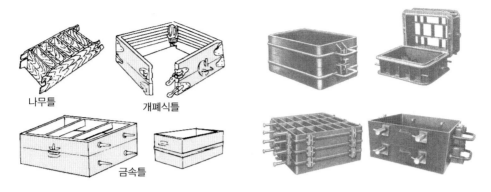

나무틀   개폐식틀

금속틀

🔩 그림 1.66 **주형상자**

② **정반** molding board   정반은 평면으로 된 판으로 주형도마라고도 하며, 모형과 주형상자를 올려놓고 주물사를 다진다.

③ **수공구** hand tool   주형을 제작하기 위한 다지기공구, 다듬질공구, 보조공구 등이 있다.

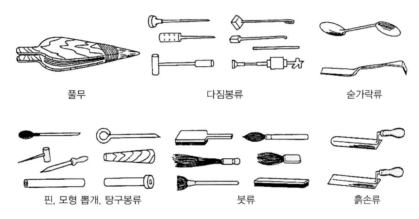

풀무   다짐봉류   숟가락류

핀, 모형 뽑개, 탕구봉류   붓류   흙손류

🔩 그림 1.67 **주형 수공구**

(2) 주물사 처리용 기계 molding machine

노화된 주물사를 다시 활용하기 위해 재생처리하는 기계를 주물사 처리용 기계라 한다.

① **혼사기** sand mixer **와 샌드밀** sand mill   혼사기는 신사와 고사, 모래, 점토, 첨가제 등을 혼합하는데 사용하고, 샌드밀은 2~3종의 주물사를 섞어서 분쇄하여 입도를 균일하게 하는 기계이다.

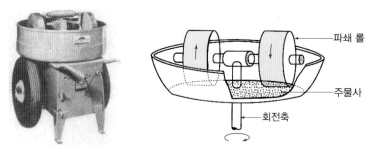

그림 1.68 이동식 혼사기(좌)와 샌드밀(우)

② **자기 분리기**magnetic separator   모래나 고사 중의 혼입되어 있는 쇳조각, 못, 철분 그리고
불똥 등 철계의 불순물을 전자석으로 뽑아내는 데 사용한다.

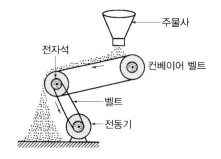

그림 1.69 자기 분리기

③ **진동식 조형기**jolt molding machine   주형상자에 모형과 주물사를 올려놓고 압축공기나 기계적
인 진동을 가하여 주물사를 다진다. 이 방법은 하부는 견고하게 다져지나 상부는 잘 다
져지지 않는다.

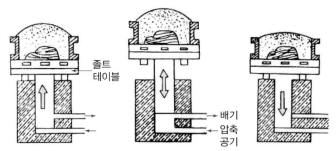

그림 1.70 진동식 조형기

④ **압축식 조형기**squeeze molding machine   주형상자에 모형과 주물사를 올려놓고 상부에서 평판
으로 주물사를 압축하여 다진다. 이 방법은 상부가 견고하게 다져지나 모형 부근이 골고
루 다져지지 않는다.

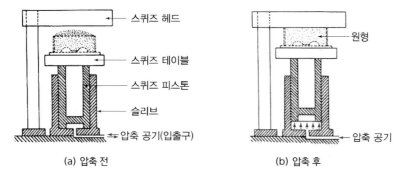

(a) 압축 전   (b) 압축 후

그림 1.71 압축식 조형기

⑤ **진동-압축식 조형기**jolt-squeeze molding machine 진동식과 압축식의 장점을 이용한 이 조형기
는 진동으로 모래를 다진 후 상부를 압축하여 상하부를 골고루 다진다. 또한 주물공장에
서 가장 많이 사용하고 있는 조형기이다.

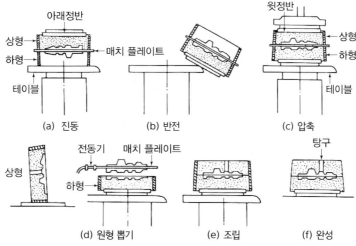

(a) 진동   (b) 반전   (c) 압축

(d) 원형 뽑기   (e) 조립   (f) 완성

그림 1.72 압축-진동 혼합형 조형기에 의한 조형공정

⑦ **샌드 슬링거**sand slinger 그림 1-74는 구조와 기능이다. 회전하는 임펠러(impeller)로 주물사를
주형상자에 고속으로 뿌리는 조형기이다. 이 방법은 모형 부근과 상하부에 주물사가 골고루
다져지고 생산성도 우수하다.

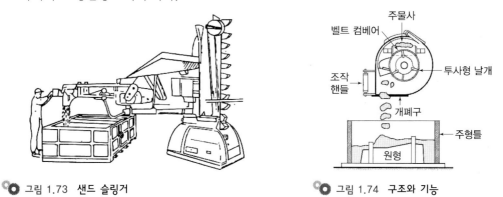

그림 1.73 샌드 슬링거   그림 1.74 구조와 기능

|  그림 1.75 샌드 슬링거 작업(Ⅰ) | 그림 1.76 샌드 슬링거 작업(Ⅱ) |

4 | 용해와 후처리

1 용해로 furnace의 개요

용해작업은 금속 기술면에서나 기계 공작면에서 첫째 공정이라 볼 수 있으므로 주조용 용해로의 선택은 고체의 원료지금(原料地金)의 종류, 용해량, 용해온도, 금속의 순도와 정련도, 시설·유지비용 등을 고려해야 한다.

　금속의 용해에 사용되는 용해로는 여러 가지가 있으나, 일반적으로 표 1.9와 같은 것들이 있다.

표 1.9　주조용 용해로의 종류

종류	형식		열원	용해금속	용해량
큐폴라	–		코크스	주철	1~20t
도가니로	–		코크스, 중유, 가스	구리합금, 경합금(주철, 주강)	< 300 kg
반사로	–		석탄, 중유, 가스	구리합금, 주철	1,500~50,000 kg
전기로	아크로	직접 아크식	전력 (저전압 고전류) 50~60 Hz	주강(주철)	1~20 t
		간접 아크식		구리합금 (특수주강)	1~10 t
	유도로	고주파	500~10,000 Hz	주강, 주철	200~10,000 kg
		저주파	50~60 Hz	구리합금, 경합금, 주철	200~20,000 kg

(1) 큐폴라 cupola

큐폴라는 주철을 경제적으로 용해하는데 가장 많이 사용되는 용해로이다.

큐폴라의 구조는 그림 1.77과 같이 내화벽돌과 내화점토로 원통형을 만들고, 외부를 강철판으로 둘러싼다. 로의 바닥에 쇳물이 나오는 출탕구를 두고, 그 위에 용재출구와 송풍구를 둔다. 장입부의 상부에 장입구를 두고 그 위는 굴뚝으로 쓰인다. 큐폴라의 용량은 시간당 용해할 수 있는 주철의 중량(ton)으로 표시한다.

로에 장입하는 물질을 총칭하여 지금이라 하는데, 하부에서 상부로 코크스, 석회석, 선철의 순으로 계속 쌓아둔다. 하부층의 코크스는 점화용으로 베드코크스라 하고, 노 지름의 1~1.5배 높이로 쌓아 연소되면 선철의 용해가 시작된다. 상부층은 이 열로 예열되면서 연속적으로 용해한다. 석회석은 철의 산화를 방지하고, 유동성이 좋은 슬래그를 만든다. 이 슬래그는 장입물과 철의 불순물을 부상시키고, 쇳물 표면의 과열을 방지한다. 코크스, 석회석, 선철의 장입 중량비율은 표 1.10과 같다.

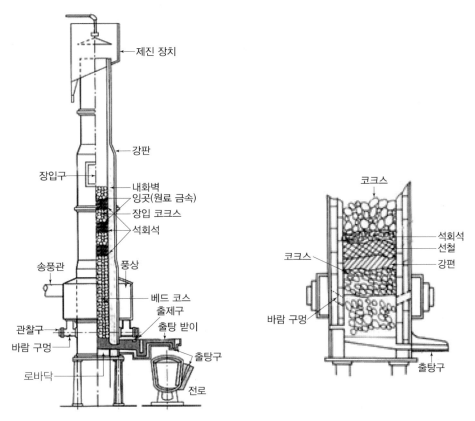

🔩 그림 1.77 **큐폴라의 구조**

표 1.10 **큐폴라의 장입 비율**

큐폴라의 용량(ton)	1회 장입량(kg)		
	선철 및 고철	코크스	석회석
1	150	15~17	4.5~6
2	300~400	30~35	10~12
3	400~500	40~45	14~17
4	500~600	50~55	18~24

(2) 도가니로 crucible furnace

내화점토나 흑연으로 만든 도가니 속에 금속을 넣고 코크스, 중유, 가스 등을 연료로 도가니 벽을 가열하여 용해하는 노를 도가니로 한다. 도가니로는 금속이 연료와 직접 접촉하지 않아 불순물의 혼입이 없고, 산화작용을 일으키지 않아 양질의 쇳물을 만들 수 있다. 그러나 도가니의 수명이 짧고, 용량이 제한되고, 연료소비량이 많은 단점이 있다. 따라서 구리 합금이나 경합금을 소량 용해할 때 사용된다.

도가니로의 규격은 도가니에서 용해할 수 있는 구리의 중량(kgf)을 번호(#)로 표시한다.

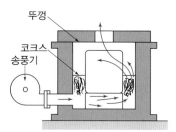

(a) 고정식 도가니   (b) 도가니

그림 1.78 **도가니로**

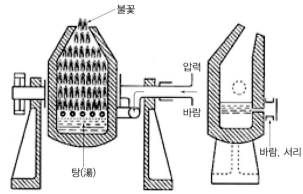

그림 1.79 **가경식 도가니**

(3) 반사로 reverberatory furnace

반사로는 연소실과 용해실로 구분되어 있다. 연소실에서 석탄, 중유, 가스 등으로 연소한 화염이 아치 모양의 천장을 가열시키고, 그 반사열로 장입된 금속을 용해한다. 용해실의 천장은 표면적이 넓은 아치형으로 하여 반사열효율을 높인다. 반사로의 용해능력은 1회에 용해할 수 있는 금속의 중량(ton)으로 표시하고, 15~40 ton 정도가 많이 사용된다.

반사로의 특징은 평면적이 커서 부피가 큰 금속을 대용량으로 용해할 수 있고, 화염이 금속에 직접 접촉하지 않아 연소가스의 영향을 많이 받지 않는다. 비철금속을 대량으로 용해할 때 많이 사용된다.

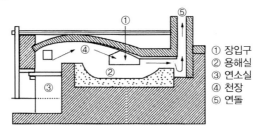

① 장입구
② 용해실
③ 연소실
④ 천장
⑤ 연돌

그림 1.80 **반사로**

(4) 전기로 electric furnace

전기로는 전기를 열원으로 하는 용해로로서, 특수주철, 특수강의 용해에 이용되며, 그 특징은 다음과 같다.

① 연료의 유입이 없어 산화나 불순물이 혼입하지 않는다.
② 쇳물의 온도를 저온에서 고온까지 광범위하고 정확하게 조절할 수 있다.
③ 저용량에서 고용량까지 노의 종류가 다양하다.
④ 쇳물의 성분을 다양하게 조절하여 특수 · 정밀주조가 가능하다.
⑤ 노의 가격과 전기에너지 비용이 비싸다.

전기로는 전기에너지를 열로 변환하는 방법에 따라 아크로(arc furnace), 유도로(induction furnace), 저항로(resistance furnace)로 분류할 수 있다.

■ 아크로는 아크의 발생 방법에 의해 직접아크로와 간접아크로가 있다.
　－직접아크로는 용해온도가 높아서 주강, 공구강, 스테인리스강 등의 용해에 적합하다.
　－간접아크로는 용해온도가 낮아서 비철합금의 용해에 적합하다.
■ 유도로는 1차코일에서 유도된 2차전류로 장입금속을 용해하는 로로서, 전류의 주파수에 따라 고주파유도로와 저주파유도로가 있다.

- 고주파유도로는 전기의 손실이 커서 공구강, 스테인리스강, 특수강 등의 소량 용해에 사용된다.
- 저주파유도로는 연속적으로 금속을 용해할 수 있어 비철합금의 용해나 주철의 큐폴라 대용으로 많이 사용된다.

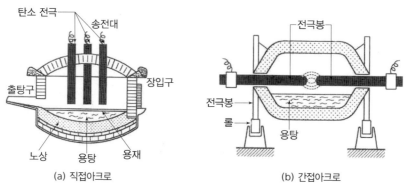

(a) 직접아크로   (b) 간접아크로

🔩 그림 1.81 **아크로**

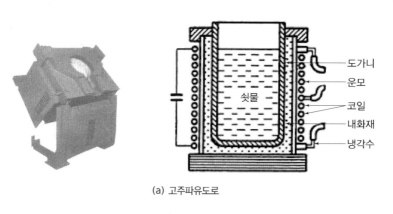

(a) 고주파유도로

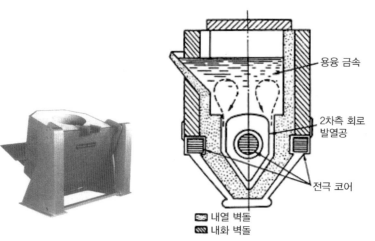

(b) 저주파유도로

🔩 그림 1.82 **유도로 종류**

■ 저항로는 온도 조절이 용이하고, 작업이 깨끗하나 에너지 효율이 낮아 다이캐스팅의
보온로나 비철금속을 소량으로 용해하는 데 사용된다.

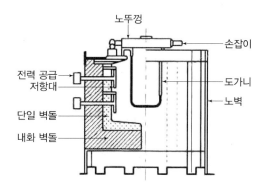

○ 그림 1.83   저항로 구조

(5) 평로 open hearth furnace

평로는 대량으로 선철과 고철을 용해하고, 정련·제강하는 노이다.

평로의 구조는 용해실 좌우에 축열실이 있어 용해실로 공급되는 공기와 연료가 1,000℃
정도로 예열되고, 연소실의 온도는 1,700~2,000℃가 되어 열효율이 높다.

전기로가 발달함에 따라 정련시간이 길고, 열효율이 낮아 세계적으로 자취를 감추고 있다.

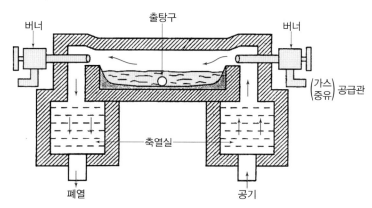

○ 그림 1.84   평로의 구조

(6) 전로 converter

전로는 금속을 직접 용해하지 않고, 용광로, 큐폴라 등의 노에서 용해된 쇳물을 장입하고,
고압공기를 불어넣어 C, Si, Mn, P, S 등의 성분을 연소 제거하여 제강하는 노이다. 전로
의 크기는 1회의 제강중량(ton)으로 표시하고, 1~5 ton 정도가 많이 사용된다.

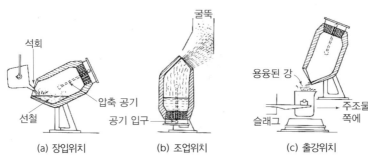

석회
굴뚝
용융된 강
압축 공기
선철
공기 입구
슬래그
주조물
쪽에

(a) 장입위치   (b) 조업위치   (c) 출강위치

그림 1.85 전로의 구조와 조업방법

전로는 항아리 모양의 노 내의 용선, 고철 등에 산소가스를 불어넣어 순도 높은 강으로 만든다. 그림 1.84는 고철 및 부원료를 전로에 장입하는 장면이다.

그림 1.86 전로의 제강 장면

2 주입

용해로에서 만들어진 용융 금속은 주형에 주입하기 전에 목적하는 성분, 온도, 가스함유량 등을 조절하는 여러 가지 처리를 한다. 용탕의 처리로서 탈가스, 탈황, 접종, 흑연의 구상화 처리, 개량처리 등이 있다.

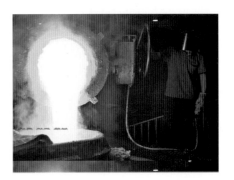

그림 1.87 용해작업과 주입

(1) 주입의 준비

주형이 완성되어 조립된 후에 쇳물을 주입할 준비를 한다.

용융 금속은 용해로부터 쇳물을 주입하기에 편리하도록 알맞은 레이들(ladle)에 옮겨 주형에 주입한다.

크기는 대개 10~100 kg에서부터 큰 것은 20~50 ton까지 있다.

그림 1.88 **합형과 탈사**

(a) 경동식 레이들

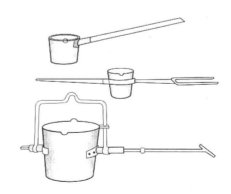

(b) 손 레이들

그림 1.89 **레이들의 종류**

(2) 주입

쇳물은 주입 용량보다 3~5% 정도 더 준비한다. 고온으로 용해된 쇳물도 적당히 온도가 내려갈 때까지 방치하여 쇳물 속의 가스를 방출시켜 스케일이나 먼지가 떠오르도록 한다.

그림 1.90 레이들 슬래그제거 장면

쇳물 아궁이나 쇳물 통로는 쇳물이 조용하게 되도록 빨리 주형에 차도록 설계되어 있기 때문에 쇳물은 일시에 쇳물 아궁이로부터 주입한다.

주입과 동시에 주형의 각부로부터 가스가 방출되며, 가스 빼기 구멍에서도 가스가 나오기 때문에 코어가 있는 주형이나 대형의 주형은 이 가스에 점화하여 가스 빼기를 돕는다. 가스 빼기 구멍에 쇳물이 차면 쇳물의 주입을 중단하고, 라이저의 부분에는 고온도의 쇳물을 주입하여 주물의 수축을 보상하도록 한다.

그림 1.91 쇳물 주입장면

(3) 주형의 해체

쇳물의 주입이 끝난 후 주물이 굳는 것을 기다렸다가 주형을 해체한다.

이때 수축하기 어려운 모양을 한 주물은 주형이나 코어를 되도록 빨리 해체해야 한다.

그림 1.92는 셰이크 아웃머신(shake out machine)이며, 주형을 기계 위에 놓으면 진동하여 모래가 떨어지고, 제품과 주물상지는 테이블 위에 남는다.

셰이크 아웃 머신 → 모터

(a) 단동식   (b) 연속식

그림 1.92 **셰이크 아웃머신**

3 용탕의 처리

용해로에서 만들어진 용융 금속은 주형에 주입하기 전에 목적하는 성분, 온도, 가스함유량 등을 조절하는 여러 가지 처리를 한다.

(1) 탈가스 degasing

쇳물 속에 들어있는 수소, 산소, 질소 등의 가스는 기포와 같은 주물불량의 원인이 되므로 이를 제거시켜서 주입하는 것이 좋다. 탈가스법에는 불활성가스 주입법, 진공 탈가스법, 탈가스제 사용법, 재용해법 등이 있다.

(2) 탈황 desulfurization

주철에서 황은 흑연화를 저해하고, 유동성을 나쁘게 하며, 접종효과를 감소시킨다. 따라서 이를 감소시키기 위한 탈황제로는 탄산나트륨(Na_2CO_3), 칼슘카바이드(CaC_2), 석회질소, 마그네슘 등이 쓰인다.

(3) 접종 inoculation

쇳물을 주형에 주입하기 전에 Si, Fe-Si, Ca-Si 등을 첨가하여 주철의 재질을 개선하는 방법을 접종이라 한다. 접종을 함으로써 기계적 강도를 증가시킬 뿐만 아니라 조직의 개선 급냉방지, 질량 효과의 개선 등을 얻을 수 있다.

(4) 흑연의 구상화처리

흑연의 구상화처리에 사용되는 첨가금속으로는 보통 Mg, Mg계 합금, Cr계 합금, 희토류원소(rare earth metal) 등이 실용화되고 있다. 흑연의 구상화처리는 구상화 첨가금속의 성질과 반응이 잘 되어야 한다. 주철의 흑연을 구상화시키는데 필요한 Mg의 최소 함량은 0.01%이며, 구상화제로서 Mg만 첨가할 경우는 함량이 0.2% 이상이어야 한다.

(5) 개량처리 modification

공정합금의 쇳물에 특수한 원소를 첨가하거나 급냉시키면, 공정온도가 낮아지고 공정점의 조성이 이동하여 미세한 조직을 얻을 수 있고, 기계적 성질이 개선되는 효과를 개량처리라 한다.

4 후처리 finishing

주물을 주형에서 분리시켜 주물사나 내화물을 제거하고, 주물표면을 청정한 후 압탕, 탕도 등을 제거하고, 필요에 따라 보수하고 열처리하여 출고한다. 이러한 일련의 작업을 후처리라 한다.

그림 1.93 주형 분리

(1) 주물표면의 청정

주물표면에 붙어있는 모래나 부착물을 제거하기 위해 쇼트 블라스트(shot blast)와 샌드 블라스트(sand blast), 대형주물의 청소에 사용되는 것으로 고압수를 노즐에서 분사하는 하이드로 블라스트(hydro blast) 그리고 텀블러(tumbler), 진동연마기 등을 사용한다.

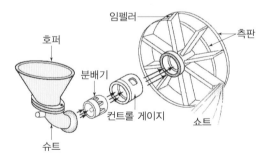

그림 1.94 쇼트 블라스트와 구조

(2) 압탕 및 탕도제거

주물제품과 무관한 탕도(runner), 압탕(riser), 공기뽑기, 플래시(flash) 등을 제거한다. 간단한 형상은 해머로 두들겨 제거하고, 본체에 영향을 주지 않고 정밀하게 제거하기 위해서는 기계톱, 절단기, 가스절단, 아크절단 등의 방법을 사용한다.

(3) 주물의 보수

주물결함을 보수를 통해 보완하여 사용할 수 있게 하는 작업으로, 제품에 따라 경제적인 방법을 선택해야 한다. 주물의 보수는 용접, 충전재의 투입, 침투법, 메탈라이징(metalizing), 납땜 등의 방법이 이용되고 있다.

그림 1.95 **후처리 작업**

---

5 특수 주조법

1 고압 주조법 high pressure casing process

금속주형에 쇳물을 넣고 용융상태 또는 반용융상태에서 응고가 완료될 때까지 펀치로 고압력을 가하여 성형하는 주조법이다. 이 방법은 주조와 단조를 조합한 가공법으로 쇳물 단조법이라고도 한다.

고압 주조에는 직접가압법과 간접가압법이 있다. 전자는 모양이 비교적 단순하고 두꺼운 주물에 적합하고, 후자는 얇은 주물에 적합하다.

고압 주조는 가압효과에 의해서 기공이 제거되고, 조직이 미세화되고, 강도가 커지고, 표면정밀도가 좋아진다.

고압 주조는 알루미늄 합금, 구리 합금에 주로 사용되며, 그 외 주철, 주강 등에도 사용된다.

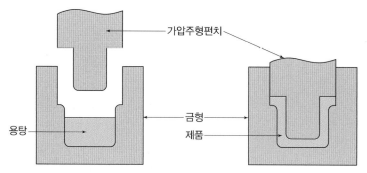

그림 1.96 **직접가압법: 용기주물**

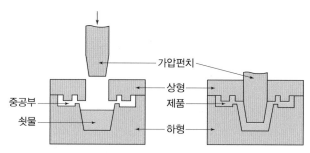

그림 1.97 **간접가압법**

2 중력 주조법 gravity casting process

사형(沙型) 대신에 금속주형을 사용하고 외부의 가압력 없이 중력으로 주입하는 주조법으로 중력 다이캐스팅이라고도 한다.

금형의 가격은 비싸지만 반영구적으로 사용하여 대량 생산 측면에서 보면 생산성이 높고, 치수가 정밀하고, 주물의 기계적 성질이 우수하다.

중력 주조법은 Al, Mg, Cu 등의 비철합금에 주로 사용되지만, 주철과 주강에도 사용된다. 주입 전에 금형은 적절한 온도로 예열하여 응고속도를 늦추어 급냉에 의한 균열을 방지한다.

(a) 실린더 블록

(b) INTAKE MANIFOLD

그림 1.98 **중력 주조제품**

3 저압 주조법 low pressure gas casting process

공기나 불활성가스를 $0.2\,kg/cm^2$ 정도의 저압력을 가하여 중력과 반대 방향으로 쇳물을 밀어 올려 금형에 주입하는 주조법이다.

저압 주조법은 중력 주조법과 비슷하지만, 중력과 반대 방향으로 주입하는 점과 주입속도를 제어하면서 주입하는 점이 다르다. 일정 시간 가압한 후 압력을 제거하면 주형의 쇳물은 응고되지만 탕구 이하의 쇳물은 주입관을 역류하여 도가니 안에 떨어진다.

저압 주조의 장점은 중력주조와 같지만 쇳물이 도가니 안에서 직접 금형으로 주입되므로 쇳물의 산화가 없으므로 산화가 심한 금속에 유리하다. 또 중력 주조의 탕구나 압탕이 필요없어 쇳물이 크게 절약된다. 주조수율이 90~98%로서, 중력 주조의 50~60%나 다이캐스팅의 75~80%보다 훨씬 높다.

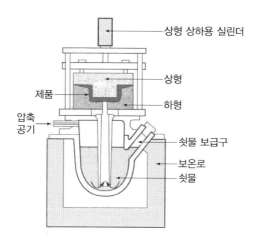

상형 상하용 실린더
상형
제품
하형
압축
공기
쇳물 보급구
보온로
쇳물

그림 1.99 **저압 주조법**

4 다이캐스팅 die casting process

(1) 다이캐스팅의 특징

용융 금속을 대기압 이상의 압력으로 금형에 고속으로 압입하는 주조법이다. 다이캐스팅은 비철금속을 정밀하게 대량 생산하는 주조법으로, 자동차 부품, 정밀기계 부품, 전기 · 전자 부품 등의 생산에 널리 쓰인다.

다이캐스팅의 특징을 요약하면 다음과 같다.

① 주물의 정밀도가 높고 표면이 깨끗하다.
② 주물의 조직이 치밀하고 강도가 크다.
③ 얇고 형상이 복잡한 제품을 만들 수 있다.
④ 가공속도가 빨라 대량 생산에 적합하다.

⑤ 금형과 장비의 가격이 고가이다.

⑥ 용해온도가 1,000℃ 이하인 비철 금속에 적합하고, 그 이상인 철강합금은 부적합하다.

⑦ 금형의 크기와 구조에 제한이 있으며, 대형주물에는 적합하지 않다.

(2) 다이캐스팅 주조기

주요 부분은 쇳물 압입장치, 금형, 금형 개폐장치 등으로 구성되어 있다.

🔩 그림 1.100 **다이캐스팅 머신과 금형**

다이캐스팅 제품은 얇고 복잡한 형상에 적합하므로 체적에 대한 표면적의 비가 크다.

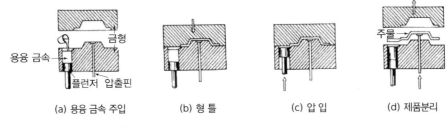

(a) 용융 금속 주입　　(b) 형틀　　(c) 압입　　(d) 제품분리

🔩 그림 1.101 **다이캐스팅 주조법**

　그러므로 단시간에 쇳물을 주입하기 위해 주입속도가 커지고 주입압력이 커진다. 주입속도는 일반적으로 0.05~0.15초 정도이다. 주입속도가 너무 크면 공기를 흡입하여 기포가 발생하므로 주입구 단면적으로 주입속도를 조절한다.

　기구의 동력방식은 압축공기식과 유압식이 있다. 쇳물의 주입방식은 열가압실식과 냉가압실식이 있다.

　열가압실식은 쇳물을 도가니에서 직접 금형으로 압입하는 방식이다. 그러므로 가압장치가 쇳물 안에 있어야 하므로 비교적 용융점이 낮은 납 합금, 주석 합금, 아연 합금 등에 사용된다.

냉가압실식은 쇳물을 외부에서 용해하여 주입하는 방식이다. 쇳물은 레이들(쇳물바가지)로 떠서 주입되므로 작업이 신속하게 이루어져야 하고, 최근에는 자동급탕장치가 많이 사용된다.

이 방식은 알루미늄 합금, 마그네슘 합금, 구리 합금 등 용융점이 비교적 높은 비철금속에 사용되고, 일반적으로 많이 사용하는 방식이다.

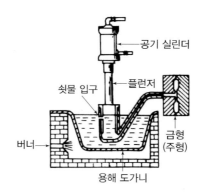

그림 1.102 **열가압실식**

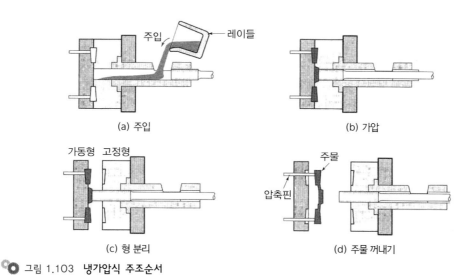

그림 1.103 **냉가압식 주조순서**

(3) 다이캐스팅 금형

금형에는 고압이 걸리기 때문에 완전히 체결되지 않으면 서로 풀어지려고 한다. 다이캐스팅 기계의 용량은 금형을 닫은 채로 유지할 수 있는 체결력으로 정하며 약 25~3,000톤에 이른다.

다이캐스팅 금형은 단일공동부(single cavity), 다수공동부(multiple cavity), 조합공동부(combination cavity) 또는 유니트 금형(unit die) 등이 있다. 금형은 보통 고강도 다이강 또는 주강으로 만들며, 용탕의 온도가 높을수록 마모도 증가한다. 금형의 수명은 약 50만회 이상 정도이다.

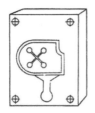 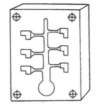  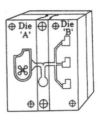

| (a) 단일공동부금형 | (b) 다수공동부금형 | (c) 조합공동부금형 | (d) 유니트금형 |

그림 1.104 **다이캐스팅 금형종류**

5 이산화탄소 주조법 CO₂ process

이산화탄소 주조법은 규사에 규산나트륨(Na_2SiO_3)를 4~6% 섞어 조형하고, 탄산가스(CO_2)를 주형 내부에 불어넣어서 규산나트륨과 탄산가스의 반응으로 신속하게 경화시키는 방법이다.
복잡한 형상의 코어 제작에 적합하고 변형이 없으며, 가스 발생이 적어 치수 정밀도가 높다.

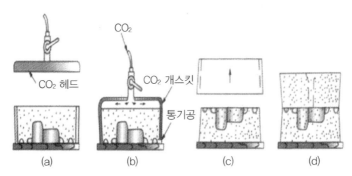

그림 1.105 **CO₂ 주입방식**

| (a) 완성된 상하형 | (b) 합상한 주형 | (c) 주형틀 제거 |

그림 1.106 **완성된 CO₂ 주형**

6 쉘몰드법 shell mold process

(1) 쉘몰드법의 특징

쉘몰드 주조는 조형을 위한 금형을 먼저 제작해야 한다. 제작된 금형을 150~300℃의 노 안에서 12~14초 동안 경화시키면 조형재료 중의 합성수지가 모형의 열로 녹아서 조형재 료에는 피막인 쉘(shell)이 생기는데, 이것을 떼어내어 주형을 만드는 방법이다.

주철, 주강, 비철합금의 정밀주조에 널리 사용되고 그 특징은 다음과 같다.

① 주물의 정밀도가 높고 표면이 깨끗하다.
② 주형에 수분이 없고 주형이 얇아 통기성이 좋아서 기공이 발생하지 않는다.
③ 자동화하여 생산성이 좋고 대량 생산에 적합하다.

(2) 주형제작 공정

① 금형을 200~300℃ 정도로 가열한다.
② 이형제인 실리콘유(silicon oil) 등을 금형 표면에 분사한다.
③ 레진샌드가 든 상자를 덮어 일정시간 소결한다.
④ 상자를 반전하여 소결되지 않은 레진샌드를 제거한다.
⑤ 상자를 다시 반전하여 셸 뒷면을 소결한다.
⑥ 금속 모형에서 셸을 분리한다.
⑦ 셸의 상하형을 접착제나 클램프 등으로 조립한다.
⑧ 셸을 주형상자에 넣고 뒷면에 모래(back sand)나 강구 등의 충전재로 고정시키고, 셸 내부는 도형제를 바른다.

(a) 이형제의 분출   (b) 덤프 상자에 설치   (c) 덤프 상자를 돌린다.

(d) 셸 주형을 분리한다.   (e) 주입 준비   (f) 제품

🔧 그림 1.107 **쉘몰드의 제작공정**

(a) 쉘형·쉘코어·제품

(b) 캠축의 쉘형과 주조품

🔩 그림 1.108 완성된 쉘몰드형과 주조품

LUG PLATE
재질 : FCD 700

ROLLER
재질 : Mo-Ni-Cr주철

SWASH PLATE
재질 : FCD 700

JOURNAL
재질 : FCD 550

🔩 그림 1.109 쉘몰드 주조품

7 인베스트먼트 주조법 investment molding process

(1) 인베스트먼트법의 특징

주조하려는 주물과 동일한 모형을 왁스(wax), 파라핀(paraffin) 등으로 만들어 주형재에 파묻고 다진 후에 가열로에서 주형을 경화시킴과 동시에 모형재인 왁스, 파라핀을 유출시켜 주형을 완성하는 방법이다.

일명 로스트 왁스(lost wax)법이라고도 한다. 인베스트먼트 주조의 특징은 다음과 같다.
① 주물의 표면이 깨끗하고 정밀하다.
② 주형이 일체이고, 복잡한 형상 주조에 적합하다.
③ 주물재료가 주강, 특수강, 경 합금 등 다양하다.
④ 주물의 크기에 제한을 받는다.
⑤ 생산성이 낮고 주형제작비가 비싸다.

(2) 주형 제작공정

그림 1.110에 나타내었으며 그림의 순서는 다음과 같다.

(a) 왁스나 플라스틱 모형을 만든다.

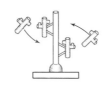

(b) 모형을 탕도 중앙에 붙인다.

(c) 모형에 빈 원통을 씌운다.

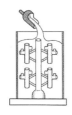

(d) 슬러리를 채운다.

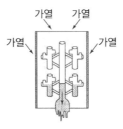

(e) 원형을 녹여 배출한다.

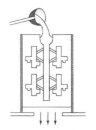

(f) 금속을 주입한다.

(g) 주형을 파괴하여 주물을 꺼낸다.

(h) 돌출부분은 그라인딩하여 제거한다.

 그림 1.110 인베스트먼트 주조 제작공정

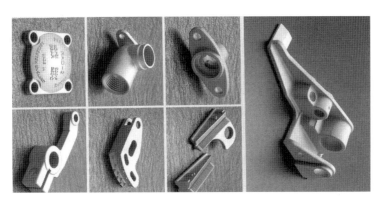

그림 1.111 완성된 인베스트먼트 주조원형

그림 1.112 주형에 쇳물주입

8 쇼 주조법 shaw process

인베스트먼트 주조법과 유사한 정밀 주조법이다. 주형재료는 내화도가 높은 알루미나, 지르
콘사, 규사 등의 분말에 점결제로 규산졸을 섞은 것을 쇼 슬러리라 하고, 이것을 모형에
피복하여 일정시간 경과하여 조형한다. 주형은 고무처럼 탄력이 있어 역구배나 형상이 복잡
해도 모형을 빼기 쉽고, 주형이 약간 변형하여도 탄성 복귀한다. 이 주형을 다시 가열하여
소성하면 표면에 미세한 균열(hair crack)이 생겨 통기성이 좋고 표면이 정밀하다.

이 주형의 특징은 다음과 같다.

① 복잡한 형상이나 곡면의 주조에 적합하다.
② 대형 주물의 제작이 가능하다.
③ 주형은 탄력이 있어 모형빼기가 쉽다.
④ 치수와 표면이 정밀하다.
⑤ 대량 생산이 어렵고, 주형재료비가 비싸다.

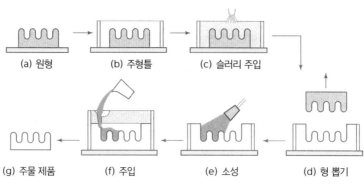

그림 1.113 쇼 주조 제작공정

9 풀 몰드 주조법 full mold process

풀 몰드 주조법(full mold process)은 모형으로 가볍고 열에 약한 발포성 폴리스틸렌(pol-ystyrene)을 사용한다. 이 모형은 주물사에 매몰하여 조형한 후 빼내지 않고 쇳물을 주입한다. 모형은 열에 의해 소실되고 그 공간에 쇳물이 채워진다.

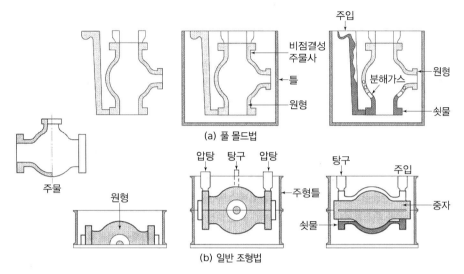

그림 1.114 **풀 몰드법과 일반 주조법의 비교**

풀 몰드 주조법의 특징은 다음과 같다.

① 모형이 가벼워 대형 모형도 취급이 편리하다.
② 접착제로 복잡한 형상을 조립하기 쉽다.
③ 모형의 분할과 코어프린트 등이 필요 없다.
④ 모형의 가공이 쉽다.

그림 1.115 **풀 몰드형 주조품**

10 원심 주조법 centrifugal casting process

주형을 300~3,000 rpm으로 고속 회전시킨 상태에서 용융 금속을 주입하여 주조하는 방법이다.

코어가 필요 없으며 원심력에 의해 쇳물이 주형 표면에 압착 응고하여 치밀한 조직을 만든다.

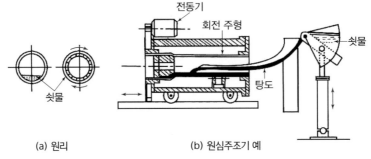

(a) 원리　　　　　　　　(b) 원심주조기 예

그림 1.116 원심 주조법

원심 주조법은 주형의 형상에 의해 진원심주조, 반원심주조, 원심가압주조가 있다.
수도관, 피스톤 링, 실린더 라이너 등의 제작에 이용되며 특징은 다음과 같다.

① 원심력에 의해 쇳물이 가압되어 주물의 조직이 치밀해진다.
② 코어, 탕구, 압탕 등이 필요하지 않다.
③ 슬래그와 가스의 제거가 용이하다.
④ 대량 생산에 적합하다.

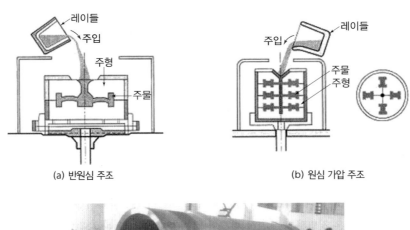

(a) 반원심 주조　　　　　　　　(b) 원심 가압 주조

(c) 원심 주조로 제작된 주철관

그림 1.117 원심 주조의 응용

11 진공 주조법 vacuum casting process

대기 중에서 금속을 용해하고 주조하면 용융 금속 중에 산소(O_2), 수소(H_2), 질소(N_2) 등의 가스가 들어가 결함이 발생하기 쉽다. 따라서 주조 시 공기의 접촉을 차단하고 함유되어 있는 가스를 제거하기 위해 진공상태($10^{-2} \sim 10^{-3}$ mmHg)에서 용해 및 주조 작업을 하는 것을 진공 주조법(vacuum casting process)이라 한다. 진공주조법은 베어링강, 공구강, 스테인리스강 등과 같이 고급 재질이 요구되는 강의 특수 합금의 정밀주조에 이용된다.

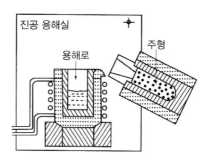

🔩 그림 1.118 **진공 주조**

12 연속 주조법 continuous casting process

전기가열식 저탕로에서 유출되는 용탕이 냉각수가 순환되는 금형을 통과하면서 표면이 급속히 응고되어 연속적으로 빌렛(billet) 등을 주조하는 방법이다. 연속 주조는 용탕을 동일한 조건에서 냉각시키므로 품질이 균일한 강괴를 얻을 수 있다. 또한 편석(segretion)과 수축공이 없으며, 작업이 간단해서 주조 비용이 저렴하다. 알루미늄, 동 합금 등의 봉재 및 판재 제조에 이용되고 있다.

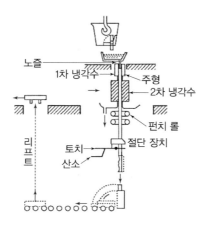

🔩 그림 1.119 **강의 연속 주조**

CHAPTER 2

소성 가공

1. 소성 가공의 개요
2. 소성 가공의 종류

1 소성 가공의 개요

모든 재료는 힘을 가하면 변형하고 그 힘을 제거하면 변형이 사라져 원래의 형으로 복귀하고자 하는 성질이 있는데, 이것을 탄성(elasticity)이라 한다. 이와는 반대현상으로 힘을 제거하더라도 변형이 남는 성질이 있는데, 바로 이것을 소성(plasticity)이라 한다.

소성 가공(plastic working)은 재료, 특히 금속의 소성을 이용하여 소재에 힘을 가하여 변형(영구변형, plastic deformation)시켜 필요한 형상과 치수를 얻는 가공방법의 총칭이다.

소성 가공의 특징을 열거하면 다음과 같다.

① 절삭 가공에서와 같은 chip이 생성되어 않으므로 재료의 이용률이 높다.
② 절삭 가공에 비하여 생산률이 높다.
③ 절삭 가공 또는 주조제품에 비하여 강도가 크다.

1 재료의 성질

소성 가공에 이용되는 성질에는 가단성, 연성, 가소성 등이 있으며, 이들은 상호관련성이 있다.

① **가단성 또는 전성** malleability 금속을 단련할 때 변형되는 성질이다. 재료를 해머(hammer) 등으로 두드릴 때 압축력에 의하여 재료가 영구 변형되는 성질로서, 가단성이 좋은 금속부터 나열하면 Au, Ag, Al, Cu, Sn, Pt, Pb, Zn, Fe, Ni 등이다.
② **연성** ductility 재료에 하중이 가해졌을 때 파단에 이를 때까지 길이 방향으로 늘어나는 성질이며, 연성이 큰 금속부터 나열하면 Au, Ag, Fe, Cu, Al, Ni, Zn, Sn, Pb 등의 순이다.
③ **가소성** plasticity 재료에 하중을 가할 때 고체상태에서 유동하는 성질이다. 일반적으로 재료를 가열하면 소성이 커지며, 상온에서도 소성이 큰 재료는 상온가공을 할 수 있으며, 연성과 전성이 크면 소성이 커지게 된다.

2 응력 – 변형률 곡선

재료의 기계적 성질 중에서 강도를 알기 위하여 만능시험기에서 인장시험(Tensile testing)을 실시하여, 시험편을 인장하는 힘과 시험편의 늘어난 길이(변형량)의 변화를 그래프로 나타낼 수 있다. 이때 인장력을 시험편 단면적으로 나누어서 표시하고, 변형량을 처음의 기준점 사이의 거리로 나누어 백분율로 표시한다.

이와 같이 표시한 양을 각각 응력(stress), 변형률(strain)이라 하고, 특징을 설명하면 다음과 같다.

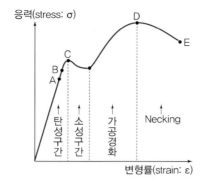

A점 ⇨ 비례한도 : 응력과 변형율이 비례 관계를
　　　　유지하는 선도
B점 ⇨ 탄성한도 : 힘을 제거하면 시험편이 원래
　　　　상태로 돌아오는 한도
C점 ⇨ 항복점 : 힘을 제거하도 영구적인 변형이
　　　　남기 시작하는 점
D점 ⇨ 최대 하중점 : 곡선 위에서 최대의 응력에
　　　　해당하는 점
E점 ⇨ 파단점 : 시험편이 파단하는 점

☼ 그림 2.1 응력-변형률 선도

그림 2.2는 강의 변형 저항을 나타낸 것으로서, 온도가 일정한 경우에는 변형의 속도에 의해서도 변형 저항이 달라짐을 알 수 있다. 일반적으로 온도가 높을 때에는 변형 저항이 가공 속도와 더불어 현저하게 증가한다.

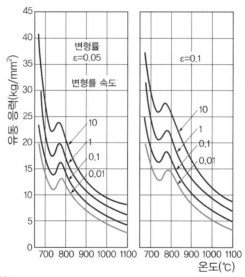

☼ 그림 2.2 연강의 변형 저항

3 소성변형의 유형

(1) 인장, 압축, 전단 변형

소성 가공 중에 발생하는 모든 변형 과정은 그림 2.3에 주어진 기본적인 변형 모드(deformation mode)들, 즉 인장, 압축, 전단 변형 중에서 어느 하나이거나 혹은 복합된 것으로 볼 수 있다.

① **인장변형** 금속 판재를 신장 성형하여 차체를 제작하는 경우
② **압축변형** 단조(forging)로 크랭크축(crank shaft)을 가공하는 경우
③ **전단변형** 판재에 펀칭(punching)으로 구멍을 뚫는 경우(구멍 단면을 따라 재료에 전단 응력(shear stress)이 작용하게 된다.)

인장의 경우는 변형률이 양(+)이 되며, 압축의 경우는 변형률이 음(−)이 된다. 전단변형률(shear strain)의 정의는 다음과 같다.

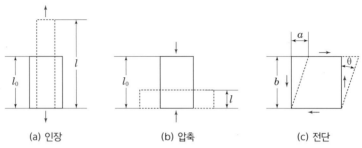

| (a) 인장 | (b) 압축 | (c) 전단 |

🔩 그림 2.3 **변형의 유형**

(2) 크리프 현상

어떤 재료에 외력을 일정하게 하고 일정 온도로서, 하중을 계속 가하면 변형은 시간과 함께 점점 증대하며, 이른바 크리프(creep) 현상을 나타낸다. 그림 2.4처럼 온도가 높은 경우에 특히 중요하다.

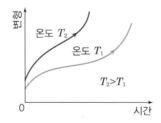

🔩 그림 2.4 **크리프 곡선**

(3) 등방성과 이방성

모든 재료는 처음에는 각 결정입자의 방향이 일정하지 않은, 거시적으로 등방성(isotropy)을 가지고 있는 재료도 부하를 받아서 소성변형을 하면 결정학적인 방위가 부하에 의하여, 특정 방향의 공통축 쪽으로 천천히 회전하여 선택방향(preferred orientation)을 가지게 되며, 방향에 따라 기계적 성질이 다른 소위 이방성(anisotropy)을 가지게 된다. 표 2.1은 압연강판의 방향에 따른 기계적 성질을 표시한 것이다.

표 2.1 방향에 의한 강판의 기계적 성질

방향	인장응력(kgf/mm^2)	연신율(mm)
압연방향	37.9	0.277
압연방향과 45°	39.7	0.241
압연방향과 90°	37.4	0.265

(4) 바우싱거 효과 bauschinger effect

소재를 가공할 때 처음에는 인장 변형시키고, 나중에 압축 변형시키거나 또는 그 반대의 순서로 가공하는 일이 종종 있다. 그 예로서 소재를 굽혔다 펴는 작업, 판재교정 압연작업 등금속을 소성역까지 인장시켰다가 하중을 제거한 후 압축하면, 압축 시 항복강도가 인장 시보다 작아지는 경우가 있다. 이러한 현상을 바우싱거 효과(bauschinger effect)라고 한다.

(5) 가공 경화 work hardening

보통 금속은 수많은 작은 입자로 되어 있으며, 외력을 받아 소성변형할 때 입자들 간에 슬립(slip)이 생긴다. 변형이 진행되어 감에 따라 슬립에 대한 저항력이 증가하여 변형시키는데 보다 큰 외력이 필요하다. 이와 같이 재료를 변형시키는데 변형저항이 증가하는 현상을 가공 경화(work hardening) 또는 변형 경화(strain hardening)라 한다.

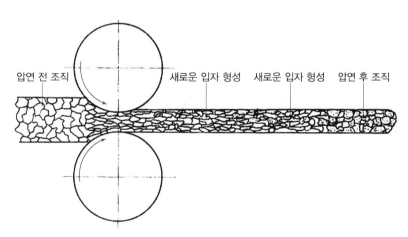

압연 전 조직　　새로운 입자 형성　　새로운 입자 형성　　압연 후 조직

그림 2.5 압연 금속조직

(6) 재결정 recrystallization

가공 경화된 소재를 적당한 온도로 가열하면 원자간의 운동이 활발해지면서 결정립은 그대로 있고, 결정 내에 잔류되었던 응력이 감소하여 원래의 상태로 접근해 가는 회복(recovery)

현상이 생긴다. 이때 가열온도가 좀 더 높아지고 시간이 경과하면 결정에서 새로운 결정핵이 생겨 성장하면서 주변의 결정립도 새로운 결정립으로 바뀌게 되는데, 이것을 재결정(recrystallization)이라 하고, 그때의 온도를 재결정 온도라 한다.

표 2.2는 각종 금속의 재결정 온도를 나타낸 것으로 이 온도를 표준으로 하여 가공 또는 풀림이 행해진다.

표 2.2 각종 금속의 재결정 온도와 융점

금속	재결정 온도(℃)	융점(℃)	재결정 온도(K)／융점(K)
Sn	상온 이하	232	0.6 이하
Cd	상온	321	약 0.51
Pb	상온 이하	327	0.50 이하
Zn	상온	420	0.43
Al	150	660	0.45
Mg	200	659	0.51
Ag	200	960	0.38
Au	200	1,063	0.41
Cu	200	1,083	0.35
Fe	450	1,530	0.40
Pt	450	1,760	0.35
Ni	600	1,450	0.51
Mo	900	3,560	0.31
Ta	1,000	3,000	0.39
W	1,200	3,370	0.40

4 인장응력 – 변형률곡선

재료의 소성변형에 관한 특징을 파악하기 위해서는 인장시험에 의한 것이 보통이다. 인장시험은 비교적 간단하므로 재료가 가지는 하중 – 변형 특성을 구하기 위한 여러 가지 시험법들 중 가장 보편적으로 이용된다. 원단면적이 A_0이며, 최초의 표점(gage mark)거리 l0의 연강봉의 시편을 하중 P로 축방향으로 인장하여 길이가 l로 되었을 때 공칭응력 σ_0(nominal stress)를

$$\sigma_0 = \frac{P}{A_0}$$

공칭변형률 ε_0(nominal strain)을

$$\varepsilon_0 = \frac{\iota - \iota_0}{\iota_0}$$

라고 하여 연강의 응력변형 곡선을 그리면 그림 2.7의 실선과 같이 된다.

대개의 금속이나 합금에서는 그림 2.6의 풀림처리(annealing)한 연강과 같이 항복점이 정확하게 나타나지 않아서, 탄성변형에서 서서히 소성변형이 진행하므로 항복점 대신에 0.2%의 영구 변형이 생성되었을 때의 응력을 내력(proof stress)이라 하여 항복점과 같이 취급을 한다. 그림 2.6의 실선은 알루미늄과 동과 같은 재료의 응력－변형률곡선이다.

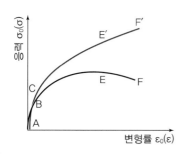

그림 2.6 응력－변형률곡선(Al, Cu)

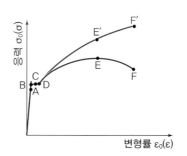

그림 2.7 응력－변형률곡선(연강)

5 열간 가공·냉간 가공·온간 가공

금속의 소성 가공에 있어서 온도와의 관계는 매우 중요하다. 온도가 높고 낮음에 따라 열간 가공, 냉간 가공, 온간 가공으로 분류한다.

(1) 열간 가공 hot working

재료를 재결정 온도 이상의 상태에서 가공하는 것으로서 변형 저항이 적어 짧은 시간 내에 강력한 가공이 가능하며, 동력의 소모도 적다. 또한 방향성이 갖는 주조조직이 제거되며 가공으로 파괴되었던 결정립이 다시 생성되어 재질이 균일해진다. 그러나 소재를 가열해야 하므로 변질될 염려가 있고, 산화작용으로 표면이 깨끗하지 못하며, 가공 후에는 냉각에 의한 수축 때문에 정밀가공이 어렵다.

그림 2.8에서는 탄소강의 변형 저항이 온도에 의해 어떻게 변화하는가를 개념적으로 나타낸다.

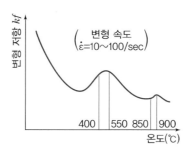

그림 2.8 탄소강의 변형 저항 변화

금속은 일반적으로 온도가 상승함에 따라서 변형저항은 저하하여 가공하기 쉬워진다. 변형저항 $K(\text{Kgf/mm}^2)$에 대한 온도와의 관계식은 다음 식으로 표시한다.

$$K = k \cdot \varepsilon^{A/T}$$

여기서 k : 정수 $\qquad\qquad\qquad$ T : 절대 온도

$\qquad\quad$ A : 정수(강에서는 $0.40 \times 10^4 \sim 0.60 \sim 10^4$) $\quad$ ε : 변형률

그림 2.9는 변태점 부근에서의 변형저항과 온도의 관계를 가공속도를 바꾸어 나타낸 그림으로, 이 그림에서도 γ 상에 대한 가공속도의 영향은 적고, α상에 대해서는 커짐을 알 수 있다. 즉, 변태점 이상의 온도에서 가공할 때는 가공속도를 변화시키더라도 염려가 없게 된다.

강(steel)의 열간 가공에서는 변태점 이상이면, 즉 탄소량도 가공속도도 별로 영향이 없다는 것을 뜻한다.

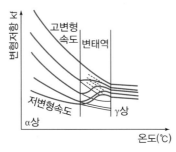

그림 2.9 **변태점 부근의 변형저항에 대한 속도의 영향**

(2) 냉간 가공 cold working

재료를 재결정온도 이하의 상태에서 가공하는 것으로서, 가공면이 깨끗하고 정확한 치수로 가공이 가능해서 정밀가공이나 마무리 가공에 많이 이용된다.

그러나 재료의 변형저항이 크므로 동력 소모가 많고, 가공경화에 의하여 기계적 성질도 달라진다. 또한 재료 내부에 응력이 잔류하게 되어 장시간이 경과하면 외력이 작용하지 않아도 자연적으로 균열(season crack)이 발생하거나 암모니아, 소금 등에 의해서 쉽게 부식된다.

냉간 가공에 의해서 금속은 가공경화하고 강도는 증가하나 신장은 감소하며, 가공도가 높아지면 경화가 심해져서 가공완료하기 전에 파괴를 초래하게 되어 풀림처리(annealing)를 해야 한다. 그림 2.10은 소성 가공에 의한 소재 조직의 변화를 나타낸 것이다.

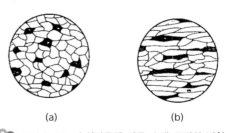

(a) $\qquad\qquad\qquad$ (b)

그림 2.10 **소성가공에 따른 소재 조직의 변화**

(3) 온간 가공

열간 가공과 냉간 가공 사이의 온도로 가공하는 것이 온간 가공이다.

2 소성 가공의 종류

1 소성 가공의 분류

소성 가공을 크게 분류하여 잉곳(ingot)을 이용하기에 편리한 판, 봉, 선, 형재 및 관 등으로 가공하는 것을 1차 가공이라 하고, 1차 가공된 것을 소재로 하여 각종 형상과 치수의 부품 또는 제품을 만드는 가공을 2차 가공이라 한다.

소성 가공을 그 목적에 따라 분류하면 1차 소성 가공과 2차 소성 가공으로 나눌 수 있다. 그림 2.11에 나오는 각종 압연, 롤성형, 열간압출 등은 1차 가공에 속한다. 여기서 만들어지는 것은 가늘고 긴 혹은 얇고 긴 치수 및 형상을 갖고 있어 나중에 짧게 잘라 이용되는 소재로 된다. 1차 가공에 있어서는 재료의 형을 만들뿐만 아니라 재질을 개선하고 단련하여 맨 처음의 단조 및 소결 조직을 개선하는 것이 목적으로 되어 있다. 그래서 1차 가공은 열간에서 실시되는 일이 많다.

2차 소성 가공이란 부품을 만드는 가공에 대한 것으로 그림 2.11에서 펀칭, 전단, 드로잉 스피닝, 디프 드로잉, 이송굽힘, 회전견인, 냉간압출 등이 여기에 속한다. 2차 가공은 보통 1차 소성 가공에서 만든 길고 가늘거나 또는 얇고 긴 소재를 절단한 소재 조각을 가공한다.

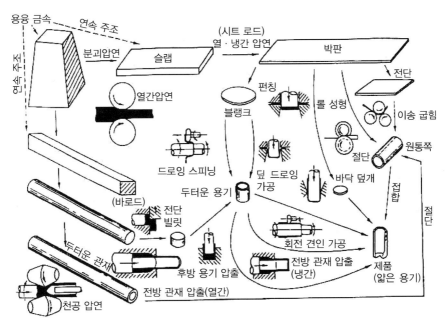

🔩 그림 2.11 **용융 금속에서 얇은 용기형 부품에 이르기까지의 소성 가공품**

2차 가공의 목적은 1차 가공에서 이미 단련이 진행된 재료에 부품으로서 필요한 형상, 치수, 치수 정밀도 그리고 표면 조도를 제공하는 데 있다. 물론 2차 가공을 히는 중의 기공경화나 경화 후의 열처리에 의한 조질과 같은 재질개선도 일부에서는 목적으로 되는 일이 있다. 그림 2.11을 보면 원재료로부터 최종 부품을 소성 가공으로 만드는 데에는 1차 가공에서 판의 형이 되는 경우와 막대의 형이 되는 경우 그리고 관의 형이 되는 경우 등 3가지가 있음을 알 수 있다.

최근에는 소성 가공 기술의 진보로 인해 매우 복잡한 형상 및 동시에 치수 정밀도가 높은 부품을 만들 수 있게 되었다. 형상이 복잡하면 절삭 및 연삭으로 능률적으로 다듬질할 수 없기 때문에 형(型)을 이용하여 소성 가공 다듬질하고, 다른 평면이나 원주면의 부분을 깎아 다듬질하는 예가 조금씩 늘어나고 있다. 이러한 정밀가공을 네트 셰이프 성형(net shape forming)이라고 한다. 즉, 소성 가공의 절삭, 연삭의 영역에 침입한 셈이다.

소성 가공은 원래 재료를 자유자재로 변형시켜서 희망하는 부품을 만드는 방법이기 때문에 얼마든지 다른 작업 방법을 생각해 낼 수 있다.

2 압연 rolling

(1) 압연의 개요

압연은 소성변형이 비교적 잘 되는 금속재료를 상온 또는 고온에서 회전하는 롤러 사이에 통과시켜, 여러 가지의 판재, 봉재, 단면재 등으로 성형하는 가공법이다.

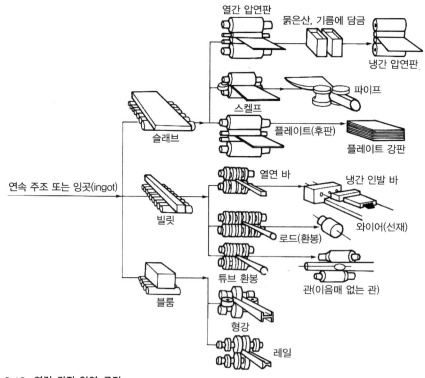

열간 압연판
묽은산, 기름에 담금
냉간 압연판
파이프
스켈프
플레이트(후판)
플레이트 강판
슬래브
연속 주조 또는 잉곳(ingot)
빌릿
열연 바
냉간 인발 바
로드(환봉)
와이어(선재)
튜브 환봉
관(이음매 없는 관)
블룸
형강
레일

그림 2.12 여러 가지 압연 공정

압연가공은 주조나 단조와는 달리, 변형이 연속적으로 이루어지므로 생산 능력을 증가시킬 뿐만 아니라, 치수와 재질이 균일한 제품을 대량으로 얻을 수 있고, 생산비도 적게 들어 금속 소재 가공법 중 가장 많이 이용되고 있다. 그림 2.12는 여러 가지 압연의 공정을 나타낸 것이다.

(2) 압연의 공정

제강 공장에서의 압연 공정을 살펴보면 조정된 용강을 강괴로 만들어 이것을 균열로 또는 가열로에 넣어서 열간 압연 온도로 재가열한 다음, 분괴 압연기에 넣어 블룸(bloom), 빌릿 (billet), 슬래브(slab) 등의 반제품으로 압연한다. 최근에는 용강을 연속 주조하여 분괴 공정을 거치지 않고, 반제품을 얻을 수 있는 방법을 채택하고 있는 공장이 많다.

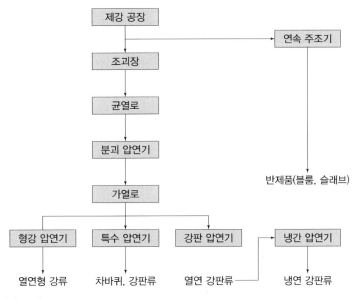

🔩 그림 2.13 압연 공정

(3) 압연작업

① 분괴 압연 blooming   제강 공정에서 주조된 강괴(steel ingot)를 제품 제작에 편리하게 이용될 수 있도록 각종 형상과 치수로 압연기에서 변형(반제품을 제작)하는 것을 분괴 압연이라 하며, 여기에서 얻어진 제품에는 블룸(bloom), 빌릿(billet), 슬래브(slab), 시트 바(sheet bar), 시트(sheet), 스트립(strip), 플레이트(plate), 플랫(flat), 라운드 (round), 바(bar), 로드(rod), 섹션(section) 등이 있다. 각각에 대한 형상과 치수 범위는 다음과 같다.

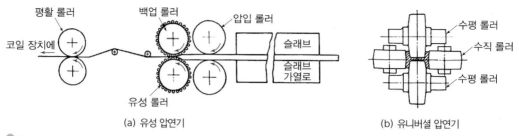

(a) 유성 압연기   (b) 유니버셜 압연기

그림 2.14 **압연기**

- ■ 블룸(bloom) : 대략 정사각형에 가까운 단면을 갖고 그 크기는 250 mm×250 mm에서 450 mm×450 mm 정도의 치수이며, 모서리는 약간 둥글다. 용도는 대부분 압연 공장에서 대형, 중형 조강류로 압연되지만 일부는 다시 분괴, 조압연하여 빌릿, 시트바, 스켈프, 틴바 등 소형의 반제품으로 만들어지는 경우도 있다.
- ■ 빌릿(billet) : 단면이 사각형으로서 40 mm×50 mm에서 120 mm×120 mm 정도의 단면 치수의 4각형 봉재이다. 용도는 소형 조강류, 선재를 만듦으로 시트바와 함께 사용량이 많은 반제품이다. 또 일부는 차량피스톤, 크랭크샤프트 등의 단조용 강편으로 사용된다.
- ■ 슬래브(slab) : 장방향의 단면을 갖고, 두께 50 mm~150 mm, 폭은 600 mm~1,500 mm 정도의 치수를 갖는 대단히 두꺼운 판이다. 치수는 여러 가지이며 보통 두께의 2배 이상의 강편, 강판 및 강재의 압연 소재로 사용된다.

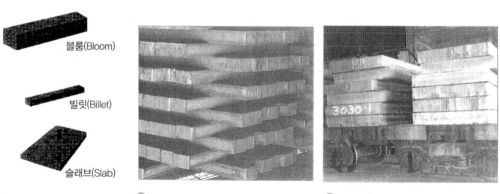

그림 2.15 **반제품의 종류**   그림 2.16 **빌릿**   그림 2.17 **슬래브**

- ■ 시트 바(sheet bar) : 분괴 압연기에서 압연한 것을 다시 압연한 것으로 슬래브보다 폭이 작다. 이것의 폭은 200 mm~400 mm 정도이고, 길이 1 m에 대하여 10~80 kg 무게의 평평한 소재이다.
- ■ 플레이트(plate) : 두께 3 mm~75 mm의 긴 평판이다. 또는 원판이라고도 한다.
- ■ 플랫(plat) : 폭 20 mm~450 mm 정도이고, 두께 6 mm~8 mm 정도의 편편한 재료이다.
- ■ 라운드(round) : 지름이 200 mm 이상의 봉재이다.

- **바(bar)** : 지름이 12 mm~100 mm 범위의 봉재 또는 단면이 100 mm×100 mm 범위의 각재로서 긴 소재의 봉재이다.
- **로드(rod)** : 지름이 12 mm 이하의 봉재로서, 긴 것 또는 코일 상태의 재료이다.
- **섹션(section)** : 각종 형상을 갖는 단면재이다.

🔩 그림 2.18 분괴압연 및 압연작업의 예

② 판재 압연

- **열간 압연** : 치수가 큰 재료를 압연할 때 많이 사용되는 것으로, 주조조직도 개선할 수 있고, 기계적 성질도 향상시킬 수 있으며, 변형이 잘되어 가공에 소요되는 동력이 적게 드는 장점이 있다. 열간 압연에서 최초로 얻어지는 제품을 블룸, 슬래브, 빌릿으로 구분한다.
- **냉간 압연** : 열간 압연한 판을 다시 냉각 압연기에 넣어서 치수 정밀도를 높인다. 압연 도중에 너무 경화된 것은 풀림을 한다. 강판을 제조하는데는 슬래브 또는 시트 바를 압연하여 만들고 강판의 경우는 두께에 따라서 6 mm 이하의 박판으로 분류하고, 1회의 압하율은 열간 압연일 때 30~40% 냉간 압연일 때 29%가 통례이고, 윤활재를 충분히 주유시켜 집중압력을 저하시켜 가면서 두께를 얇게 한다. 냉간 압연은 재료의 두께나 단면이 작은 경우 및 압연 작업의 마무리 작업에 많이 사용되는 것으로, 치수가 정확하고 표면이 깨끗하며, 강한 제품을 얻을 수 있다.

🔩 그림 2.19 열간 압연 공장

🔩 그림 2.20 냉간 압연 공장

그림 2.21은 지름 D가 되는 롤러를 사용하여 재료의 두께를 H_0에서 H_1로 압연할 경우의 롤러와 재료가 서로 접촉하는 부분 상태를 나타낸 것이다.

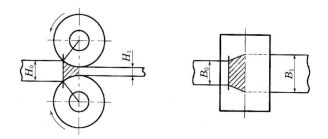

🔩 그림 2.21 **롤러의 압하와 폭 증가**

압하율은 압연에 의한 변형 정도를 나타내는 것으로서 입구의 두께와 판출구의 두께 차를 압하량이라 하고, 압하량을 압연 전의 두께로 나눈 값을 백분율로 표시한 것을 압하율이라 한다. 압하율을 크게 하려면 지름이 큰 롤러(roller)를 사용하고, 롤러의 회전속도를 높이고, 압연재의 온도를 높게 한다.

롤러 통과 전의 두께를 H_0, 통과 후의 두께를 H_1이라 하면

$$압하량 = H_0 - H_1$$

$$압하율 = \frac{H_0 - H_1}{H_0} \times 100\,\%$$

③ 형재 압연

봉재(둥근 것, 사각, 육각), 평재, 형재(산형, 공형, H형, T형, Z형) 등의 거친 재료 등을 가공하는데는 블룸(Bloom) 또는 빌릿(billet)을 수회, 수십 회 홈롤러로 압연해서 제작한다. 형재 압연용 롤러는 표면에 홈이 파진 롤러는 표면에 홈이 파진 롤러를 써서 열간 압연에 의하여 순차로 소재를 통과시켜 단면적을 감축시키면서 소정의 모양으로 성형하여 대량 생산하고 있다. 판재 압연과는 달리 형재 압연에서는 롤러에 파진 홈을 공형이라 하고, 롤러를 조립할 때 공형의 형식에 따라 개방공형과 폐쇄공형이라 한다.

🔩 그림 2.22 **개방공형**   🔩 그림 2.23 **폐쇄공형**

봉재나 형재는 최종 공형을 마치면 목적하는 제품으로 압연되어야 하므로, 첫째, 공형에서 최종 공형까지의 성형 과정의 단면 모양과 감축률이 적정해야 소기의 제품의 모양과 치수가 정확하고 표면이 깨끗해야 한다. 둘째, 롤러의 국부마멸이 적고 수명이 길어야 한다, 셋째, 재료의 유동이 균일하고, 작업이 쉬어야 한다. 넷째, 롤러의 강도 및 압연력에 무리가 없어야 한다.

(a) ㄷ형 강의 압연 순서

(b) ㄴ형 강의 압연 순서

🔩 그림 2.24 **공형(cailber)설계의 예**

④ 압연에서 윤활유의 역할

박판의 압연에 있어서 윤활유를 사용하는 큰 목적으로서는 다음과 같은 항목을 열거할 수 있다.

- 압연 하중 및 압연 토크를 감소시킨다.
- 롤러 마모를 적게 하여 롤 수명을 늘린다.
- 롤러 및 판재료의 냉각을 효과적으로 실시한다.
- 압연속도 및 압하량을 크게 하여 생산성을 향상시킨다.
- 제품의 안정된 표면성상(표면결함을 일으키지 않음을 의미함) 및 광택이 우수한 표면을 얻는다.

⑤ 압연기 Rolling mill의 종류

압연기의 종류에는 여러 형식이 있으며, 롤러(roller)의 수와 조립형식에 따라 분류하면 다음과 같다.

- 제품의 종류에 따른 분류 : 분괴, 압연기 후판 또는 중후판 압연기, 박판 압연기, 형강 압연기 등이 있다.
- 롤러의 배치에 따른 분류

  - 2단식 압연기(비가역 2단 압연기)
    ‣ 가장 간단한 구조로서 롤러와 롤러 사이에서 압연을 하는 것으로, 롤러를 한 반향으로 회전시켜 압연하는 비가역식과 롤러의 회전방향을 역회전시킬 수 있는 가역식이 있다.

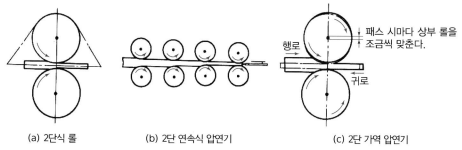

(a) 2단식 롤 　　(b) 2단 연속식 압연기 　　(c) 2단 가역 압연기

🔩 그림 2.25 **2단식 압연기**

‣ 주로 소형 재료의 압연에 사용된다.

‣ 연속식 2단 압연기는 여러 대의 2단 압연기로 연속 작업을 할 수 있어서 대량생산에
사용된다.

‣ 그림 2.25(b)와 같이 2단식 압연기를 일직선으로, 연속적으로 여러 대 배치한 것을
2단 연속식 압연기라 하며, 이것은 소강편, 판재, 석재, 등을 압연하는데 생산성을
높이고자 한 것이다.

─ 3단식 압연기

‣ 3개의 롤러로 구성된 압연기이다. 서로 인접한 롤러는 반대 방향으로 회전하며, 롤러
를 역전시키지 않아도 재료를 왕복 운동시킬 수 있어 대형 재료의 압연에 편리하다.

‣ 그림 2.27과 같이 중간 롤러의 지름을 아주 작게 하여 압연소요 동력을 줄이고,
작업 효율을 좋게 한 것을 라우드식 3단 압연기라 한다.

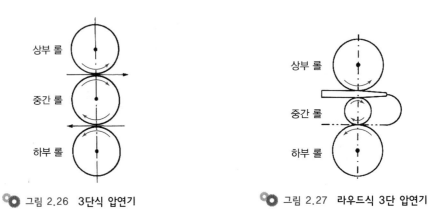

그림 2.26 **3단식 압연기**   그림 2.27 **라우드식 3단 압연기**

─ 4단식 압연기

‣ 그림 2.28과 같이 작업 롤러가 휘는 것을 막기 위해 작업 롤러를 통한 중앙선의
반대편에 중심을 가지고, 작업 롤러와 접촉한 지름이 큰 롤러가 위아래에서 받쳐
주는 압연기를 4단식 압연기라 한다.

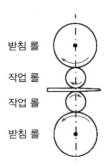

그림 2.28 **4단식 압연기**

‣ 4단식 압연기에서는 지름이 작은 롤러를 사용하므로 얇은 판재를 매우 정확한 치수로 압연할 수 있다. 이때, 받침 롤러는 구동되고 작업 롤러는 받침 롤러의 마찰로 회전한다.

- 다단식 압연기 : 4단식 압연기보다 작업 롤러를 가늘게 하기 위하여 상하 롤러의 개수를 6단, 12단, 20단 등의 다단으로 한 압연기로, 판 두께가 얇고 치수가 정확한 판을 압연할 때 사용된다. 스테인리스 강판과 같은 변형 저항이 큰 재료를 0.05 mm 정도로 압연할 수 있다.

- 20단 압연기(sendzimir) : 그림 2.29와 같이 일종의 다단 압연기로서 강, 니켈, 티탄, 알루미늄계 합금 등과 같은 가공 경화가 잘 되는 재료의 박판 압연에 많이 이용되고 있으며, 매우 높은 전후방 인장이 가해진다.

- 유성 압연기 : 그림 2.29와 같이 지름이 큰 받침 롤러 주위에 지름이 작은 작업롤을 많이 배치하고 이 작업 롤러의 공전과 자전에 의하여 압연하는 것으로, 종래의 압연기와는 다른 구조이다. 1회에 90% 정도의 압하율이 가능하다.

- 유니버설 압연기 : 수평롤러와 수직롤러로 조합되어 1회의 공정으로 재료의 두께와 넓이가 동시에 압연이 되도록 제작되어 있다.

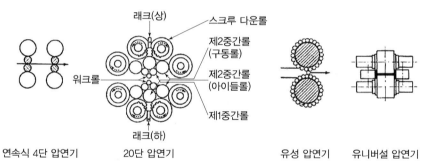

연속식 4단 압연기   20단 압연기   유성 압연기   유니버설 압연기

그림 2.29 **여러 종류의 압연기**

3 압출 extrusion

(1) 압출 extrusion의 개요

압출은 소성이 큰 재료(구리, 알루미늄, 아연합금 등)에 강력한 압력을 가하여 다이의 구멍을 통과시켜서 다이의 구멍과 같은 단면 모양의 긴 것을 제작하는 가공법이다. 단면의 모양은 둥근 것, 각 모양은 물론 L형, 관 등 복잡한 단면을 만들 수 있다.

압출 제품은 높은 압력으로 성형되므로 조직이 치밀하고 강도가 크다. 압출에는 큰 힘이 필요하므로 금속의 변형 저항을 낮게 하기 위하여 대부분 열간에서 압출한다.

압출 가공에 의하면 소재를 얻기 위한 중간 공정을 덜 수 있어 작업 공정을 단순화할 수 있다. 최근에는 각종 강철 및 특수강도 압출가공을 실시하는데, 대부분은 열간 압연이 곤란한 관재 및 이형 단면재의 가공에 이용된다.

그림 2.30은 여러 가지 압출 제품의 단면을 나타낸 것이며, 또 압출된 소재를 일정한 두께가 되게 절단하여 받침대, 브래킷, 기어 등의 제품으로 만들 수도 있다.

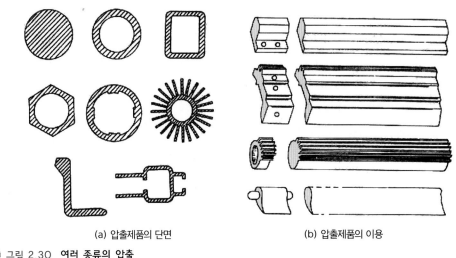

(a) 압출제품의 단면   (b) 압출제품의 이용

그림 2.30 **여러 종류의 압출**

(2) 압출 방법

압출에는 직접, 간접, 정수압, 충격 등 네 가지 기본 유형이 있다.

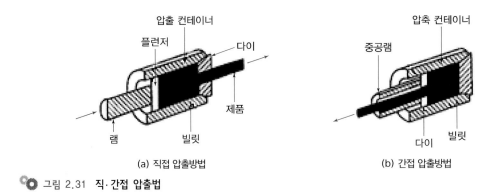

(a) 직접 압출방법   (b) 간접 압출방법

그림 2.31 **직·간접 압출법**

① **직접 압출법** direct extrusion process   램(ram)이 진행방향과 압출재(billet)의 이동방향이 동일한 경우이다. 압출재는 외주의 마찰로 인하여 내부가 효과적으로 압출된다. 압출이 끝나면 직접압출에서는 20~30%가 칩으로 남으므로 비경제적이다.

② **간접 압출법** indirect extrusion process 램(ram)의 진행방향과 압출재의 이동방향이 반대인 경우이며, 후방 압출법(back ward extrusion)이라고도 한다. 직접 압출법에 비하여 재료의 손실이 적고, 소요동력이 작은 장점이 있으나, 조작이 불편하고 표면 상태가 좋지 못한 단점이 있다.

③ **정수압 압출법** hydrostatic extrusion process 컨테이너를 유체로 채우고 이를 통하여 소재(billet)를 전달하여 다이를 통과 압출되도록 한다. 종래의 냉간 압출에서는 소재와 다이, 컨테이너 사이에 상당히 큰 마찰력이 작용하여 압출압력이 매우 높아 경도가 높은 재료의 압출이 곤란하였다. 그러나 그림 2.32와 같이 고압 액체를 매체로 하여 압출을 하면, 이 매체가 소재와 컨테이너 접촉면 사이를 지나 외부로 새어나가려 함에 따라, 유체 윤활상태가 발생하여 접촉면의 마찰력은 크게 저하되고, 소재에 작용하는 고압 액체에 의한 소재 자체의 고압하의 연성 효과와 더불어 재료의 변형이 극히 용이해진다. 이와 같이 고압의 액체를 사용한 압출법을 정수압 압출(hydrostatic extrusion)이라 한다.

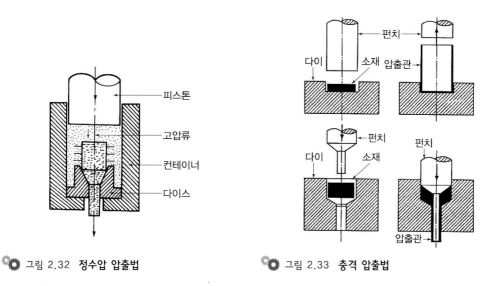

🌼 그림 2.32 **정수압 압출법**   🌼 그림 2.33 **충격 압출법**

④ **충격 압출법** impact extrusion process 특수 압출방법으로 그림 2.33은 단시간에 압출 완료되는 것으로, 보통 크랭크 프레스를 사용하여 상온가공으로 작업한다. 충격 압출에 사용되는 재료는 납이나 주석, 알루미늄, 구리, 동합금 등의 순금속과 일부 합금이 사용된다. 충격 압출 제품으로는 치약 튜브나 약품 및 미술용의 튜브 등이 있다.

(3) 압출 가공용 다이

압출기의 주요 부분은 컨테이너(container : 용기), 램(ram), 다이(die)로 구성되어 있으며, 용량은 1,000~4,000 ton이고 최대 15,000 ton에 달하는 것도 있다. 압출기로는 유압식 압출 프레스, 토글 프레스, 크랭크 프레스 등이 사용된다. 다이로는 그림 2.34와 같은 형상이며, 다이 재질은 경화시킨 W강 Cr-Mo강을 사용하며, 구멍 지름은 제품 지름이 25~65 mm의 봉에 대해서는 0.94배, 25 mm 이하일 때는 0.97배로 하여 압출된 제품이 소정의 치수가 되게 한다.

정형부(bearing)의 길이를 짧게 하면 소재와 베어링간의 마찰력이 작기 때문에 소요동력은 적게 드는 반면, 베어링 면이 쉽게 마모되어 수명이 짧게 된다. 반대로 정형부(bearing)의 길이를 길게 하면 베어링 면의 마모가 적어 수명이 길어지고, 제품의 치수는 정확하나 동력 소비가 많다.

다이 수명을 늘리기 위해서 다이에 지르코니아를 코팅하는 경우도 있다.

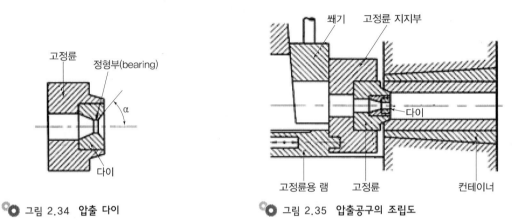

그림 2.34 **압출 다이**   그림 2.35 **압출공구의 조립도**

(4) 데드 메탈 dead metal의 영향

평면 다이(직각 다이)에 의한 압출에서는 그림 2.36과 같이 재료의 일부가 다이와 컨테이너의 구석 부분에 변형되지 않은 데드 메탈(dead metal)로 남게 되어 다른 소재와 함께 압출되지 않는다. 이 데드 메탈과 압출되어 나가는 재료와의 경계에서는 재료가 큰 전단 변형을 받아 표면이 매끄럽지 못하게 된다. 따라서 실제 작업에서는 데드 메탈 영역에 적당한 링을 두어 유해한 데드 메탈의 발생을 방지하고 있다.

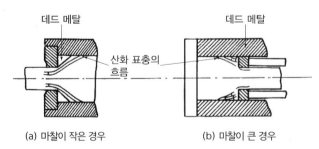

(a) 마찰이 작은 경우   (b) 마찰이 큰 경우

그림 2.36 **컨테이너 구석에 생긴 데드 메탈**

(5) 압출 시 금속의 유동

용기(container) 내의 압출 소재의 이동상태를 나타낸 그림 2.37(a)는 윤활이 없을 때에는 마찰이 커서 표면이 용기에 부착되며, 데드 메탈이 많이 남는다.

그러나 그림 2.37(b)와 같이 윤활이 있는 상태에는 모서리부에 데드 메탈이 조금 남고, 그림 2.37(c)와 같이 원추 다이를 사용하면 데드 메탈이 생기지 않고 소재의 표피가 제품의 표피와 같게 된다. 그리고 빌릿(billet) 길이와 컨테이너 지름비가 클수록 좋다.

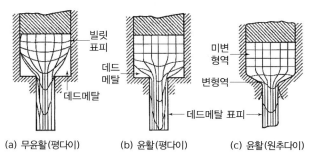

그림 2.37 **컨테이너 내 압출 소재의 이동 상태**

(6) 압출 가공의 조건

알루미늄, 구리, 마그네슘 및 그 합금과 강, 스테인리스강 등은 열간 상태에서 연성이 풍부하여 여러 가지 형상으로 비교적 쉽게 압출된다.

압출은 준 연속 작업이나 소량 생산일 뿐만 아니라 대량 생산의 경우에도 생산성이 좋은 가공방법이며, 공구 경비는 일반적으로 낮은 편이다.

표 2.3 **각종 열간 압출 재료의 압출 조건**

재료		가열온도(℃)	압출비	압출속도 (m/mm)	압출압력 (kg/mm²)	용도
알루미늄 및 그 합금	순알루미늄 내합금 고역합금 2, 4종	400~550 380~520 400~480 380~440	~550 6~(30~80) 6~30 6~30	27~75 1.5~30 1.5~6 1.1~5.5	30~60 40~100 75~100 75~100	건축, 차륜, 장식, 항공기용
마그네슘 및 그 합금	순마그네슘 AZ 31, 61, 80X Daw metal	350~440 300~400 300~420	~100 10~(50~80) 10~80	15~30 1~30 05~75	~80 ~100	건축, 차륜, 항공기, 방식 전극
동 및 그 합금	순동 α+β황동·청동 10~13% Ni동 20~30 Ni동	820~910 650~840 700~780 980~1,100	10~400 10~(300~400) 10~(150~200)	6~300 6~200 6~100 6~(25~35)	13~65 20~50 60~80 50~86	황동, 봉제, 선소재, 열교환, 기관용재, 건축용

(7) 윤활

윤활제로서 열간 압출에는 등유 또는 실린디유에 흑연올 혼합하여 시용한다. 흑연의 양은 5~35% 정도이며, 납, 주석, 아연 등은 고온에서 가소성이 좋기 때문에 가공하기가 쉬워 윤활제는 사용하지 않거나 그라파이트를 이용하여 압출한다. 강철제는 윤활제로 유리를 이용한다. 냉간 충격압출에서 강철을 압출할 때에는 소재를 15% 황산(H_2SO_4)으로 산세(酸洗)하고, 인산염 피복을 한 다음 윤활제로서 에멀션(emulsion) 수용액을 사용한다.

그림 2.38은 윤활 조건에 따른 재료의 흐름 상태를 나타낸 것이다.

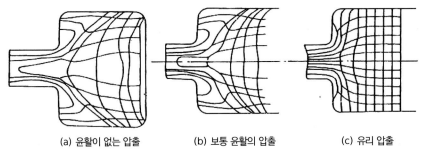

(a) 윤활이 없는 압출   (b) 보통 윤활의 압출   (c) 유리 압출

🔩 그림 2.38 **윤활 조건에 따른 재료의 흐름 상태**

(8) 압출 제품의 결함

압출 재료인 빌릿(billet)의 2/3 정도가 압출된 후에는 빌릿 표면이 산화피막과 함께 제품의 중심으로 유동되어 압출 제품 내부에 결함이 생기며, 이를 파이프 결함(pipe defect)이라 한다.

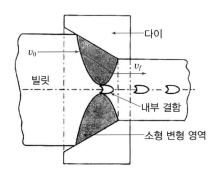

🔩 그림 2.39 **원형봉에 생긴 중심부 균열**

표면결함은 압출 변형속도와 온도가 너무 크거나 높을 때 생긴다. 압출에서 선단은 후단에 비하여 받는 압력이 작기 때문에 강도가 후단에서 보다 낮다.

내부 결함은 다이각이 너무 크던가 불순물의 양이 많을 경우에 중심선의 정수압 인장응력 상태가 원인이 되어, 중심부에 발생하는 균열로 다이각의 감소나 압출비와 마찰을 증가시키면 내부 결함을 방지할 수 있다.

4 인발 Drawing

(1) 인발의 개요

인발 가공이란 그림 2.40과 같이 테이퍼 구멍을 가진 다이(die)를 통과시켜 재료를 잡아당겨서 축 방향으로 인장력을 작용시켜 단면적을 감소시킨 것을 말한다.

이는 다이 벽면과 재료 사이에는 압축력이 작용하여 소성변형을 일으켜 재료에 다이의 최소 단면형상 치수를 주는 가공법이다.

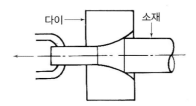

그림 2.40 **인발 가공**

(2) 인발의 종류

인발의 종류는 단면의 형상, 다이의 종류 및 인발기 등을 기준으로 구분된다.

① 봉제 인발 bar drawing

- 인발기(draw bench)를 사용하여 다이에서 재료를 인발하여 소요 형상의 봉재를 제작한다. 다이 구멍의 형상에는 원형, 각형, 기타의 형상이 있다.
- 인발 속도는 사용되는 재료 및 단면적에 따라 다르다. 단면적이 복잡하고 넓은 경우에는 최저 0.25 m/s 정도이고, 매우 가는 선을 인발할 때는 50 m/s에 달하기도 한다.

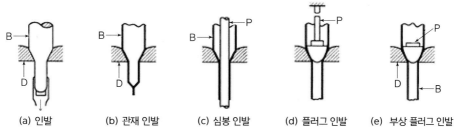

(a) 인발　　　(b) 관재 인발　　　(c) 심봉 인발　　　(d) 플러그 인발　　　(e) 부상 플러그 인발

그림 2.41 **선·봉 및 관재의 인발**

② 선재 인발 wire drawing

- 지름 약 5 mm 이하의 가는 봉재의 인발을 선재 인발(wire drawing) 또는 신선이라고 한다. 즉, 열간 가공으로 가공되는 최소 직경은 5 mm이다. 이 이하의 선은 감을 수 있으므로 기계로서 신선기를 사용한다.

■ 선재는 전기 및 전자 회로의 전선, 케이블, 망, 인장, 하중을 받는 구조재, 용접봉, 스프링, 종이 클립, 자전거 바퀴살, 악기의 현 등과 같이 매우 다양한 곳에 사용된다.

③ **관재 인발** tube drawing 관재를 인발하여 바깥지름을 일정한 치수로 가공할 때에는 다이를 고정시키고, 안지름도 일정한 치수로 인발할 때에는 심봉(mandrel)이나 플러그(plug)를 함께 사용하여 인발한다.

④ **롤러 다이법** 고정 다이 대신 롤러 다이를 사용하는 방식으로 형재, 신선 제작에 이용된다. 가공하고자 하는 공작물 단면 형상과 같은 공형이 있는 롤러를 사용하며, 소재로는 원형의 봉재 또는 판재를 사용한다. 소재를 롤러에 넣고 잡아당기면 롤러 사이에서 단면이 감소하며, 소요의 형상이 된다.

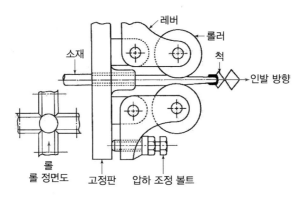

그림 2.42 **롤러 다이법**

⑤ **딥 드로잉** deep drawing
■ 펀치와 다이를 사용하여 가공물의 벽을 프레스로 얇게 가공하는 것도 인발 가공이라 한다. 딥 드로잉은 판재를 사용하여 각종 탄피, 주전자, 들통 기타 딥 캡(deep cap) 등을 제작할 때 사용한다.
■ 딥 드로잉을 분류하면 직접 딥 드로잉(direct deep drawing)과 역식 딥 드로잉(inverse deep drawing)이 있다.

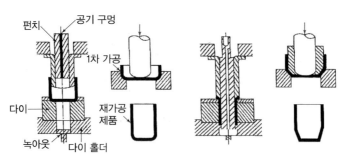

그림 2.43 **다이의 형상과 명칭**

(3) 인발 조건

인발에 영향을 미치는 조건으로는 단면 감소율, 다이(die)의 각도, 윤활방법, 인발력, 역장력 등이다.

① 다이의 각도

- 인발에 사용되는 다이의 형상과 명칭은 그림 2.44와 같으며, 다이각은 연질 재료의 경우에는 크게 하고, 경질 재료에는 작게 한다. 각도 α의 값은 사용 재료에 따라 황동 및 청동은 9~12°, 알루미늄, 금, 은에 대해서는 16~18°, 강철은 6~11° 정도이다.
- 인발용 다이의 구멍은 보통 4개의 부분으로 나누어진다. 즉 도입부(bell)는 윤활유를 받아들이는 역할을 하는 부분이며, 안내부(approach)에서는 단면 감소가 이루어지며, 정형부(bearing)는 극히 작은 테이퍼(taper)로서 정확한 치수로 가공하는 부분이며, 여유부(relief)는 재료의 출구로서 다이에 강도를 주기 위한 것이다.
- 다이의 재질은 충분한 강도를 가져야 하며, 내마모성이 높고, 표면을 매우 평활하게 다듬질 가공해야 한다. 다이의 재료는 초경합금을 주로 사용하지만, 0.5 mm 이하의 구멍지름의 다이는 다이아몬드를 사용한다.

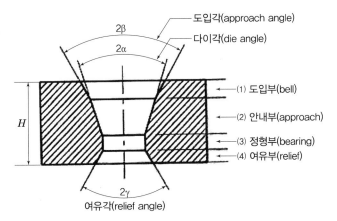

그림 2.44 다이의 형상과 명칭

② 단면 감소율

- 다이 각은 일정한 경우에 인발능력은 단면 감소율($A_1 - A_2/A_1 \times 100\%$, A_1 = 인발 전 단면적, A_2 = 인발 후의 단면적)에 비례하여 증가한다. 단면 감소율을 크게 하면 인발 가공 횟수를 적게 할 수 있고, 가공능률을 크게 할 수 있으나, 인장응력이 증가되어 어떤 한도 이상에 도달하면 인발 재료가 절단되어 인발이 불가능하게 된다. 보통 사용되는 단면 감소율은 강의 경우에 20~35%, 비철금속은 15~30%, 강관은 15~20% 정도이다.
- 그림 2.45는 황동선을 초경합금 다이로 인발할 때 인장응력과 단면 감소율의 관계를 도시한 것이다.

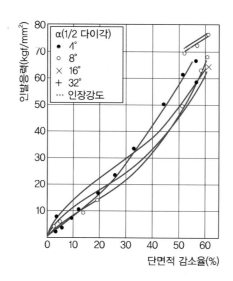

그림 2.45 단면 감소율

③ 인발에서의 윤활
- 인발할 때에는 다이의 압력이 매우 높으므로 마찰력을 감소시키고, 다이의 마모를 적게 하며, 제품의 표면 정도를 개선시키기 위하여 적절하게 윤활하는 것이 필수적이다. 윤활 방법에는 건식과 습식이 있으며, 건식 인발(dry drawing)은 인발할 봉제의 강도 및 마찰 특성에 따라 표면에 각종 윤활제를 바르는 방식으로, 보통 사용되는 윤활재로는 비누가 있다.
- 습식 인발(wet drawing)은 다이와 봉재를 윤활재에 완전히 잠기도록 하며, 윤활재로는 기름, 염소 처리된 첨가제 및 각종 화합물의 유상액(emulsion)이 보통 쓰인다.

(4) 인발 기계

① 신선기 wire drawing machine   신선기에는 단식과 복식이 있으며, 축의 방향에 따라 수평식과 수직식이 있다.
- 단식 신선기(single wire drawing machine)
  - 다이를 통하여 인발된 선을 직접 드럼(drum)에 감는 방법이다.
  - 재료로는 강철, 구리, 알루미늄 선을 인발하는 데 사용한다.

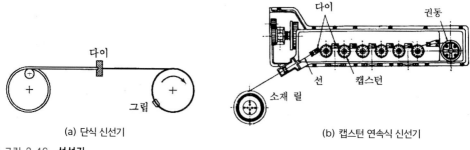

(a) 단식 신선기   (b) 캡스턴 연속식 신선기

그림 2.46 선선기

■ 연속식 신선기(continuous wire drawing machine) : 다이를 통하여 인발된 선재가 연속적으로 다음 다이에 들어가 한 대의 신선기에서 연속 작업을 할 수 있는 방법으로서 능률이 좋아 널리 사용된다.

② 인발기 draw bench

■ 봉재나 관재(pipe)를 인발할 때는 그림 2.47과 같은 인발기를 사용하여 봉재 및 관재 인발을 한다.

■ 재료의 인발은 베드상을 이동하는데 인발차(plyer)로 하며, 인발차의 이동은 체인 (chain)을 사용한다.

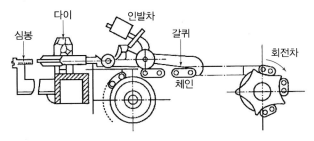

그림 2.47 **인발기**

③ 교정기

■ 선재(wire)는 코일에 감기기 때문에 일정한 곡률 반지름을 갖고, 또 횡방향에 파도결이 남아 있으므로 교정기를 이용하여 교정한다.

■ 선재 교정 방법에 롤러 교정법이 많이 사용된다. 이 방법은 선재를 2개의 롤러 사이를 통하여 일정한 굽힘을 주고, 계속해서 다음 롤러 사이에서 반대방향으로 휘어서 교정하는 것으로 수조의 롤러로 이 작업을 반복한다.

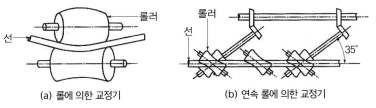

(a) 롤에 의한 교정기   (b) 연속 롤에 의한 교정기

그림 2.48 **선재 교정기**

5 전조 form rolling

다이(die)나 롤(roll)과 같은 성형공구를 회전 또는 직선 운동시키면서 그 사이에 일반적으로 원형의 소재를 밀어넣어 국부 또는 전체를 성형하는 소성 가공법을 전조라 한다.

전조 가공은 정밀한 제품을 대량으로 생산할 수 있고, 소재의 기계적 성질도 개선되므로 나사, 기어, 볼, 스플라인 축, 링 등을 가공하는 데 이용한다. 전조는 칩(chip)을 내지 않아 재료가 절약되며 가공 시간이 짧아지므로 정밀도가 균일한 제품의 대 량생산에 적합하다. 보통나사를 절삭 가공할 경우에는 소재를 제작할 때 생긴 섬유 조직을 절단하게 되지만, 전조 조직은 제품의 표면에 연속된 섬유 조직(fiber structure)을 갖게 된다.

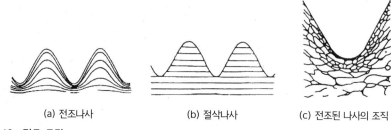

(a) 전조나사　　　　　　(b) 절삭나사　　　　　　(c) 전조된 나사의 조직

그림 2.49　**전조 조직**

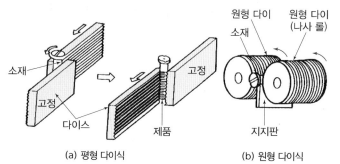

(a) 평형 다이식　　　　　　(b) 원형 다이식　　　　　　(c) 전조 가공된 나사

그림 2.50　**나사 전조**

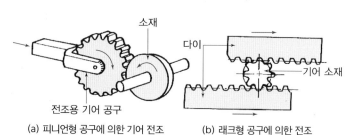

(a) 피니언형 공구에 의한 기어 전조　　　　(b) 래크형 공구에 의한 전조

그림 2.51　**기어 전조**

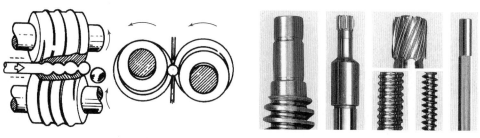

그림 2.52　**볼 전조 및 전조제품**

6 단조 forging

(1) 단조의 개요

금속 재료를 소성하기 쉬운 상태에서 충격력 또는 압력을 가하여 공작물을 성형하는 가공법을 단조라 한다. 대부분의 금속은 고온에서 소성이 크고 가공이 용이하므로 단조할 재료를 가열하는 것이 보통이다. 단조품은 주물에 비하여 조직이나 기계적 성질에서 신뢰성이 있으므로, 기계의 중요한 부품으로 많이 사용되고 있다. 일반적으로 단조품에는 볼트, 커넥팅로드, 기어, 공구 등의 기계 부품과 기계 철도, 수송, 기계의 구조용 부품을 들 수 있다. 그림 2.53과 같이 단조되는 방향으로 금속 결정 조직이 흐르게 되므로 섬유 형태의 조직이 나타나게 되어 강도가 증가한다.

(a) 주조품   (b) 절삭 가공품   (c) 단조품
(조직의 흐름이 없다)   (절삭 가공에 의해 조직의 흐름이 절단)   (윤곽을 따라 조직이 흐름)

그림 2.53 **가공법에 따른 결정 조직의 비교**

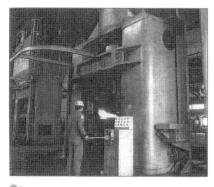

그림 2.54 **단조 공장**

그림 2.55 **조선시대 대장간**

(2) 재료 가열법

일반적으로 금속재료는 온도가 높을수록 단조하기가 용이하다. 그러나 가열이 지나치면 재료의 성분이 변화되기 쉬운 조직으로 되기 때문에, 재료가 부서지거나 잘라지기 쉽기 때문에 단조가 곤란하다. 보통 연소되거나 용융되기 시작하는 온도보다도 대략 100℃ 정도 낮은 온도가 좋다.

표 2.4는 여러 가지 금속의 단조 표준 온도를 표시한 것이다.

표 2.4 단조 재료의 표준 단조 온도

재료명	가열온도(℃)	단조온도(℃)	재료명	가열온도(℃)	단조 온도(℃)
탄소강 주괴	1,250	850	질화강	1,200	1,070
합금강 주괴	1,250	850	구리	870	750
탄소강 강재	1,250	800	망간청동	800	600
니켈강	1,200	850	알루미늄 청동	800	650
크롬강	1,200	850	인청동	600	400
니켈 크롬강	1,200	850	도넬메탈	1,150	1,040
망간강	1,200	900	양백	825	600
스테인리스강	1,200	900	알루미늄	510	260
공구강	1,150	900	두랄루민	510	400
고속도강	1,250	950	마그네슘	480	240
침탄강	1,200	800	6 : 4 황동	750	500
스프링강	1,150	900	7 : 3 황동	850	700

(3) 가열로 heating furnace

단조용 가열로는 가열 재료의 종류, 크기 및 연소 가스와의 접촉 여부 등에 따라 적절한 것을 선택해야 하며, 재료가 균등하게 가열되고, 온도 조절이 쉬워야 한다. 아래는 단조용 가열로를 열원의 종류에 따라 구분하였으며, 열처리용으로 이용되는 것도 있다.

① 중유로
- 시설비와 운전비가 저렴하고, 조작이 용이하나 특수 분사용 장치가 필요하다.
- 바나듐산화물(V_2O_3), 아황산가스(SO_2) 등 연소 생성물속에 함유된 유해 성분으로 인하여 피가열 재료가 손상을 입는 경우가 있다.

② 가스로 시설비가 저렴하지만 연료비는 많이 든다. 취급이 용이하고 온도 조절이 쉽다.

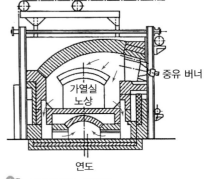

그림 2.56 중유로

③ 전기 저항로 온도 조절이 가장 용이하고, 작업이 쉬우며, 재질의 변화가 적은 장점이 있다.
④ 고주파 유도로 50~60 Hz 정도의 고주파 전류를 통한 코일 속에 재료를 넣고 재료에서 발생하는 와전류로써 가열하는 가열로이다. 재료가 빨리 가열하여 시간이 적게 걸리며, 스케일(scale)의 발생 및 제품 표면의 거칠음이 적은 이점이 있다.
⑤ 온도 측정 단조 재료의 가열에서 열효율을 좋게 하며, 신속하고 효율적인 작업을 하기 위해서는 가열로의 온도 조절, 연료, 공기 등의 유량 조절 등을 정확하게 해야 한다. 특히 온도 조절 문제는 작업의 난이도, 능률, 재료의 활용에 영향을 미친다.

표 2.5 탄소강의 색상과 온도

색 상	온도(℃)	색 상	온도(℃)
암갈색	530~580	황색	1,050~1,150
적갈색	580~650	담황색	1,150~1,250
담적색	800~830	황백색	1,250~1,350

(4) 단조용 재료

금속을 단련하면 결정립이 미세하게 되고, 조직이 균일하게 되며, 기계적 성징이 양호하게 된다. 단조용 재료로 사용하는 것은 다음과 같다.

① 단련강 wrought steel 연성이 크고, 가단성은 양호하나, 연강에 비해 기계적 성질이 떨어져 봉재, 선재, 관재 등으로 목공구 및 기계 제작 등에 이용된다.

② 탄소강 carbon steel 탄소 함유량(C : 0.035~1.7%)에 따라 연강, 경강, 탄소 공구강 등의 명칭이 있다.

③ 특수강 special steel 탄소강에 Ni, Cr, W, Co, V, Mn 등의 특수 합금 원소를 1개 이상의 원소를 함유하여 탄소강보다 성질이 양호한 Ni강, Cr강 등을 만든다. 특수강은 일명 합금강(alloy steel)이라고도 한다.

④ 구리 합금
- 구리의 단련용 합금으로는 황동(brass)과 청동(bronze)이 있다.
- 6 : 4 황동은 판재 및 봉재로 사용되고, 7 : 3 황동은 선(wire), 파이프, 탄피 등에 사용된다. 냉간 가공을 하면 경도와 인장강도는 증가되고 연신율은 감소된다.

⑤ 경합금 light alloy 알루미늄은 봉재, 판재, 선재, 파이프 등의 제작에 이용된다. 가공 정도와 열처리에 따라 성질이 다르다.

(5) 단조용 공구 forging tools

단조할 때 쓰이는 일반적인 공구에는 앤빌(anvil), 이형공대(swage block) 및 해머, 집게, 다듬질, 펀치 등이 있다.

① 앤빌 anvil 일반적으로 사용되는 것은 130~150 kg, 대형은 250 kg, 소형은 70 kg 정도이다. 앤빌의 뒷부분에는 공구 또는 가공물을 끼우기 위한 정사각형과 원형의 구멍이 있으며, 단조작업에서 가장 중요한 도구이다.

② 스웨이지 블록 swage block 앤빌 대용으로 사용되며, 여러 형상과 치수 구멍을 가지 주철 또는 강철재로 만들어진 블록이다.

③ 집게 tongs   재료의 모양과 크기 등에 따라 가열된 재료를 단단히 잡을 수 있도록 여러 가지 형상으로 되어 있다.

④ 해머 hammer   재료에 타격을 가하는 공구로서 손망치(hand hammer)와 대메(sledge hammer)가 있다.

⑤ 세트해머 set hammer와 플래터 flatter   넓은 가공면 다듬질용으로 사용한다.

⑥ 단조용 펀치   가열된 소재에 구멍을 뚫는 데 사용한다.

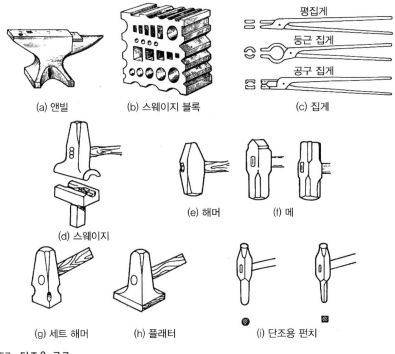

(a) 앤빌 (b) 스웨이지 블록 (c) 집게

평집게
둥근 집게
공구 집게

(d) 스웨이지 (e) 해머 (f) 메

(g) 세트 해머 (h) 플래터 (i) 단조용 펀치

그림 2.57 단조용 공구

(6) 단조용 기계 forging machine

단조 능률을 높여 대량 생산하고자 할 때 단조용 기계를 사용한다.

단조용 기계로서는 타격을 가하는 기계 해머와 큰 압력이 천천히 가해지는 단조 프레스로 크게 분류된다. 기계 해머에는 스프링 해머, 공기 해머 등이 있으며, 이들은 주로 중·소형 물의 단조에 사용된다. 단조용 프레스는 수압을 이용하여 큰 압축력이 가해지는 수압 단조용 프레스가 많이 사용된다.

① 공기 해머 air hammer   압축공기로 피스톤에 붙어있는 해머를 상하운동시킨다. 기계는 공기 압축장치 부분과 해머가 직결된 타격 부분으로 구성되어 있다. 이 해머는 해머실린더의 밸브를 조절함으로써 타격의 단속과 해머의 낙하거리 및 낙하 속도를 조절할 수 있는 구조로 되어 있으며, 운전이 간편하다.

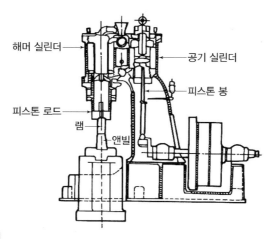

그림 2.58 **공기 해머**

② **증기 해머** steam hammer 증기 해머는 공기 해머와 같은 구조이며, 압축공기 대신에 증기를 사용한다. 조정이 쉽고, 연속 타격이 가능하며, 수동으로 타격력을 미세하게 조절할 수 있다는 특징이 있다.

③ **스프링 해머** spring hammer 해머의 가속도를 크게 하여 타격 에너지를 증대하기 위하여 크랭크 축에 겹판 스프링을 연결하여 스프링에 달린 해머를 상하운동시켜 단조를 한다. 행정(stroke)이 짧고, 타격 속도가 크므로 주로 공구 등의 소형물의 단조에 적합하다. 그림 2.59는 스프링 해머의 원리를 나타낸 것이다.

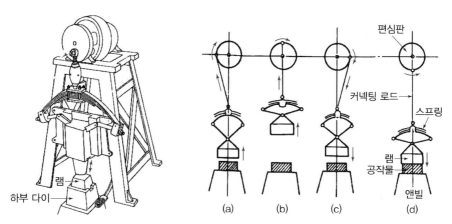

그림 2.59 **스프링 해머**

④ **낙하 해머** drop hammer 해머가 장착된 램을 벨트, 로트 등을 이용하여 끌어올린 후 일정한 높이에서 자유 낙하시켜 강력한 타격을 가하는 단조기이다. 해머의 중량이 가벼워도 높이에 따라서 타격력을 증대할 수 있고, 일정한 타격력을 얻을 수 있으므로 주로 형단조에 사용된다.

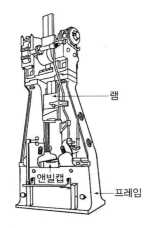

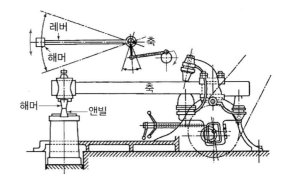

그림 2.60 **낙하 해머**   그림 2.61 **레버 해머**

⑤ **레버 해머** lever hammer 인력용 해머를 동력화한 것으로 보통 레버 해머라 한다. 해머의 중량은 100 kg 정도이며, 타격 횟수가 빠르며, 구조가 간단한 것이 특징이나 앤빌면과 램면과의 평행이 유지되지 않는 결점이 있다.

(7) 단조의 종류

단조 작업은 작업 방법에 따라 크게 자유 단조와 형단조로 나누어진다.

① **자유 단조** open-die forging 해머를 두드려서 성형하는 방법으로, 절단, 늘이기, 넓히기, 굽히기, 압축, 구멍뚫기, 비틀림, 단짓기 작업 등이 있다. 이밖에 두 재료의 접합 부분을 융용점 부근까지 가열한 후 결합부를 서로 겹쳐 가압하여 접착시키는 단접이 있다.

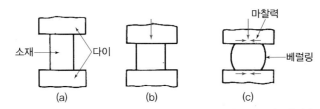

(a) 2개의 형 다이로 업세팅하는 경우   (b) 균일 변형   (c) 마찰이 있는 경우의 변형

(a) 자유 단조의 원리(I)   (b) 자유 단조의 원리(II)

그림 2.62 **자유 단조의 원리**

■ 늘리기(drawing down) : 굵은 소재를 해머로 타격하여 길이를 증가시킴과 동시에 단면적을 감소시키는 작업이다.

■ 업세팅(upsetting) : 긴 소재를 축 방향으로 압축하여 굵고 짧게 하는 작업이다.

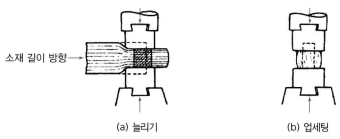

소재 길이 방향

(a) 늘리기   (b) 업세팅

그림 2.63 **자유 단조**

② 형단조 closed-die forging   그림 2.64와 같이 상하 2개의 단조 금형 사이에 가열한 재료를 끼우고 가압 성형하는 방법을 형단조라 한다. 모양이 복잡한 것은 1공정만으로 제품을 만들기가 어려우므로 여러 공정으로 나누어 작업하는 경우가 대부분이다.

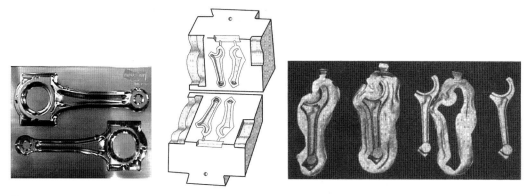

그림 2.64 **형단조 금형과 가공제품**

가열된 소재에 압축력이 가해지면 재료의 흐름은 형 내에서 일어나면서 소성 변형을 하게 되며, 재료에 작용하는 압력이 커짐에 따라 다이와 같은 모양의 섬세한 제품을 얻을 수 있다. 그림 2.65는 형단조 시에 재료가 성형되는 과정을 나타낸 것으로서, 재료의 섬유 조직이 연속되며, 단련 효과로 인하여 조직이 미세화되는 과정을 보여 준다.

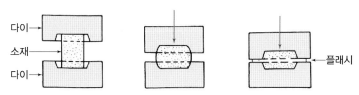

다이
소재
다이
플래시

그림 2.65 **형단조에서의 소재가 변형하는 모양**

플래시(flash)는 단조가 진행되는 동안 재료의 일부가 다이 밖으로 유동된 것을 플래시라 한다.

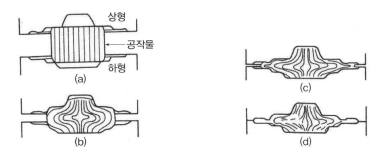

그림 2.66 **형단조에 의한 성형**

③ **단접** forge welding 연강을 가열하면 용융 온도 부근에서 점성 및 금속간의 친화력이 크게 된다. 이것을 두 소재로 접촉시키고 해머로 압력을 가하면 접착되어 한 덩어리가 된다. 이것을 단접이라 한다.

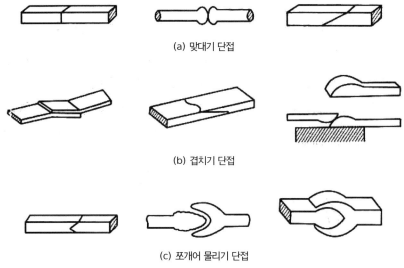

(a) 맞대기 단접

(b) 겹치기 단접

(c) 쪼개어 물리기 단접

그림 2.67 **각종 단조 작업**

연강의 단접 온도는 1,100~1,200℃가 적당하며, 단조재인 붕사를 사용하여 단접물의 표면에 생긴 산화물을 제거한다. 단접 방법에는 맞대기 단접(butt welding), 겹치기 단접 (lap welding), 쪼개어 물리기 단접(split welding)이 있다.

7 프레스 가공 press work

(1) 프레스 가공의 개요

프레스(press) 가공은 펀치(punch)와 다이(die) 사이에 소재를 넣고 외력을 가하여 소성 변형시켜 가공하는 방법으로 널리 사용되고 있다.

프레스 가공은 연강판이나 구리판과 같이 소성이 큰 금속판을 사용하여 각종 용기, 가구, 장식품, 자전거, 부품 일반기계 자동차 등 공업 제품을 제작하는 데 이용된다. 프레스 가공이 널리 이용되는 이유는 제품 제작을 할 때 정확한 치수의 제품과 가공 시간의 단축 및 대량 생산에 적합하기 때문에, 프레스를 사용하여 연강 또는 비철 금속판을 절단하거나 금형을 사용하여 모양으로 성형하는 작업이다. 프레스의 램(ram)에는 금형의 상형을 고정시키고 테이블에는 하형을 고정시켜 램이 상하로 움직여 판재를 가공한다.

그림 2.68은 프레스 가공 과정을 나타낸 것이다.

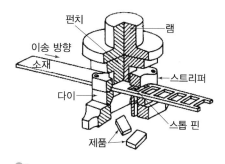

🐾 그림 2.68 **프레스 가공 과정**

(2) 프레스 가공의 분류 classifications of press work

① **전단 가공** shearing work 전단(shearing), 블랭킹(blanking), 펀칭(punching), 트리밍(trimming), 세이빙(shaving), 브로우칭(broaching) 등
② **굽힘 가공** bending work 충격 굽힘, 이송 굽힘, 꺾어 접기
③ **드로잉 가공** drawing work 커핑(cupping), 디프 드로잉(deep drawing) 등
④ **압축 가공** squeezing work 업세팅(upsetting), 코이닝(coining), 엠보싱(embossing), 스웨이징(swaging), 사이징(sizing), 벌징(bulging), 압출가공(extruding) 등

(3) 프레스의 분류 classification of press

프레스는 그 종류가 매우 많고 작동방식, 구조 및 사용 방식에 따라 분류의 기준이 다르며, 프레스의 용량은 최대 가압력을 톤(ton)으로 표시한다.

① 동력원에 따른 분류

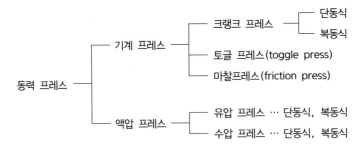

```
                                              ┌─── 단동식
                            ┌─── 크랭크 프레스 ─┤
                            │                  └─── 복동식
              ┌─── 기계 프레스 ┼─── 토글 프레스(toggle press)
              │             └─── 마찰프레스(friction press)
동력 프레스 ───┤
              │             ┌─── 유압 프레스 … 단동식, 복동식
              └─── 액압 프레스 ┤
                            └─── 수압 프레스 … 단동식, 복동식
```

⚙ 그림 2.69 **프레스 분류**

② 프레임(frame)의 형상에 따른 분류
- ■ C형 프레임 프레스
- ■ 4주형 프레스
- ■ 직주형 프레스
- ■ 아치형 프레스

③ 구조 형식에 따른 분류
- ■ 경사식 프레스(incline press)
- ■ 가경식 프레스(inclinable press)
- ■ 수평식 프레스(horizontal press)
- ■ 수직식 프레스(vertical press)
- ■ 인력 프레스(manual press)
    - 수동 편심 프레스(hand eccentric press) : 손의 힘을 이용하여 구동시키는 프레스로 얇은 판의 펀칭, 스탬핑(stamping) 등에 사용된다.
    - 수동 나사 프레스(hand screw press) : 손의 힘으로 작동되고 각종 작업에 사용되는 프레스이다.
    - 풋 프레스(foot press) : 지렛대를 이용하여 발의 힘을 가공력으로 얇은 판재의 블랭킹, 펀칭, 엠보싱 등에 이용되고 있다.

(a) 편심 프레스

(b) 나사 프레스

나사
핸들
몸체
펀치
고정나사

(c) 풋 프레스

램
베드
페달

⚙ 그림 2.70 **인력 프레스**

■ 동력 프레스(power press) : 동력 프레스는 크게 기계 프레스와 액압 프레스로 나누며, 구동
기구에 따라 크랭크 프레스, 마찰 프레스, 토클 프레스 및 유압 프레스 등으로 나눈다.
– 크랭크 프레스(crank press) : 프레스의 대표적인 것으로서 플라이휠의 회전 운동
을 직선 운동으로 바꾸어 프레스에 필요한 슬라이더에 상하운동을 주어 가압 작업을
하게 한다. 그림 2.72와 같이 크랭크가 1개인 단동식이 많이 사용되지만, 폭이 넓은
공작물을 가공할 때는 크랭크가 2개 또는 그 이상의 프레스가 사용된다.

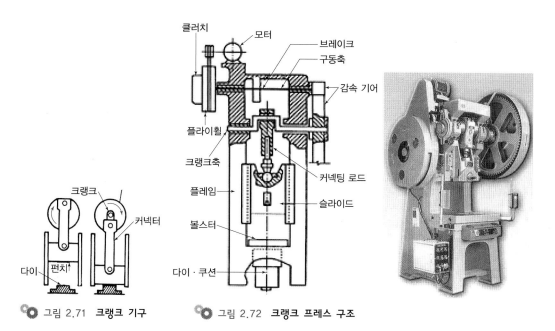

그림 2.71 **크랭크 기구**   그림 2.72 **크랭크 프레스 구조**

– 너클 프레스(toggle press or knuckle press) : 플라이휠(fly wheel)의 회전 운동
을 크랭크 기구에 의하여 왕복운동으로 바꾸고, 다시 토글(toggle) 기구로 슬라이드
에 직선운동을 준다. 이 프레스는 가공의 마지막 단계에 큰 힘이 필요할 때, 즉 단조
나 코이닝 작업 등에 적합하다.

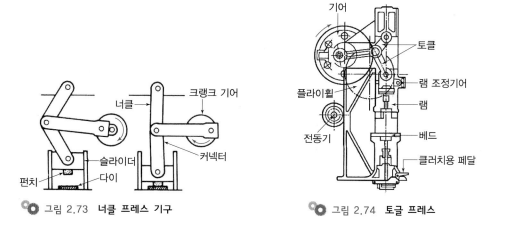

그림 2.73 **너클 프레스 기구**   그림 2.74 **토글 프레스**

－마찰 프레스(friction press) : 그림 2.75와 같이 같은 축에 붙은 2개의 마찰차를 회전시켜, 그중 어느 하나를 플라이휠에 접촉시키면 플라이휠에 회전이 전달되고, 이 회전운동은 나사 기구를 통하여 슬라이드에 상하운동을 준다. 이 프레스는 제동이 확실하지 못하여 위험성이 있다. 용도로는 단조, 가압 가공 등에 사용된다.

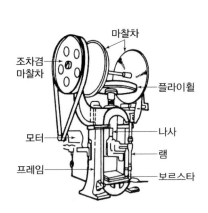

그림 2.75 **마찰 프레스 기구**

그림 2.76 **액압 프레스**

－액압 프레스(hydraulic press) : 수압이나 유압으로 작동되는 용량이 큰 프레스로서, 펌프로부터 압축된 액체를 실린더의 상부와 하부 쪽으로 번갈아 보냄으로써 피스톤이 왕복운동을 하고, 따라서 램이 달린 실린더가 상하운동을 하여 작업을 하게 된다.

■ 프레스 금형의 구조 : ① 전단형 : 전단형 금형을 나타낸 것으로 각부 명칭과 역할은 그림 2.77과 같다. ①, ③ 다이와 ② 펀치 － 펀치와 다이는 가공되는 판재에 직접 접촉되어 압축, 충격, 마찰 등을 받으므로 강도나 마멸에 대하여 잘 견디는 재료를 써야 한다.

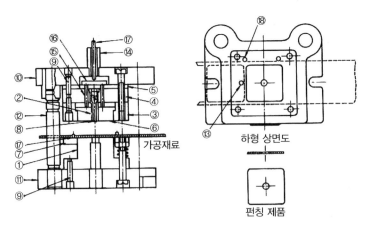

그림 2.77 **전단형 금형의 각부 명칭**

금형 재료로는 탄소 공구강, 합금 공구강, 초경합금, 타타늄 합금 등이 사용된다. ④ 펀치 플레이트 ⑤ 백 플레이트, ⑥ 녹아웃, ⑦ 스트리퍼, ⑧ 기가 핀, ⑨ 로크 핀, ⑩ 펀치 홀더, ⑪ 다이 홀더, ⑫ 가이드포스트와 부시, ⑬ 스토퍼, ⑭ 생크

- 다이 세트 : 펀치와 다이를 그림 2.78과 같은 다이 세트에 고정하고 이 전체를 프레스에 설치하는 것이다. 다이 세트는 프레스 가공에 있어서 금형을 설치하는데 익숙하지 않아도 되고, 시간을 절약할 수 있으며, 상하향이 잘 일치되므로 깨끗한 제품을 얻을 수 있고, 금형 관리가 쉬우며, 얇은 금형을 사용할 수 있는 등의 장점이 있다.

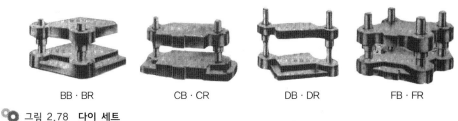

BB · BR   CB · CR   DB · DR   FB · FR

그림 2.78 **다이 세트**

8 전단 가공 shearing

소재(strip)를 한 쌍의 날이 달린 공구, 즉 펀치와 다이 사이에 끼우고 압력을 주어 소재에 전단 응력을 발생시키어 필요한 형상으로 절단하는 가공을 전단 가공이라 한다.

전단각은(shear angle)은 전단 공구가 작은 힘으로도 전단할 수 있도록 아랫날에 대하여 윗날이 경사지게 하는 각도이다. 전단각은 보통 5~10° 정도이며, 12°를 넘지 않게 하고, 날 끝각은 70~90°, 여유각은 2~3°로 한다.

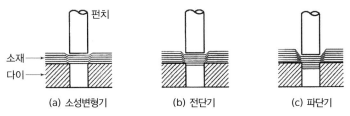

(a) 소성변형기   (b) 전단기   (c) 파단기

그림 2.79 **전단 과정**

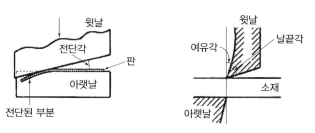

그림 2.80 **전단각**

균열이 발생·성장하는 형태는 그림 2.81에서와 같이 틈새의 영향을 받는다. 전단 가공에 있어서의 최종 분리는 양 절삭날의 사이를 연결하는 균열에 의해 이루어지므로, 이 균열의 화합이 제대로 이루어져 아름다운 전단 절삭면이 얻어지듯이 적정한 틈새는 재료의 종류에 따라 달라진다.

표 2.6은 일반 작업용 틈새를 표시한 것이다.

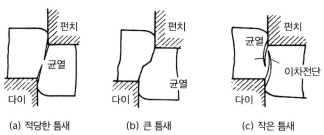

(a) 적당한 틈새 (b) 큰 틈새 (c) 작은 틈새

⚙ 그림 2.81 **틈새가 균열의 성장 상태에 미치는 영향**

⚙ 표 2.6 **일반 작업용 틈새**

재료	틈새(c/t%)	재료	틈새(c/t%)
순철	6~9	황동(연질)	6~10
연강	6~9	인청동	6~10
경강	8~12	양은	6~10
규소강	7~11	알루미늄(경질)	6~10
스테인리스강	7~11	(연질)	5~8
구리(경질)	6~10	알루미늄 합금(경질)	6~10
(연질)	6~10	(연질)	6~10
황동(연질)	6~10	납	6~9

단금형의 틈새 크기를 결정하기 위해서는 제품의 수량과 정도 및 형상에 따라서 결정해야 하고, 금형의 구조 및 가공속도와 금형을 어떠한 재료로 제작하느냐에 따른 복합적인 요소를 충분히 검토하여 결정해야 한다.

틈새의 계산

그림 2.78에서 D : 다이의 직경(mm)

d : 펀치의 직경(mm)

t : 가공 소재의 두께(mm)

c : 편측 틈새(%)

라 하면 틈새 c는 다음과 같이 나타낼 수 있다.

$$c = \frac{D-d}{2t} \times 100(\%)$$

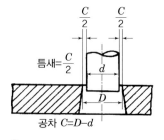

⚙ 그림 2.82 **틈새**

다이의 직경이 40 mm이고 펀치의 직경은 39.94 mm이며, 소재의 두께가 0.5 mm라 하면 편측 틈새는 얼마인가?

$$C = \frac{D-d}{2t} \times 100 = \frac{40-39.94}{2 \times 0.5} \times 100 = 6$$

* 편측 틈새는 소재 두께의 6%가 된다.

(1) 전단 가공의 종류

전단 가공은 펀치와 다이가 가지는 두 날을 이용하여 재료에 전단응력을 발생하게 힘을 가하여, 재료의 불필요한 부분을 잘라내어 어떤 형상을 가진 제품으로 가공하는 것을 말하고, 다음과 같은 종류가 있다.

① 블랭킹 blanking   제품의 모양, 즉 외형을 따내는 작업을 블랭킹이라 한다.

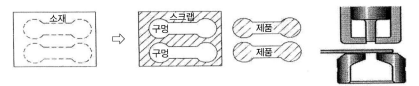

그림 2.83 **블랭킹**

② 펀칭 punching   제품의 요소에 구멍을 내는 작업을 펀칭(punching or piercing)이라 하며, 펀칭에 의하여 뽑힌 부분이 스크랩(scrap)이 되고, 남은 부분이 제품이 된다.

그림 2.84 **펀칭**

③ 트리밍 trimming   트리밍은 펀칭 작업에서 생긴 지느러미(fin) 부분을 바른 모양의 제품을 얻기 위하여 정한 절취선 부분을 절단하는 작업이다.

그림 2.85 **트리밍**

④ 세이빙 shaving   세이빙은 펀칭이나 전단 가공을 한 제품의 전단면을 바른 치수로 다듬질을
하거나, 아름답지 못한 단면을 매끈한 면으로 다듬질하는 작업을 말한다.

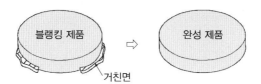

그림 2.86 세이빙

⑤ 분단 가공 parting   제품을 분리하는 가공이다.
⑥ 루브링 louvering   펀치와 다이에서 한쪽만 전단이 되고, 다른 쪽은 굽힘과 드로잉의 혼합
작용으로 바늘창 모양으로 가공하는 것을 말한다. 용도는 자동차, 식품 저장고의 통풍구
또는 방열창에 이용된다.

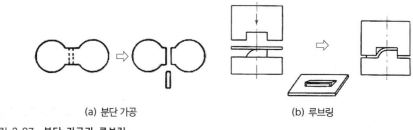

(a) 분단 가공   (b) 루브링

그림 2.87 분단 가공과 루브링

(2) 전단 가공용 금형

전단 가공에 사용되는 전단 금형은 일반적으로 블랭킹 다이(blanking die)를 말한다. 블랭
킹 다이는 다이와 펀치를 이용하며 작업하는 형틀로서 전단 시에 틈새의 크기가 매우 중요
하다. 실제 작업에서 틈새(clearance)는 판재 두께의 2~8%가 보통이며, 최대 10%를 초과
하지 않는다.

제품 가공의 정밀도를 높이기 위하여 그림 2.88과 같은 가이드 포스트형의 다이 세트를
사용하기도 한다.

펀칭(punching)과 블랭킹(blanking)이 동시에 작업되는 복잡한 부품에는 여러 개의 펀
치와 다이를 다이 세트에 조합하여 사용한다.

종류로는 단일 블랭킹 금형(blanking die), 복합 금형(compound die), 연속 금형
(progressive), 트랜스퍼 금형(transfer die) 등이 있다.

🔩 그림 2.88 **금형 세트**

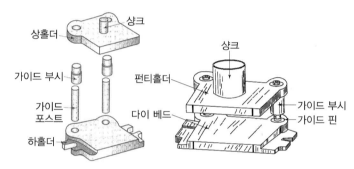

🔩 그림 2.89 **다이 세트의 구성요소**

다이 세트는 펀치와 다이 등을 지지하고 이들 사이의 운동 정밀도를 높이기 위하여 그림 2.89와 같이 펀치 홀더, 다이 홀더, 가이드 포스트, 가이드 부시 등으로 구성되어 있다. 다이 세트를 사용하게 되면 펀치 및 다이의 관계를 항상 바르게 유지하고, 정밀도의 균일성을 유지하며, 프레스에서 금형 교체를 간단하게 할 수 있다.

9 굽힘 가공 bending

굽힘 가공(bending)은 소재에 소성영역에 달할 수 있는 힘을 가하여 굽혀서 원하는 형상으로 가공하는 방법으로, 프레스 가공 중에서 매우 넓은 범위를 치지하고 있는 가공법 중의 하나이다. 박판은 냉간 가공으로 후판은 열간 가공으로 한다. 굽힘 가공법을 크게 나누어 보면 프레스 브레이크를 사용하여 (a)펀치와 다이로 굽힘하는 가공법, (b)곡절기(folding machine), (c)일반 프레스 및 롤러 등 3가지로 분류할 수 있다.

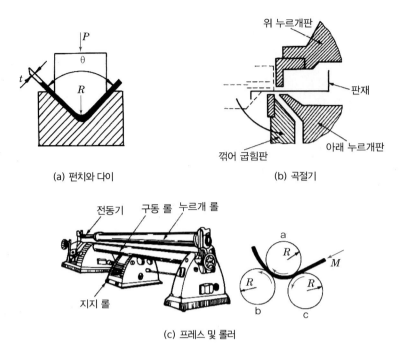

(a) 펀치와 다이

(b) 곡절기

(c) 프레스 및 롤러

🔩 그림 2.90 **각종 굽힘 가공**

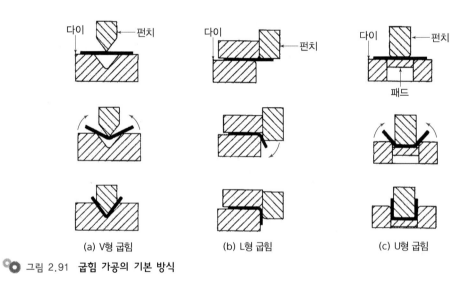

(a) V형 굽힘

(b) L형 굽힘

(c) U형 굽힘

🔩 그림 2.91 **굽힘 가공의 기본 방식**

(1) 굽힘 변형

그림 2.92와 같이 금형이 펀치와 다이 사이에 소재를 넣고 펀치에 힘을 가하여 펀치를 화살
표 방향으로 이동시키면, 펀치를 기준으로 하여 내측은 압축력을 받고, 외측은 인장력을 받
으며, 소재는 처음 상태로 돌아간다.

따라서 소재에 굽힘 변형을 주기 위해서는 그 이상의 힘을 가하여 영구변형을 일으키도록 해야 한다. 이때 소재에 발생하는 인장 및 압축력은 소재의 표면에서 가장 크고, 중심에 접근할수록 작아지면 인장과 압축이 생기지 않는 면이 있으며, 이 면을 굽힘 가공에서 중립면(中立面)이라 한다.

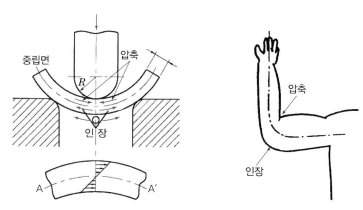

🔩 그림 2.92 **굽힘 상태**

소재를 굽힐 때 굽힘 반지름이 너무 작아지면 재료가 인장을 받는 외측 표면에 균열이 생겨 가공이 불가능하게 된다.

이 한계를 최소 굽힘 반지름이라 하고, 이 최소 반지름 크기는 가공 소재의 재질, 판 두께, 가공방법 등에 따라 달라진다.

일반적으로 다음 식을 사용하여 구한다.

$R = Rb \cdot t$

R : 최소 굽힘 반지름(mm)

Rb : 굽힘 시험의 최소 굽힘 반지름비

$(Rb = R/t)$

t : 가공 소재의 판 두께

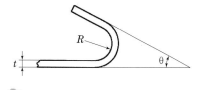

🔩 그림 2.93 **최소 굽힘 반지름**

(2) 스프링백 spring back

굽힘 가공에서 탄성 한도 이상의 외력을 가했다가 제거하면 그림 2.94와 같이 원래의 상태로 되돌아가려고 하는 성질이 있는데, 이러한 성질을 스프링백(spring back)이라 한다.

특히 바깥쪽에 인장응력, 안쪽에 압축응력이 작용하는 굽힘 가공에서는 스프링백 현상이 심하고, 그 양은 재질, 재료 두께, 작업 시의 패드 압력, 가공속도, 굽힘 반지름, 금형 구조 등의 여러 조건에 영향을 받는다.

스프링백 각도는 재료, 다이 형상, 치수, 가공형상, 가압력 등에 의해 변화한다.

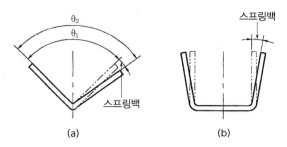

(a)   (b)

◎ 그림 2.94 스프링백

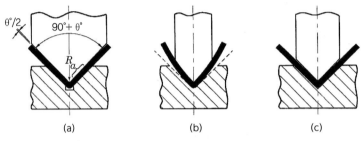

(a)   (b)   (c)

◎ 그림 2.95 금형의 형상에 의한 스프링백

① 스프링백 방지법(V 굽힘 금형의 경우)
- 펀치 각도를 다이 각도보다 작게 하여 과굽힘(over bending)시키는 방법
- 굽힘 판의 중앙 반지름부에 강한 압력을 가하기 위하여 다이측에도 반지름을 붙이는 방법
- 펀치 끝에 돌기를 설치하여 보터밍(bottoming)에 의하여 압력을 집중시키는 방법

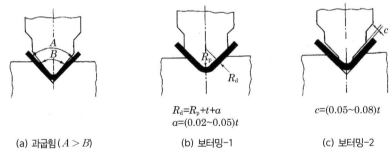

(a) 과굽힘($A > B$)   (b) 보터밍-1   (c) 보터밍-2

$R_d = R_p + t + a$
$a = (0.02 \sim 0.05)t$

$c = (0.05 \sim 0.08)t$

◎ 그림 2.96 V 굽힘에서의 펀치 및 다이 형상

② 스프링백의 보정 성형 작업에서 스프링백을 보정하는 데는 소재를 약간 과도하게 굽히는 방법을 많이 사용한다. 요구하는 정도를 얻기 위해서는 몇 번의 시행 오차를 거쳐야 한다. 또 다른 방법으로는 펀치 끝과 다이면에서 높은 압축응력이 걸리도록 굽힘 부위를 압축하는 방법이나 굽힘이 일어나는 동안 소재에 인장이 걸리도록 하는 신장 굽힘을 들 수 있다.

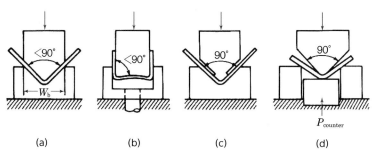

(a)   (b)   (c)   (d)

🔩 그림 2.97 **스프링백의 보정**

(3) 굽힘 가공의 종류

① 굽힘 가공 bending 평평한 판이나 소재를 그 중립면에 있는 굽힘축 주위를 움직임으로써 재료에 굽힘 변형을 주는 가공이다. 굽혀진 안쪽은 압축을 받고, 바깥쪽은 인장을 받는다.

② 성형 가공 forming 소재의 모양을 여러 형상으로 변형시키는 가공이다. 성형 가공은 전단가공을 제외한 소성 가공 전체를 의미한다.

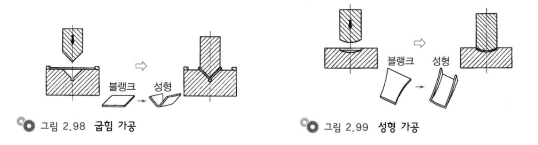

블랭크   성형

🔩 그림 2.98 **굽힘 가공**   🔩 그림 2.99 **성형 가공**

③ 버링 가공 burring 미리 뚫려 있는 구멍에 그 안지름보다 큰 지름의 펀치를 이용하여 구멍의 가장자리를 판면과 직각으로 구멍둘레에 테를 만드는 가공이다.

④ 비딩 가공 beading 용기 또는 판재에 폭이 좁은 선 모양의 돌기(bead)를 만드는 가공이다.

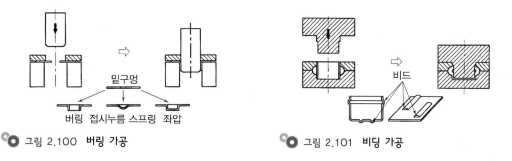

밑구멍

버링 접시누름 스프링 좌압   비드

🔩 그림 2.100 **버링 가공**   🔩 그림 2.101 **비딩 가공**

⑤ 컬링 가공 curling 판, 원통 또는 원통 용기의 끝부분에 원형 단면의 테두리를 만드는 가공이며, 이것은 제품의 강도를 높여주고 끝부분의 예리함을 없게 하여 안전을 높이기 위한 가공이다.

⑥ **시밍 가공** seaming 여러 겹으로 구부려 두 장의 판을 연결시키는 가공이다.

⑦ **네킹 가공** necking 원통 또는 원통 용기 끝부분의 지름을 감소시키는 가공이며, 이를 목조르기 가공이라고도 한다.

⑧ **엠보싱** embossing 소재의 두께의 변화를 일으키지 않고 상하 반대로 여러 가지 모양의 요철을 만드는 가공이다.

⑨ **플랜지 가공** flange 용기 또는 관 모양의 부품 끝 부분에 금형에 의하여 가장자리를 만드는 가공이다.

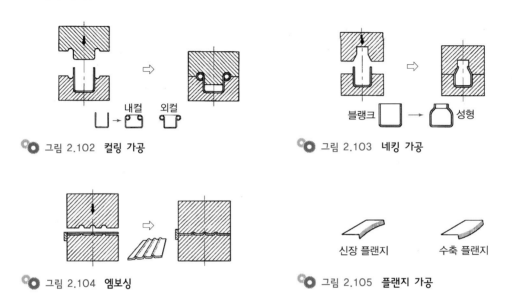

그림 2.102 **컬링 가공**

그림 2.103 **네킹 가공**

그림 2.104 **엠보싱**

그림 2.105 **플랜지 가공**

10 드로잉 drawing

평면 블랭크를 원통형, 각통형, 반구형, 원뿔형 등의 밑바닥이 있고, 이음매가 없는 용기를 성형하는 가공법을 드로잉이라 한다. 드로잉 가공은 일상생활에 쓰이고 있는 일용품부터 가전제품, 자동차, 항공기 등에 이르기까지 넓은 범위에서 이용되고 있다. 그림 2.106은 드로잉 다이의 구조를 나타낸 것이다.

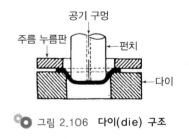

그림 2.106 **다이(die) 구조**

① **드로잉 가공의 원리** 드로잉 가공은 다이와 펀치 사이에서 성형이 이루어진다. 이때 다이의 구멍은 제품의 바깥지름과 거의 같고, 펀치의 지름은 제품의 안지름과 거의 같다. 그림 2.107은 드로잉 공정을 나타낸 것이다. 그림 2.107(a)의 소재가 2.107(b)의 모양을 거쳐 2.107(c)와 같은 제품이 된다.

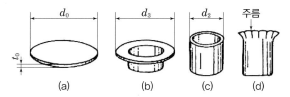

그림 2.107 드로잉 공정(Ⅰ)

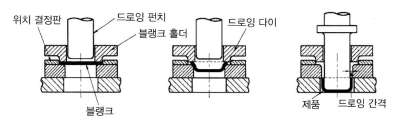

그림 2.108 드로잉 공정(Ⅱ)

② **드로잉 가공에 필요한 힘** 펀치를 다이 안으로 삽입하는데 필요한 드로잉의 힘을 pm이라 하면 다음 식과 같은 관계가 성립된다.

$$Pm = 3(\sigma b + \sigma s)(d_0 - d_1 - rd)t_0 \ (\text{kgf})$$

여기서 σb : 소재의 인장강도(kgf/mm^2)

σs : 소재의 항복응력(kgf/mm^2)

d_0 : 소재의 지름(mm)

d_1 : 펀치의 지름(mm)

rd : 다이 입구 어깨 부분의 반지름(mm)

t_0 : 소재의 처음 두께(mm)

③ **드로잉률** 지름이 같은 재료라도 깊이를 깊게 하려면 소재의 지름이 커져야 하며, 변형해야 할 부분도 넓어진다. 현제품 펀치의 지름 d_1와 이전 공정 제품의 평균 지름 d_0의 비를 m이라 하면 m을 드로잉률이라 하며,

$$m = \frac{di}{d_0}$$

이다. 이 값은 드로잉 작업에 영향을 끼치기 때문에 드로잉 작업을 할 때 기준으로 취하는 경우가 많다.

표 2.7 실용한계 드로잉률

재 료	드로잉률	재 료	드로잉률
디프드로잉용 동판	0.55~0.60	황동	0.50~0.55
스테인리스강	0.50~0.55	아연	0.65~0.70
도금 강판	0.58~0.65	알루미늄	0.53~0.60
구리	0.55~0.60	두랄루민	0.55~0.60

(1) 드로잉 가공

프레스에 의한 드로잉 작업은 다음과 같다.

① 드로잉 가공 drawing 평평한 판재를 펀치에 의하여 다이 속으로 이동시켜 이음매 없는 중
공 용기를 만드는 가공이다.

② 재드로잉 가공 redrawing 드로잉된 제품을 다시 작은 지름으로 조이는 가공이다.

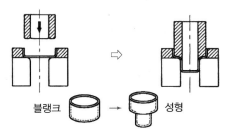

블랭크 → 성형

그림 2.109 **재드로잉 가공**

③ 역드로잉 가공 드로잉 가동된 제품의 외측이 내측으로 되도록 뒤집어서 작은 지름으로
조이는 가공이다.

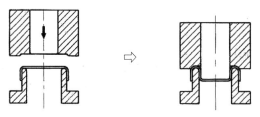

그림 2.110 **역드로잉 가공**

④ 아이어닝 가공 ironing 가공 용기의 바깥지름보다 조금 작은 안지름을 가진 다이 속에 펀치
로 가공물을 밀어 넣어서, 밑바닥이 달린 원통 용기의 벽 두께를 얇고 고르게 하여 원통
도를 향상시키며 그 표면을 매끄럽게 하는 가공이다.

11 압축 가공

(1) 압축 가공의 개요

압축 가공은 소재를 다이 사이에 놓고 강한 압축력을 가하여 재료 내에 높은 압축응력을 발생시켜 소재를 요철 모양의 변형을 주어 성형하는 방법이다. 이때 압축력 P는 다음 식으로 주어진다.

$$P = kc \cdot A$$

여기서 kc : 압축 변형 저항$(\mathrm{kgf/mm^2})$ A : 단면적$(\mathrm{mm^2})$

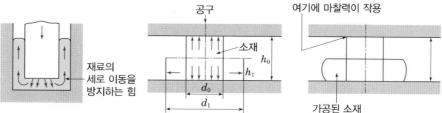

🔩 그림 2.111 **압축가공 방법**

(2) 압축 가공의 종류

① 업세팅 upsetting 업세팅은 재료의 축 방향으로 압축력을 가하여 길이를 감소시키고, 길이 방향과 직각 방향으로 재료를 유동시켜 단면을 크게 만드는 성형 가공법이다.

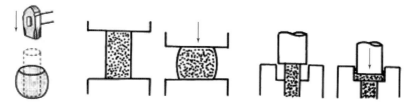

🔩 그림 2.112 **업세팅 가공방식**

🔩 그림 2.113 **업세팅 제품**

② 코이닝 coining 코이닝은 조각된 한쌍의 다이 사이에 소재를 넣고 위아래의 전면에 압축력을 주어 주화, 메달 및 여러 가지 장식품 등의 모양을 만들면서 두께를 감소시키는 가공 방법으로, 압인 가공이라고도 한다.

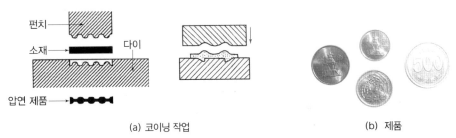

(a) 코이닝 작업   (b) 제품

그림 2.114 **코이닝**

③ 엠보싱 embossing 엠보싱은 요철이 서로 반대로 되어 있는 한쌍의 다이 사이에 얇은 판재를 놓고, 압축력을 가하여 제품을 성형 가공하는 방법이다. 위아래 다이가 요철로 되어 있기 때문에 소재의 두께 감소는 없다.

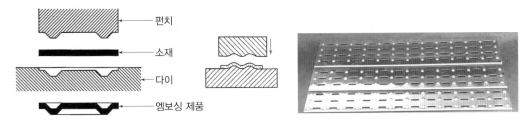

그림 2.115 **엠보싱 작업과 제품**

엠보싱과 코이닝의 차이점은 코이닝은 가공 제품의 양면이 서로 다른 모양을 가지지만, 엠보싱 제품은 양면이 같은 모양이고, 한 면이 오목하면 그 뒷면은 불록 부풀어 오른 모양이 된다.

12 제관 가공

(1) 제관 가공의 개요

제관 가공(pipe making)이란 관재, 즉 파이프를 제작하는 방법을 말하며, 이 방법은 이음매가 있는 관(seamed pipe) 제조법과 이음매가 없는 관(seamless pipe) 제조법으로 분류된다.

(2) 이음매가 있는 관 제조

이음매가 있는 관은 접합 방법에 따라 단접관과 용접관으로 나눌 수 있다.

① **단접관** 강철 스트립(strip)을 길이 약 6 m 정도로 절단하고, 1,300℃까지 가열하여 그림 2.116과 같이 원추형 다이를 통과시켜 양단부를 압축시켜 접합하거나, 가압 롤러로 눌러 단접시킨다. 단접관은 강도가 크게 요구되지 않는 작은 지름의 강관으로 이용된다.

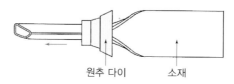

원추 다이   소재

🔩 그림 2.116 **단접관의 제조**

② **용접관**

- 비교적 직경이 큰 관의 제조에는 판재를 굽혀서 용접한 용접관이 사용된다.
- 용접관에는 가스 용접관, 전기 저항 용접관, 고주파 용접관 등으로 나눌 수 있다.

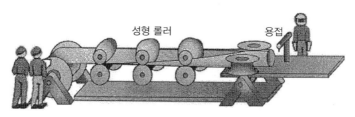

성형 롤러   용접

🔩 그림 2.117 **관의 용접**

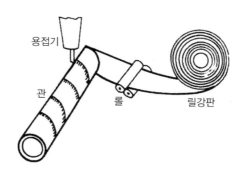

용접기

관   롤   릴강판

🔩 그림 2.118 **용접관의 제조**

(3) 이음매가 없는 관 제조

이음매가 없는 관은 압연, 인발, 압출에 의해 제조할 수 있다. 이 밖에 특수 압연에 의한 종류는 ① 만네스만 압연기(mannesman piercine mill), ② 플러그 압연기(plug mill), ③ 마관기(reeling) 및 정형기(sizing mill) 등이 있다.

13 그 밖의 성형법

① **벌징** 벌징 가공(bulging)은 원통 용기, 관 등의 내부에 압력을 가하여 소재가 확장되어 형과 같은 모양으로 성형하는 가공이다.

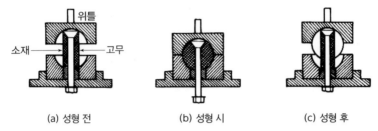

(a) 성형 전　　　　　(b) 성형 시　　　　　(c) 성형 후

그림 2.119 **벌징**

② **마포밍법** marforming 틀에 채워진 고무 속에 블랭크 펀치를 밀어 넣어 성형 가공하는 방법이다.

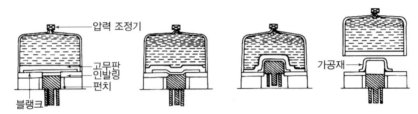

그림 2.120 **마포밍법**

③ **게링법** guerin process 프레스 베드 위에 제품과 같은 형 위에 블랭크를 놓고, 상형틀에 채워진 고무로 누르면 고무의 탄성에 의하여 형 모양으로 성형된다. 이 방법을 게링법이라 한다. 얇은 부품이나 소량 생산에 이용된다.

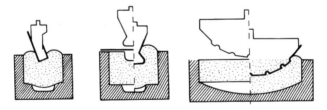

그림 2.121 **게링법**

④ **액압성형** hydroforming 마포밍법에 고무 대신 액체를 이용한 방법을 액압성형이라 한다. 깊은 드로잉이나 복잡한 제품의 성형에 이용된다.

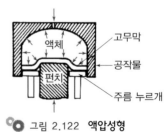

그림 2.122 **액압성형**

⑤ 스피닝 spinning 스피닝 작업은 선반을 사용하여 판재를 형과 함께 회전시키면서 성형하는 가공법이다.

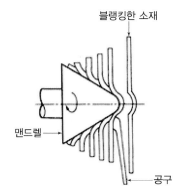

🔧 그림 2.123 **스피닝**

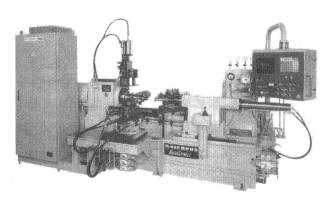

🔧 그림 2.124 **스피닝 머신과 스피닝 가공제품**

⑥ 폭발 성형법 explosive forming 폭발 성형법은 화약을 수중에 폭발시켜, 매체인 물이 전달하는 충격압으로 소재를 다이와 같이 성형하는 가공법과 간접적인 폭발력을 이용하는 성형법이 있다.

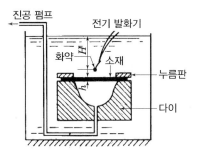

🔧 그림 2.125 **폭발성형**

CHAPTER 3

용접

1. 용접의 개요
2. 가스 용접
3. 아크 용접
4. 특수 용접
5. 전기저항 용접
6. 그 밖의 금속 압접
7. 절단법
8. 용접부의 결함과 검사

1 용접의 개요

용접(熔接, welding)은 금속을 부분적으로 가열하여 용융 상태나 반용융 상태에서 금속 원자간의 친화력으로 두 금속을 접합하는 방법으로, 주로 영구적인 결합에 사용된다. 금속을 접합하는 방법은 볼트, 리벳, 키이, 핀 등으로 결합하는 기계적 접합과 용접에 의한 금속적 접합으로 구분된다.

1 용접의 역사

용접의 역사는 금속을 해머로 두들겨 접합하는 단접이나 납땜 등은 역사가 대단히 오래되었다. 그러나 용접 기술이 본격적으로 발달한 것은 전기가 발명된 것을 시점으로 하여 가스 용접, 아크 용접, 전기저항 용접, 특수 용접 등이 있으며, 현재 사용되고 있는 용접법은 대부분 19세기 후반에 발명되어 20세기에 들어서 상당한 발전을 하였다.

2 용접의 특징

(1) 용접의 장점

① 자재가 절약되고, 기계적 결합방법에 비하여 중량이 감소한다.
② 시공의 공정수가 감소된다.
③ 작업이 비교적 간단하고, 자동화가 용이하다.
④ 이음 효율이 크다.
⑤ 기체와 액체의 기밀성이 우수하다.

(2) 용접의 단점

① 분해 · 조립이 어렵다.
② 품질검사가 어렵다.
③ 열에 의해 변형이 크다.
④ 열에 의해 모재의 재질이 변하기 쉽다.
⑤ 응력집중이 심하고, 균열에 의해 파괴되기 쉽다.

3 용접의 분류

(1) 융접 fusion welding

용융 용접이라고도 하며, 모재(base metal)의 접합부와 용가재(filler metal)를 가열하여 용융시켜 접합하는 방법을 융접이라 한다. 열원에 따라 가스 용접, 아크 용접, 특수 용접 등이 있다.

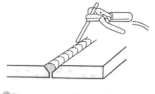

●○ 그림 3.1 융접 결합

(2) 압접 pressure welding

접합부를 가열하거나 냉간 상태에서 기계적인 압력을 가하여 접합하는 방법을 압접이라 한다. 가열 방법에 따라서 전기 저항 용접, 특수 압접 등이 있다.

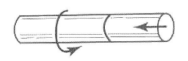

(a) 마찰 압접   (b) 가스 압접

●○ 그림 3.2 압접 결합

(3) 납땜 soldering and brazing

모재는 녹이지 않고 모재보다 융점이 낮은 용가재(납 합금)를 녹여 표면장력에 의한 흡인력으로 접합하는 방법을 납접 혹은 납땜이라 한다.

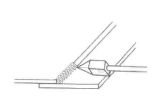

●○ 그림 3.3 납땜 결합

　이러한 용접법을 용접 수단에 따라 분류하면 그림 3.4와 같다.

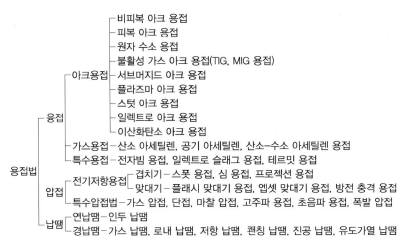

그림 3.4 용접의 분류

4 용접 이음부의 형식과 자세

(1) 용접부의 모양

용접 이음의 종류는 판의 두께, 구조물의 형상에 따라 대표적인 용접 이음의 기본 형식은 그림 3.5와 같은 종류가 있다.

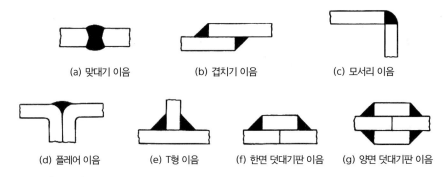

그림 3.5 용접 이음의 종류

이것을 용접부의 형상으로 보면 맞대기 용접(butt welding, groove welding), 필릿 용접(fillet welding), 플러그 용접(plug welding), 덧살올림 용접(built-up welding) 등 4종류로 크게 분류할 수 있다.

① 플러그 용접 plug welding 두 모재를 포개 놓은 상태에서 한쪽면에 구멍을 뚫고, 구멍 부분을 표면까지 용접으로 메꾸어 접합하는 용접이다. 주로 얇은 판재에 적용되며, 구멍은 원형이나 타원형이 많이 이용되고 있다.

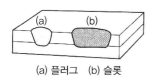

(a) 플러그 (b) 슬롯

그림 3.6 플러그 용접

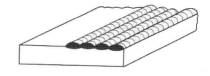

그림 3.7 덧살올림 용접

② 덧살올림 용접_built-up welding 용접할 모재의 표면에 용착 금속을 입히는 용접으로, 1회의 패스로 만들어진 비드에 연속하여 용착 금속을 덧살올림을 하는 방법이다. 주로 마모된 부재를 보수하거나 내식성, 내마모성이 우수한 금속을 표면에 피복할 때 이용된다.

③ 맞대기 용접_butt welding, groove welding 용접할 두 부재를 서로 맞대고 용접하는 용접법으로, 일반적으로 신뢰도가 높은 이음이 요구되는 경우에 사용된다. 용접을 위해서는 용접부를 용접하기 쉽도록 사전에 가공해야 한다. 그림 3.8은 사전에 가공된 부재의 형상과 각 그루브의 각부 명칭이다.

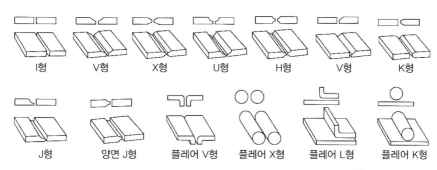

I형   V형   X형   U형   H형   V형   K형

J형   양면 J형   플레어 V형   플레어 X형   플레어 L형   플레어 K형

그림 3.8 맞대기 용접부의 모양

맞대기 용접에서 두 부재 사이의 홈을 그루브(groove)라 하고, 그루브의 각부 명칭은 그림 3.9와 같으며, 양끝의 최근접 간격을 루트(root)라 한다.

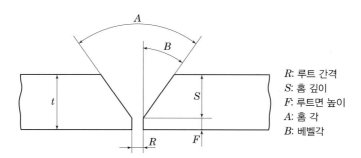

R: 루트 간격
S: 홈 깊이
F: 루트면 높이
A: 홈 각
B: 베벨각

그림 3.9 그루브의 각부 명칭

판의 두께나 구조물의 강도에 따라 용착 금속의 크기는 목두께나 다리길이로 표시하며, 필릿 용접과 그루브(groove) 용접의 목두께는 그림 3.10과 같다.

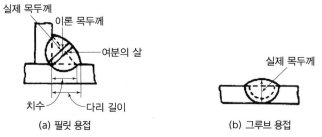

(a) 필릿 용접   (b) 그루브 용접

그림 3.10 **목 두께**

그루브의 종류는 그림 3.11과 같다. 여기서 L형, J형, K형, 양면 J형은 평면 구조물
에 접합할 경우 사용한다.

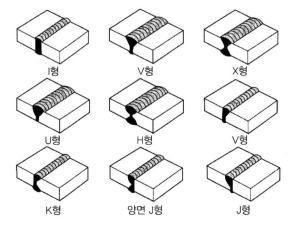

그림 3.11 **용접한 그루브의 종류**

④ **필릿 용접** fillet welding 직교하는 두 면을 용접하는 삼각상의 단면을 가진 용접으로, 필릿
용접은 이음 현상에서 보면 겹치기와 T 이음과 45°가 되는 용접을 말한다. 용접 비드에
는 볼록형, 평면과 오목한 비드가 있다.

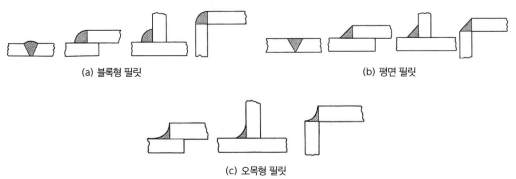

(a) 블록형 필릿   (b) 평면 필릿

(c) 오목형 필릿

그림 3.12 **용접 비드 형상에 따른 필릿 용접의 양식 Ⅰ**

용접부 비드의 정도에 따라 전용접과 경용접으로 구분한다.

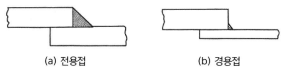

(a) 전용접　　　　　　　　　　(b) 경용접

그림 3.13　**용접 비드 형상에 따른 필릿 용접의 양상 Ⅱ**

용접선에 대한 하중의 방향에서 볼 때는 전면 필릿, 측면 필릿, 복합 필릿, 경사 필릿으로 분류된다.

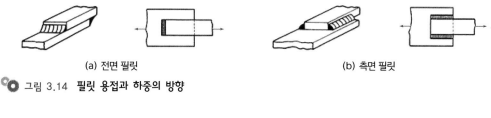

(a) 전면 필릿　　　　　　　　　　　　　　　　　(b) 측면 필릿

그림 3.14　**필릿 용접과 하중의 방향**

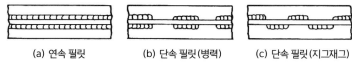

(a) 연속 필릿　　　(b) 단속 필릿(병렬)　　　(c) 단속 필릿(지그재그)

그림 3.15　**연속, 단속 필릿 용접**

(2) 용접자세

용접 대상물이 소형이고 단순한 모양의 것은 작업대에서 아래보기용접을 하지만, 대형물은 형상에 따라 수평용접, 수직용접, 위보기용접을 하고 이에 따른 용접봉의 규격도 달라져야 한다.

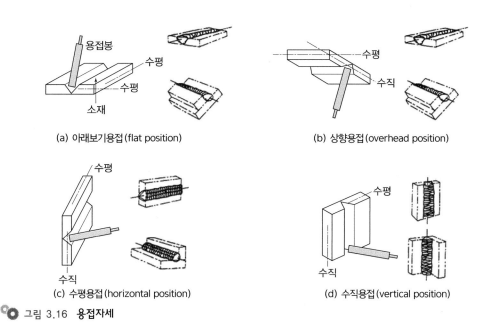

(a) 아래보기용접(flat position)　　　　　　　(b) 상향용접(overhead position)

(c) 수평용접(horizontal position)　　　　　　(d) 수직용접(vertical position)

그림 3.16　**용접자세**

(3) 용접기호

용접구조물은 강도계산을 해서 도면을 작성하는데, 용접도면은 치수만으로는 상세한 내용을 알 수 없으므로, 도면에는 용접 방법을 나타내는 용접기호로써 용접부의 모양, 크기, 용접방법 등을 나타낸다.

(4) 용접기호의 표시방법

① 기본기호 용접방향이 화살쪽일 경우는 기선의 아래쪽에 기입하고, 화살 반대쪽일 경우는 기선의 위쪽에 밀착시켜 기입한다.

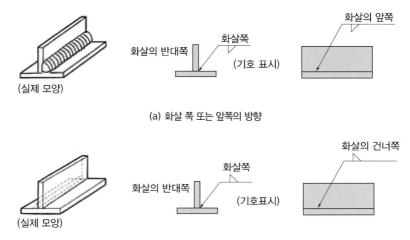

그림 3.17 **기선에 대한 기본기호의 상하 위치 관계**

② 설명선 : 용접부를 기호로 표시하기 위하여 사용하는 것으로서 기선, 화살 및 꼬리로 구성되고, 꼬리는 필요가 없으면 생략해도 좋다. 기선은 보통 수평선으로 하고 기선의 한쪽 끝에는 화살표를 붙인다. 화살은 기선에 대하여 되도록 60°의 직선으로 한다.

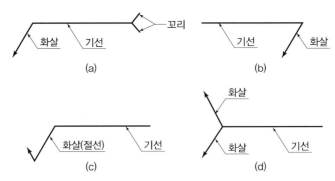

그림 3.18 **설명선**

2 가스 용접(gas welding)

1 가스 용접의 개요

가스 용접은 아세틸렌(C_2H_2), 프로판(C_3H_8), 부탄(C_4H_{10}), 도시가스 등의 가연성 가스와 산소를 혼합하여 발생하는 그 연소열로 모재와 용가재를 녹여 용접하는 방법이다.

이들 중 아세틸렌 가스는 화염온도가 가장 높은 발열량에 비하여 가격도 저렴하므로 가장 많이 쓰이고 있으며, 가스 중에서 산소-아세틸렌 가스의 연소온도가 가장 높아서 가스 용접은 대부분 산소-아세틸렌 용접(oxy-acetylene welding)이다.

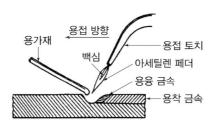

그림 3.19 **산소-아세틸렌 용접** Ⅰ

그림 3.20 **재료 가열** Ⅰ

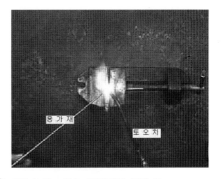

그림 3.21 **산소-아세틸렌 용접** Ⅱ

(1) 가스 용접의 장·단점

① 장점 advantage
- 전기가 필요 없다.
- 응용 범위가 넓다.
- 가열할 때 열량 조절이 비교적 자유롭다.
- 장비가 비교적 간단하다.
- 박판 용접이 적당하다.
- 유해광선의 발생률이 적다.

② 단점 disadvantage

- 고압가스를 사용하기 때문에 폭팔 화재의 위험이 크다.
- 용접 중에 탄화 및 산화의 가능성이 많으므로 용접부의 기계적인 강도가 떨어진다.
- 열의 집중성이 낮아서 가열시간이 오래 걸린다.
- 열을 받는 부위가 넓어서 용접 후의 변형이 심하고 후판이나 정밀한 용접에는 적합하지 않다.

(2) 불꽃의 구성

산소와 아세틸렌을 1 : 1로 혼합하여 연소시키면 그로부터 생성되는 불꽃은 그림과 같이 다음의 세 부분으로 구성된다.

① 불꽃심 flame core, 백심   팁에서 나오는 백색 불꽃
② 속불꽃 inner flame, 내염   고열 발생 부분, 무색, 이 부분에서 용접
③ 겉불꽃 outer flame, 외염   완전 연소되는 부분, 불꽃의 가장자리

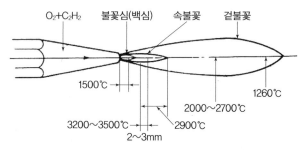

그림 3.22 산소-아세틸렌 불꽃의 구성 Ⅰ

그림 3.23 산소-아세틸렌 불꽃의 구성 Ⅱ

(3) 불꽃의 종류

화염의 온도는 백심의 끝에서 2~3 mm 떨어진 곳에서 3,400℃ 정도가 최고 온도가 된다. 화염은 산소와 아세틸렌의 혼합비에 의해서 산화불꽃, 중성불꽃, 탄화불꽃으로 구분된다.

① 탄화불꽃 excess flame   이 불꽃은 백심과 겉불꽃 사이에 연한 백심 제3의 불꽃으로 중성 불꽃 보다 아세틸렌 과잉으로 적황색의 불꽃이 생기며, 산소량이 적어 불꽃 끝에서 연기가 난다.

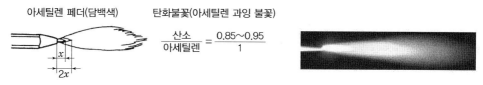

🔧 그림 3.24 탄화불꽃

② 중성불꽃 neutral flame   표준불꽃이라고도 하며, 산소와 아세틸렌 가스의 용적비를 1 : 1로 혼합할 때 얻어지는 불꽃이며, 불꽃의 끝은 투명한 청색을 띠고 있다.

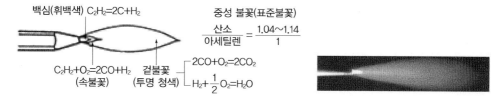

🔧 그림 3.25 중성(표준)불꽃

③ 산화불꽃 oxidixing flame   중성불꽃에서 산소의 양이 많을 때 생기는 불꽃이며, 백심이 짧게 되고, 속불꽃이 없어져 백심과 겉불꽃만이 된다.

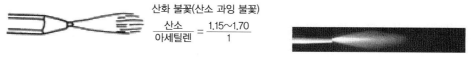

🔧 그림 3.26 산화불꽃

🔧 표 3.1 불꽃의 종류

불꽃의 종류	용접할 금속
탄화불꽃	스테인리스강, 니켈강, 모네메탈 등(금속 표면에 침탄 작용함)
중성불꽃	연강, 반연강, 구리, 청동, 알루미늄, 아연, 납, 모네메탈, 은, 니켈, 스테인리스강 등 (용접에 가정 적합한 불꽃임)
산화불꽃	황동, 구리, 아연 등(산소의 양이 많아 금속을 산화시킴)

표 3.2 불꽃과 피용접 금속과의 관계

금속의 종류	녹는 점	불꽃	두께 1 mm에 대한 토치 능력(L/h)
연강	약 1,500	중성	100
경강	약 1,450	아세틸렌 약간 과잉	100
스테인리스강	1,400~1,450	아세틸렌 약간 과잉	50~75
주철	1,100~1,200	중성	125~150
구리	약 1,083	중성	125~150
알루미늄	약 660	중성	50
황동	880~930	산소 과잉	100~120

산소-아세틸렌 가스의 화학반응은 다음 식과 같다.

$$C_2H_2 + O_2 \rightarrow 2CO + H_2 + heat$$

이 불꽃이 백심을 만들고, 다시 공기 중의 산소와 2차 반응을 하여 겉불꽃을 만든다.

$$2CO + H_2 + 1.5O_2 \rightarrow 2CO_2 \ H_2O + heat$$

2 가스 용접 장치 gas welding equipment

(1) 용접용 가스

① 산소 oxygen, O_2 산소는 보통 액체공기를 분류하여 제조하고, 때로는 물을 전기분해하여 얻는 경우도 있다. 산소 용기(oxygen bombe)는 고압 용기로서 $250 \ kg/cm^2$의 수압시험을 하여 150기압으로 압축하여 충전한다. 공업용 산소의 KS규격은 순도가 99.3% 이상으로 규정되어 있다. 산소 용기의 크기는 일반적으로 충전되어 있는 산소의 대기압(1 kg/cm^2) 환산 용적으로 나타낸다.

$$L = P \times V$$

여기서 L : 용기 속의 산소량(ℓ)

   P : 용기 속의 압력(kg/cm^2)

   V : 용기의 내부 용적(ℓ)

예를 들면, 150기압으로 압축하여 내부 용적 40ℓ의 산소 용기에 충전하였을 때 산소량은 $6,000\ell$이다.

② 아세틸렌 acetylene 아세틸렌 가스 발생기는 혼합방식에 따라 투입식(carbide to water), 수주식(water to carbide), 침지식(dipping type)이 있다.

■ 투입식(carbide to water) : 물에 카바이드를 투입하는 방식으로 일시에 다량의 가스를 제조하기 용이하다.

- **수주식(water to carbide)** : 카바이드에 소량의 물을 주입하는 방식으로 가스의 용량 조절이 용이하나 순도가 낮다.
- **침지식(dipping type)** : 카바이드를 물에 담그는 높이를 조절하는 방식으로 순도가 낮고 소용량에 사용한다.

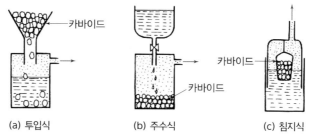

(a) 투입식   (b) 주수식   (c) 침지식

그림 3.27 **아세틸렌 가스 발생기**

순수한 아세틸렌 가스는 무색이고 냄새가 나지 않으나 카바이드의 불순물에 의해 황화수소, 인화수소, 암모니아 가스 등이 섞여 악취가 나고, 용접부의 재질을 해치므로 청정기를 통과시켜 정화하여 제조한다.

③ **수소** 수소 가스는 아세틸렌보다 오래 전부터 사용한 가스이며, 산소-수소의 불꽃은 탄소를 포함하지 않으므로 무색이다.

④ **LP 가스** liquefied petroleum gas 석유나 천연 가스를 적당한 방법으로 정제, 분류하여 제조한 것이다.

(2) 용접장치 welding equipment

산소-아세틸렌 용접장치에서 산소는 보통 용기에 넣어 두고, 아세틸렌 가스는 발생기를 사용하거나 용해 아세틸렌 용기에 넣어 압력 조정기로서 압력을 조정하여 사용한다. 주요 장치는 산소 용기, 아세틸렌 용기, 압력조정기, 호스, 토치 등으로 그림 3.28과 같이 연결하여 사용한다.

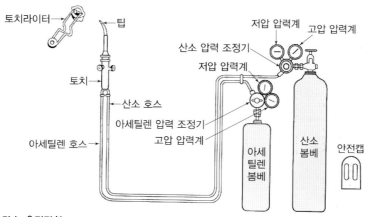

그림 3.28 **가스 용접장치**

🔩 그림 3.29 **가스 용접 작업 광경**

① **압력조정기** pressure regulator   산소나 아세틸렌 용기에 충전된 가스의 압력은 고압이므로 그 대로는 사용할 수 없다. 그러므로 토치의 크기나 용접 작업조건에 따라서 필요한 압력으로 감압하기 위해 압력조정기를 사용한다.

🔩 그림 3.30 **압력조정기 조정 Ⅰ**

압력조정기는 용기 내의 고압력을 나타내는 고압력계와 사용압력을 나타내는 저압압력계, 조정핸들, 조정밸브로 구성되어 있다. 조정핸들을 돌려서 적절한 사용압력을 맞춘다. 일반적인 작업에서 산소압력은 $3 \sim 4 \, \text{kg/cm}^2$ 이하로 하고, 아세틸렌 압력은 $0.1 \sim 0.3 \, \text{kg/cm}^2$ 정도로 한다.

그림 3.31은 압력조정기의 외형을 나타낸 것이고, 그림 3.32는 압력조정기의 내부 구조를 나타낸 것이다.

🔩 그림 3.31 **압력조정기의 외형**

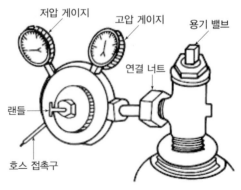

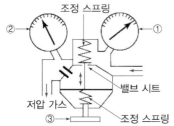

① 고압 압력계: 봄베 내의 압력을 나타냄
② 저압 압력계: 호스를 통하여 토치에 보내지는 가스의 압력을 나타냄
③ 압력 조정 핸들: 저압 압력계의 압력을 조절한다.

🔩 그림 3.32 **압력조정기의 내부 구조**

(a) 아세틸렌 압력 조정기

(b) LPG 압력 조정기

🔩 그림 3.33 **가스 압력조정기**

② **용접용 토치** welding torch 가스 용접 시 산소와 아세틸렌을 혼합시켜 용접 불꽃을 일으키는 기구를 토치(torch)라 한다. 토치는 산소조절 밸브와 아세틸렌 조절 코크가 있는 손잡이와 가스 혼합실, 연소하는 팁으로 구성되어 있다.

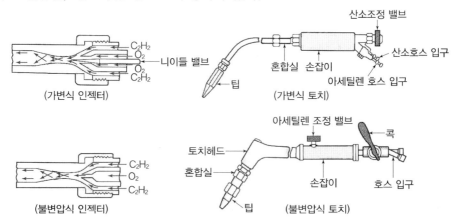

🔩 그림 3.34 **가스 혼합실과 토치의 종류**

토치는 사용하는 아세틸렌 가스의 압력에 따라 저압식, 중압식, 고압식으로 분류된다. 저압식 토치는 아세틸렌 가스의 압력이 $0.07 \, \text{kg/cm}^2$ 이하에 사용하고 일반적으로 많이 사용된다. 중압식 토치는 아세틸렌 가스의 압력이 $0.07 \sim 0.3 \, \text{kg/cm}^2$ 범위에서 사용된다. 고압식 토치는 아세틸렌 가스의 압력이 $0.3 \, \text{kg/cm}^2$ 이상에서 사용하나 산소가 아세틸렌 도관으로 역류할 위험이 있어 많이 사용하지 않는다.

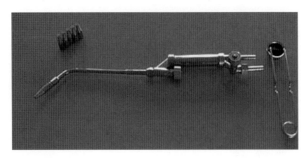

가스 혼합실은 고압의 산소로 저압의 아세틸렌 가스를 흡인하는 인젝터(injector) 장치를 가지고 있다. 인젝터는 산소 분출구의 니들밸브의 산소량 조절 여부에 따라 가변압식(프랑스식)과 불변압식(독일식)이 있다.

◉ 표 3.3 불변압식(A형) 토치의 규격(KS B 4602)

종류	번호	산소 압력(kg/cm^2)	흰 불꽃의 길이(mm)	판 두께(mm)
A 1호	1	1	5	1~1.5
	2	1.5	8	1.5~2
	3	1.8	10	2~4
	5	2	13	4~6
	7	2.3	14	6~8
A 2호	10	3	15	8~12
	13	3.5	16	12~15
	16	4	17	15~18
	20	4.5	18	18~22
	24	4.5	18	22~25
A 3호	30	5	21	25 이상
	40	5	21	25 이상
	50	5	21	25 이상

◉ 표 3.4 가변압식(B형) 토치의 규격(KS B 4602)

종류	번호	산소 압력(kg/cm^2)	흰 불꽃의 길이(mm)	판 두께(mm)
B 00호	10	1.5	2	0.5
	16	1.5	3	0.5
	25	1.5	4	0.5
	40	1.5	5	0.5
B 00호	50	2	7	0.5~1
	71	2	8	1~1.5
	100	2	10	1~1.5
	140	2	11	1.5~2
	200	2	12	1.5~2

(3) 용접봉과 용제

① 용접봉 welding rod   연강용 가스 용접봉의 규격은 KS D 7005에 규정되어 있으며, 아크 용접봉의 심선과 같이 인, 황, 동의 유해 성분이 극히 적은 저탄소강이 사용된다. 용접봉의 지름은 1~6 mm가 사용되며 모재의 두께에 따라 표 3.5와 같이 선택한다.

표 3.5 연강의 판두께와 용접봉의 지름(단위 : mm)

모재의 두께	2.5 이하	2.5~6.0	5~8	7~10	9~15
용접봉의 지름	1.0~1.6	1.6~3.2	3.2~4.0	4~5	4~6

표 3.6 연강용 가스 용접봉의 규격(KS D 7005)

용접봉의 종류	시험편의 처리	인장강도(kg/cm^2)	연신율(%)
GA 46	SR	46 이상	20 이상
	NSR	51 이상	17 이상
GA 43	SR	43 이상	25 이상
	NSR	44 이상	20 이상
GA 35	SR	35 이상	28 이상
	NSR	37 이상	23 이상
GB 46	SR	46 이상	18 이상
	NSR	51 이상	15 이상
GB 43	SR	43 이상	20 이상
	NSR	44 이상	15 이상
GB 35	SR	35 이상	20 이상
	NSR	37 이상	15 이상
GB 32	NSR	32 이상	15 이상

② 용제 flux   모재의 용접 부분에 있는 산화물이나 불순물을 용해하고, 또 이것이 용제와 결합하여 슬래그(slag)로 만들어져서 용착 금속을 보호한다. 일반적으로 용제분말은 물이나 알코올에 섞어 점성체로 만든 후 용접봉을 예열하여 묻히거나 모재에 발라서 사용한다.

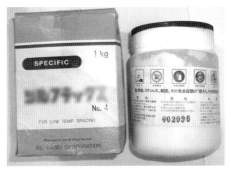

그림 3.36 용제

연강은 산화철 자체가 용제 작용을 하므로 보통 용제를 사용하지 않는다. 특별히 청정작용을 돕기 위해 표 3.7과 같이 용제를 선택한다.

표 3.7 가스 용접에 사용되는 용제

금속	용제
연강	사용하지 않는다.
반경강	중탄산소다 + 탄산소다
주 철	붕사 + 중탄산소다 + 탄산소다
동합금	붕사, 규산타트륨, 불화나트륨
구리합금	붕사
알루미늄	염화리튬(15%), 염화칼리(45%), 염화나트륨(30%), 플루오르화 칼륨 (7%), 황산칼륨(3%)

③ 가스 용접 작업 가스 용접은 토치를 오른손에 잡고 용접봉은 왼손에 잡고 한다. 모재에 대해 토치와 용접봉의 진행방향에 따라 전진법과 후진법이 있다. 일반적으로 전진법이 많이 사용된다. 전진법은 토치와 용접봉을 왼쪽으로 이동하면서 용접해 가는 방법으로 좌진법이라고도 한다. 전진법은 판두께 5 mm 이하의 용접에서 주로 사용하는 용접법이다. 후진법은 토치와 용접봉을 오른쪽으로 이동하면서 용접해 가는 방법으로 우진법이라고도 한다. 후진법은 판두께 5 mm 이상의 용접에 사용하며, 용착 금속의 급냉이 방지되고 용접변형이 작은 특징이 있다.

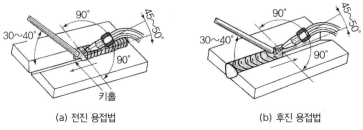

(a) 전진 용접법 (b) 후진 용접법

그림 3.37 산소−아세틸렌 용접법

(4) 역류, 인화 및 역화

① 역류 counter current 토치 내부의 청소상태가 불량하면 내부의 기관에 막힘 현상이 생겨 고압의 산소가 밖으로 배출되지 못한다. 이때 산소보다 압력이 낮은 아세틸렌을 밀어내면서 아세틸렌 호스 쪽으로 거꾸로 흐르는 현상을 역류라 한다.

② 인화 ignition 팁 끝이 순간적으로 막혔을 때 가스의 분출이 나빠 가스의 혼합실까지 불꽃이 들어가는 것을 인화라 한다.

③ **역화** back fire, flash back 팁 끝이 모재에 닿아 순간적으로 팁 끝이 막히거나 팁의 고열, 팁 조임의 불량, 사용가스의 압력이 부적당할 때 팁 속에서 폭팔음이 나면서 불꽃이 꺼졌다가 다시 켜지는 현상을 역화라 한다.

🌼 그림 3.38 **역화방지기 부품**

3 ｜ 아크 용접(arc welding)

1 아크 용접의 개요

아크 용접(arc welding)은 전기로 아크를 발생시키고, 그 열에너지로 용접봉과 모재를 녹여 용접한다. 아크 용접은 가스 용접에 비해 열원의 온도가 높고 열의 집중성이 좋아 보다 정밀하고 효과적인 용접을 할 수 있다. 아크 용접은 가장 널리 사용되고 있는 용접법이다.

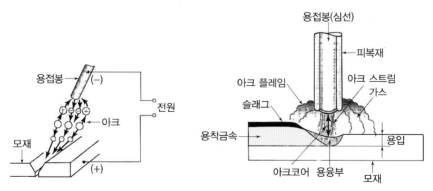

🌼 그림 3.39 **용접 아크 발생과 아크 용접 Ⅰ**

아크 용접은 용접봉(electrode)과 모재(base metal) 사이에 교류 또는 직류 전압을 걸고, 용접봉을 모재에 살짝 접촉시켰다가 떼면 강한 빛과 열을 내는 아크가 발생한다. 이 열로 용접봉의 심선(core wire)이 녹아 금속 증기 형태의 용적(globule)을 발산하고, 피복제(flux)는 실드가스(shield gas)로 공기를 차단하여 용융 금속을 보호한다.

🔩 그림 3.40 **용접 아크 발생과 아크 용접 Ⅱ**

또 모재가 녹은 깊이를 용입(penetration)이라 하고, 이것은 용적과 합쳐 용융 풀 (molten pool)를 이루고 응고하여 용착(deposit)한다. 이 용착 금속이 작은 물결 모양으로 연결된 선을 비드(bead)라 한다.

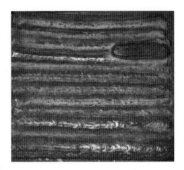

🔩 그림 3.41 **용접작 업과 비드**

용착 금속 위에는 금속의 산화물과 불순물, 용접봉의 피복제 성분 등이 합쳐 슬래그(slag) 가 되어 비드 위를 덮는다. 슬래그는 금속의 산화를 방지하고 급냉을 방지하여 용착 금속을 보호한다.

(1) 아크의 성질

용접봉과 모재 사이에 70~80 V의 전압을 걸고 용접봉을 모재에 접촉시켰다가 약간 떼면 청 백색의 강한 빛을 내는 아크(arc)가 발생한다. 이 아크에는 10~500 A의 큰 전류가 흐른다.

(2) 전원과 극성

아크 용접에서 전원을 직류로 사용한 것을 직류 용접(DC welding), 교류로 사용한 것을 교류 용접(AC welding)이라 한다. 또 전극 역할을 하는 용접봉과 모재 중 어느 쪽이 양극 이냐, 음극이냐에 따라 용접의 성능도 달라지는데, 이러한 전극에 관련된 성질을 극성 (polarity)이라 한다.

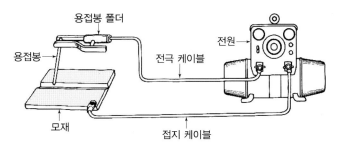

그림 3.42 **피복 아크 용접 회로**

① 극성 polarity 피복 아크 용접에서 직류와 교류 전원이 사용되는데 극성에 관한 것은 직류 용접에서만 발생한다.

직류 용접에서 그림 3.43(a)와 같이 모재를 양극(+)에 연결한 것을 정극성(straight polarity)이라 하고, (b)와 같이 모재를 음극(−)에 연결한 것을 역극성(reverse polarity)이라 한다.

그림 3.43 **극성별 용입 비교**

일반적으로 전자의 충격을 받는 양극 쪽이 음극보다 발열이 많다. 그래서 정극성은 모재가 발열이 많고 용입도 깊어서 두꺼운 판의 용접에 사용되고, 역극성은 용접봉의 용융속도가 빠르고 모재의 용입이 얇아 박판의 용접에 사용된다.

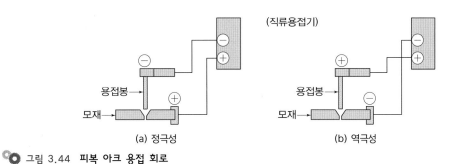

그림 3.44 **피복 아크 용접 회로**

(3) 자기 쏠림 arc blow

용접 중에 아크가 한쪽으로 편향하는 현상이 있다. 이것을 아크 블로 또는 자기 블로라 한다. 이 현상은 그림 3.45와 같이 모재, 아크, 용접봉에 흐르는 전류에 의하여 그 주위에 발생한 자장이 용접봉에 대하여 비대칭으로 나타나기 때문에 아크가 한 방향으로 강하게 쏠려 편향되게 된다.

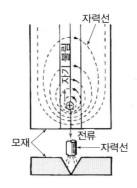

○ 그림 3.45 **아크 쏠림**

(4) 아크 길이 arc length

아크 길이는 그림 3.46과 같이 아크가 발생할 때 모재에서 용접봉까지의 거리를 말하며, 아크 전압과 밀접한 관계가 있다. 아크의 길이는 일반적으로 3 mm 정도이며, 지름 2.6 mm 이하의 용접봉에서는 심선의 지름과 거의 같이 한다.

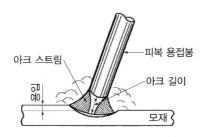

○ 그림 3.46 **아크 길이**

(5) 용접 입열 weld heat input

외부에서 용접부에 주어지는 열량을 용접 입열(weld heat input)이라 한다. 아크 전류가 클수록 용접 속도가 늦을수록 커진다. 또한 단위 시간당 많은 양을 용접부에 공급하면 크다. 15% 정도는 용접봉을 녹이고, 20~40%는 용착 금속을 생성하며, 60~80%는 모재, 가열 피복제의 용해작용을 한다. 아크 용접에서 단위 길이(cm)당 발생하는 전기에너지, 즉 용접 입열 H는 아크전압 E(V), 아크전류 I(A), 용접속도 v(cm/min)라 하면 다음 식과 같다.

$$H = \frac{60EI}{v}(\text{Joule/cm})$$

피복 아크 용접으로 보통 사용하는 아크 전류는 50~400 A, 아크 전압은 20~40 V, 아크 길이는 1.5 mm, 용접속도는 1분당 8~30 cm이다. 일반적인 아크용접의 열효율은 75~85% 정도이다.

(6) 용착 현상

용접봉에서 모재로 용융 금속이 옮겨가는 상태는 고속카메라를 이용하여 여러 가지로 연구되어 있으나 그림 3.47과 같이 단락형, 스프레이형, 글로뷸러형 3가지로 대별한다.

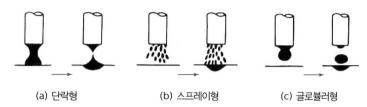

(a) 단락형　　　　(b) 스프레이형　　　　(c) 글로뷸러형

그림 3.47 용접 아크발생과 아크 용접

2 아크 용접기 arc welder

아크 발생에 필요한 전력을 공급해 주는 장치로, 용접에 적합하도록 낮은 전압에서 큰 전류가 흐를 수 있도록 되어 있다.

또 아크 용접기는 흐르는 전류의 방향에 따라 직류 아크 용접기와 교류 아크 용접기가 있다.

초기에는 직류 아크 용접기를 사용하였으나, 피복 아크 용접봉의 개량에 의해 교류에서도 안정된 아크를 발생할 수 있게 되어, 교류 아크 용접기가 많이 이용되고 있다.

(a) 인버터 직류 아크 용접기　　　　(b) 교류 아크 용접기

그림 3.48 아크 용접기

또 용접기의 전기회로 형식에 의해 수하 특성과 정전압 특성이 있다.

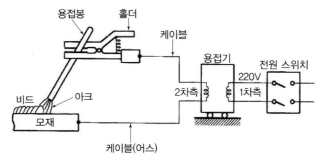

그림 3.49 **아크 용접기의 접속배선**

(1) 용접기의 전기적 특성

① **수하 특성** drooping characteristic   수하 특성은 부하 전류가 증가하면 단자 전압이 저하하는 특
성을 말한다. 이 특성은 아크의 안정을 도모하는 용접기의 가장 중요한 전기적 특성의
하나이다. 그림 3.50과 같이 A, B, C, D는 수하 특성곡선이고, 점선 ①, ②는 아크길이
가 일정한 곡선이다. 이 특성은 아크 용접이나 TIG 용접에서 수동으로 작업할 때 많이
사용된다.

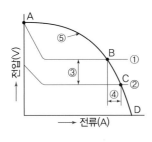

A : 무부하 전압 (70~90V)
B : 안정된 아크 발생점
C : 안정된 아크 발생점 (변화된 것)
D : 아크가 단락된 때의 전압
① 아크 길이가 일정한 선
② ①의 곡선이 변하여 생긴 선
③ 전압의 변화 폭(아크 길이 ① ⇨ ②로 변화)
④ 전류의 변화 폭(아크 길이 ① ⇨ ②로 변화)
⑤ 수하 특성 (정적 특성) 곡선

그림 3.50 **수하 특성**

② **정전압 특성**   전류가 증가해도 전압을 일정하게 하면 아크 길이가 조금만 변하여도 전류
의 변동이 크게 되는데, 이와 같은 특성을 정전압 특성이라 한다.

(2) **직류 아크 용접기** DC arc welder

직류 아크 용접기는 아크의 안정성이 좋으며, 모재의 재질이나 판두께에 따라 극성을 바꾸
어서 용접이음 효율을 증대시키는 특징이 있다.
직류 아크 용접기에는 직류발전기를 이용하는 발전기형과 교류 전원을 정류하여 직류를 얻
는 정류기형이 있다. 최근에는 정류기형이 많이 사용되고 있다.

🔧 표 3.8 직류 아크 용접기의 특징

종류	특징
발전기형 (전동기형, 엔진형)	• 완전한 직류를 얻을 수 있다. • 엔진형은 교류전원이 없는 곳에서도 사용이 가능하다. • 회전하므로 고장 나기가 쉽고 소음이 난다. • 고가이다. • 보수와 점검이 어렵다.
정류기형	• 소음이 나지 않는다. • 취급이 간단하고 가격이 저렴하다. • 교류를 정류하므로 완전한 직류를 얻지 못한다. • 정류기 파손에 주의해야 한다. • 보수점검이 간단하다.

(3) 교류 아크 용접기 AC arc welder

교류 아크 용접기는 일종의 변압기이며, 가장 많이 사용되는 용접기이다. 일반적으로 1차 측은 220 V의 동력전원에 접속하고, 2차 측은 무부하 전압이 70~80 V가 되도록 만들어져 있다. 교류 용접기는 직류 용접기에 비해 아크의 안정성은 떨어지지만 구조가 간단하고 가격이 저렴하며 보수도 용이하다.

교류 아크 용접기는 용접전류를 조정하는 방식에 따라 가동철심형, 가동코일형, 탭전환형, 가포화 리액터형 등이 있다.

🔧 표 3.9 교류 아크 용접기의 특징

용접기의 종류	특징
탭전환형	• 코일의 감긴 수에 따라 전류가 조정된다. • 탭전환부 소손이 심하다. • 넓은 범위는 전류 조정이 어렵다. • 주로 소형에 사용되었으나 현재는 별로 사용되지 않는다.
가동코일형	• 1차, 2차 코일 중 하나를 이동하여 누설자속을 변화시켜 전류를 조정한다. • 아크 안정도가 높고 미세전류 조정이 가능하다. • 가격이 비싸며 현재 거의 사용되지 않는다.
가동철심형	• 가동 보조철심으로 누설자속을 가감하여 전류를 조정 • 광범위한 전류 조정이 어렵다. • 미세한 전류 조정이 가능하다. • 현재 가장 많이 사용된다.
가포화리액터형	• 가변저항의 변화로 용접 전류를 조정한다. • 전기적 전류 조정으로 소음이 없고 기계 수명이 길다. • 원격조작이 간단하게 된다.

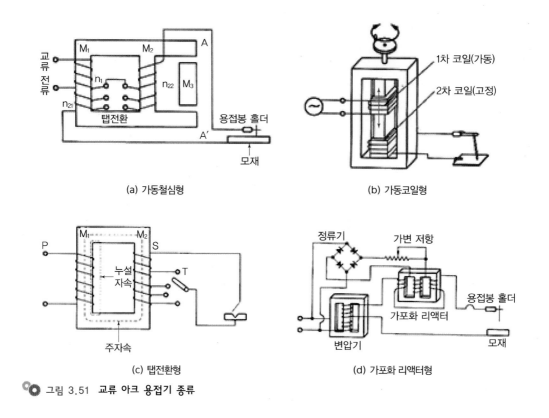

(a) 가동철심형

(b) 가동코일형

(c) 탭전환형

(d) 가포화 리액터형

그림 3.51 **교류 아크 용접기 종류**

3 용접봉 welding rod

(1) 용접봉의 개요

아크 용접에서 용접봉은 용착 금속이 되므로, 용가제(filler metal)라고도 하며, 모재 사이에서 아크를 발생시키므로 전극봉(electrode)이라고도 한다. 심선(core wire)은 용접을 하는데 중요한 역할을 하기 때문에 심선의 성분이 중요하다.

(2) 피복 아크 용접봉

피복 용접봉의 한쪽 끝은 홀더에 물려 전류를 통하도록 25 mm 정도 피복하지 않고, 다른쪽은 아크 발생이 쉽도록 3 mm 이하로 피복하지 않는다.

피복 용접봉의 심선은 모재와 함께 용착하므로 용접봉 선택의 최우선 기준이다. 주철, 특수강, 비철합금 등에는 모재성분과 동일한 것이 널리 사용된다. 이들 용접봉 중에서 가장 많이쓰이는 것은 연강용 피복 아크 용접봉이다. 연강에는 탄소가 비교적 적은 연강봉이 사용되며, 심선의 지름은 1~10 mm까지 있고, 길이는 심선의 지름에 따라 350~900 mm까지 있다. 피복 아크 용접봉의 구비 조건은 다음과 같다.

① 용착 금속의 성질이 우수할 것
② 심선보다 피복제가 약간 늦게 녹을 것
③ 용접 시 유독 가스를 발생하지 않을 것
④ 슬래그(slag) 제거가 쉬울 것
⑤ 가격이 저렴하고 경제적일 것

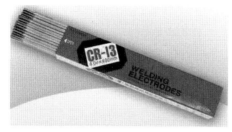

그림 3.52 용접봉

(3) 피복제 flux

피복제는 여러 가지 물질(유기물, 무기물)을 분말로 한 결합제로서 심선(core wire) 표면에 피복한 것으로, 용융 금속을 공기와 차단하고 슬래그를 만들어 용착 금속을 보호한다. 피복제의 작용을 열거하면 다음과 같다.

① 아크를 안정시킨다.
② 공기를 차단하여 금속의 산화나 질화를 방지한다.
③ 용적을 미세하게 하여 용착 효율을 높인다.
④ 용착 금속을 탈산 정련 작용을 한다.
⑤ 용착 금속에 필요한 합금 원소를 첨가한다.
⑥ 용착 금속을 슬래그로 덮어 급냉을 방지한다.
⑦ 용착 금속의 흐름을 좋게 한다.

(4) 용접봉의 종류와 특성

연강용 피복 아크 용접봉은 가장 많이 사용되는 것으로 KS D 7004에 규정되어 있다. KS 기호의 의미는 다음과 같고, 용접봉의 종류와 특성은 표 3.11과 같으며, 용도는 표 3.12와 같다.

KS기호 ⇨ E 43 △ □

□ : 피복제의 종류(극성에 영향)
△ : 용접자세(0, 1 : 전자세, 2 : 아래보기와 수평 필릿, 3 : 아래보기, 4 : 특정자세)
43 : 전용착 금속의 최저 인장강도(kg/mm^2)
E : 전극봉의 머리문자

또한 일본은 E(Electrode의 머리글자) 대신에 D(Denki)를 사용하며, 최저 인장강도의 단위는 우리니리와 같다.

미국은 우리나라와 같이 E로 표시하나, 인장강도는 $43\,kg/mm^2$ 대신에 lb/in^2 단위의 6,000 psi의 처음의 2자리를 이용하여 E 6001, E6002 등으로 분류한다.

⚙️ 표 3.10 용접봉의 표시기호

우리나라	일본	미국
E 4301	D 4301	E 6001
E 4316	D 4316	E 6006

⚙️ 표 3.11 연강봉 피복 아크 용접봉의 종류와 특성

용접봉의 종류	피복제의 계통	용접 자세	사용 전류의 종류	용착 금속의 기계적 성질			
				인장강도 (kg/mm^2)	항복점 (kg/mm^2)	연신율 (%)	충격치 (0℃ CV샤르피) (kg-m)
E 4301	일미나이트계	F, V, OH, H	AC 또는 DC(±)	43	35	22	4.8
E 4303	라임티탄계	F, V, OH, H	AC 또는 DC(±)	43	35	22	2.8
E 4311	고셀룰로오스계	F, V, OH, H	AC 또는 DC(-)	43	35	22	2.8
E 4313	고산화티탄계	F, V, OH, H	AC 또는 DC(±)	43	35	17	-
E 4316	저수소계	F, V, OH, H	AC 또는 DC(+)	43	35	25	4.8
E 4324	철분 산화티탄계	F, H-Fil	AC 또는 DC(±)	43	35	17	-
E 4326	철분저수소계	F, H-Fil	AC 또는 DC(±)	43	35	25	4.8
E 4327	철분산화철계	F, H-Fil	F에 AC 또는 DC H-Fil에서 AC 또는 DC(-)	43	35	25	2.8
E 4340	특수계	F, V, OH, H H-Fil의 전부 또는 일부	AC 또는 DC(±)	43	35	22	2.8

(주) F : 아래보기, V : 수직, OH : 위보기, H : 수평, H-Fil : 수평 필릿, AC : 교류, DC(±) : 직류양극성, DC(-) : 직류봉-, DC(+) : 직류봉 +

⚙️ 표 3.12 연강용 피복 아크 용접봉의 작업성과 용도

용접봉의 종류	피복제 계통	작업성	용도
일미나이트계	E 4301	용입이 깊고, 비이드가 깨끗하여 일반 용접에 가장 많이 사용	조선, 건축, 교량, 차량, 및 강 구조물
라임티탄계	E 4303	용입은 중간 정도이며, 깨끗하고 박판에 좋다.	일미나이트와 같은 용도의 박판용

(계속)

용접봉의 종류	피복제 계통	작업성	용 도
고셀룰로우스계	E 4311	용입이 깊으며, 비이드가 거칠고 스패터가 많다.	슬래그가 적어 배관공사에 적당
고산화티탄계	E 4313	용입이 얕으며, 슬래그가 적고, 인장강도가 크며, 박판에 좋다	주로 다듬 용접 및 박판용 경구조물
저수소계	E 4316	스패터가 적으며, 유황이 많고, 고탄소강 및 균열이 심한 부분에 사용	기계적 성질이 우수하여 내균열성 및 후판의 고탄소강에 사용
철분산화티탄계	E 4324	스패터가 적으며 비이드가 깨끗하다.	외관이 양호하며, 능률이 좋은 용접을 할 수 있다.
철분저수소계	E 4326	용입은 중간 정도이며, 비이드가 깨끗하다.	기계적 성질 및 내균열성이 우수. 후판의 고탄소강에 사용
철분산화철계	E 4327	용입이 깊으며, 비이드가 깨끗하고, 작업성이 우수하다.	아래보기, 수평필릿 용접전용
특수계	E 4340	지정작업	용도에 따라 다름

(5) 용접봉의 선택과 보관

용접봉은 일반적으로 습기에 민감하기 때문에 건조한 장소에 보관해야 한다. 용접봉에 습기가 차면 아크가 불안정하고, 스패터(spatter)가 많아지며, 용착 금속의 기공(blow hole)이나 균열의 원인이 된다. 보통 용접봉은 사용 전에 용접봉 건조기에서 70~100℃로 30분~1시간 정도, 저수소계는 300~350℃에서 30분~1시간 정도 충분히 건조한 후 사용한다.

(a) 휴대용 용접봉 건조기   (b) 용접봉 건조기

그림 3.53 **용접건조기**

4 아크 용접 작업

(1) 아크 용접 작업도구

용접 작업을 하기 전에 안전을 위해 여러 가지 보호기구가 필요하다. 용접 장소에서는 가스를 배출할 수 있도록 환기장치를 하고, 주위에 강렬한 불빛을 막도록 차광막을 설치한다.

작업자는 에이프런(apron), 각반, 장갑 등을 끼고, 아크 발생 전에 핸드실드(hand shield)나 헬멧(helmet)을 쓰고 작업을 한다. 이것은 용접 아크에서 나오는 유해광선(자외선 및 적외선)과 용접 작업 중에 녹은 금속 입자가 튀어나오는 스패터(spatter)로부터 눈, 얼굴, 머리를 보호하기 위해서 특수차광 유리(filter lens)를 끼워 사용한다.

(a) 용접용 장갑   (b) 접지 클램프

그림 3.54 **아크 용접 작업도구**

(a) 핸드실드   (b) 헬멧

그림 3.55 **아크 용접 작업도구**

(2) 전류의 세기

용접전류는 용접물의 재질, 형상, 크기와 용접봉의 종류와 크기, 용접속도, 작업자의 숙련도 등에 따라 결정한다.

전류가 강하면 용융속도가 빨라져서 언더컷(undercut)이 생기기 쉽고, 스패터가 많이 발생한다. 전류가 약하면 용적이 커지고 용입 불량이나 오버랩(overlap)이 생기기 쉽다.

표 3.13 **아크용접의 표준 용접전류**

용접봉 종류	용접 자세	봉지름(mm)						
		2.6	3.2	4.0	5.0	6.0	6.4	7.4
E 4301	F, V, OH, H	50~85	80~130 60~110	120~180 100~150	170~240 130~200	240~310 –	– –	300~370 –
E 4303	F, V, OH, H	40~70	100~140 80~110	140~190 110~170	200~260 140~210	250~350 –	– –	310~390 –

(계속)

용접봉 종류	용접 자세	봉지름(mm)						
		2.6	3.2	4.0	5.0	6.0	6.4	7.4
E 4311	F, V, OH, H	65~100 50~90	70~110 55~105	110~155 90~140	155~200 120~180	190~240 –	– –	– –
E 4313	F, V, OH, H	50~75 30~70	80~130 70~120	125~195 100~160	170~230 120~200	230~300 –	240~320 –	– –
E 4316	F, V, OH, H	55~95 50~90	90~130 80~115	130~180 110~170	180~240 150~210	250~310 –	– –	300~380 –
E 4324	F, H – Fil	55~85 50~80	130~160	180~220	240~290	–	350~450	–
E 4326	F, H – Fil	–	–	140~180	180~220	240~270	270~300	290~320
E 4327	F, H – Fil	–	–	170~200	210~240	260~300	280~330	310~360

(3) 아크의 발생

아크를 발생시킬 때에는 용접봉 끝을 모재면에서 10 mm 정도 되게 가까이 대고, 용접봉을 모재면에 살짝 접촉시켰다가 재빨리 떼어 3~4 mm 정도 유지하면 아크가 발생한다.

아크 발생법은 용접봉 끝을 모재면에 살짝 찍는 기분으로 아크를 발생시키는 것을 점찍는 법(tapping method)이라 한다. 모재면을 살짝 긁는 기분으로 아크를 발생시키는 것을 긁는 법(scratch method)이라 한다. 찍는 법은 직류 용접에서, 긁는 법은 교류 용접에서 주로 사용한다.

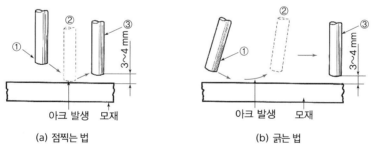

(a) 점찍는 법   (b) 긁는 법

그림 3.56 **아크 발생법**

(4) 용접봉 각도 angle of electrode

용접봉의 각도는 모재와 용접봉이 이루는 각도로서 진행각(lead angle)과 작업각(work angle)으로 나누어진다. 용접 중에 적당한 각도를 일정하게 유지해야 깨끗한 비드를 만들 수 있다. 진행각은 용접봉과 비드선이 이루는 각도로서 용접봉과 수직선 사이의 각도를 나타내며, 작업각은 비드 단면에서 용접봉과 모재 사이의 각도를 나타낸다.

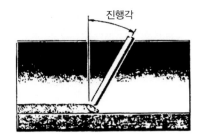

🔩 그림 3.57 **진행각과 작업각**

(5) 용접속도와 운봉법

용접속도는 모재에 대한 용접선 방향의 용접봉의 속도이다. 용접속도는 전류의 세기, 용접봉의 종류, 용접모양, 모재의 재질, 운봉법 등에 따라 달라진다. 용접부의 용입은 전류의 세기에 비례하고, 용접속도에 반비례한다. 깨끗하고 품질이 좋은 용접을 하기 위해서는 용접 조건에 적당한 용접속도를 선택하고, 용접 중에 일정한 용접속도를 유지하는 것이 중요하다.

운봉법(motion of electrode)은 직선 운봉과 위빙(weaving) 운봉이 있다. 위빙은 용접 자세와 홈의 형상, 크기 등에 따라서 지그재그, 원형, 타원형, 삼각형, 부채꼴 등의 위빙 모양이 있다. 일반적으로 직선 운봉은 용접부의 결함이 적으나 위빙은 정교하게 하지 않으면 결함이 생길 우려가 있다. 위빙폭은 용접봉 지름의 3배 이하로 하는 것이 좋다.

구 분	운봉법	도 해	구 분	운봉법	도 해
(a)	직선형	→	(e)	타원형	⊙⊙⊙⊙⊙⊙⊙⊙⊙⊙
(b)	나사산형	∧∧∧∧∧∧∧	(f)	원형	⊙⊙⊙⊙⊙⊙⊙⊙⊙
(c)	부채꼴형	∧∧∧∧∧∧∧∧	(g)	삼각형	◁◁◁◁◁◁◁◁◁◁
(d)	사각형	⊓⊔⊓⊔⊓⊔⊓			

🔩 그림 3.58 **운봉법**

---

4 특수 용접

1 특수 용접의 개요

공업의 발달로 용접할 재료가 다양해지고, 작업의 능률도 향상시킬 수 있는 용접법이 필요하게 되었다. 이와 같은 요구에 따라 개발된 용접법이 특수 아크 용접이다.

2 불활성가스 아크 용접 insert gas arc welding

불활성가스 아크 용접은 아크 용접의 한 방법으로서 고온에서도 금속과 반응하지 않는 아르곤(Ar), 헬륨(He) 등 불활성가스(inert gas)의 분위기 속에서 텅스텐봉 또는 금속 전극선과 모재 사이에 아크를 발생시켜 용접하는 방법이다. 여기에서 사용하는 가스를 실드 가스(shielding gas)라 하고 아르곤(Ar)과 헬륨(He)이 있다.

이 용접법은 불활성가스 텅스텐 아크 용접(inert gas tungsten arc welding), 즉 TIG 용접과 불활성가스 금속 아크 용접(inert gas metal arc welding), 즉 MIG 용접 등 두 가지 방법이 있다.

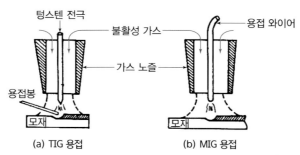

(a) TIG 용접   (b) MIG 용접

그림 3.59 **불활성가스 아크 용접의 종류**

(1) TIG 용접

TIG 용접은 가스 텅스텐 아크 용접(GTAW : gas tungsten arc welding)이라고도 하며, 사용하는 텅스텐 전극은 거의 소모되지 않고 아크를 발생하므로, 용가재(filler metal)를 별도로 공급해야 한다. 용접의 전원은 교류나 직류를 모두 사용할 수 있다.

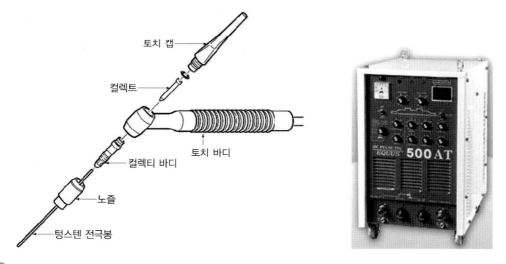

그림 3.60 **TIG의 구성도와 용접기**

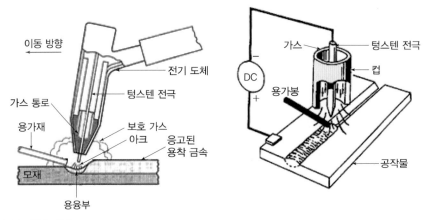

이동 방향

전기 도체

가스 통로

텅스텐 전극

용가재

보호 가스
아크

응고된
용착 금속

모재

용융부

가스

텅스텐 전극

컵

DC

용가봉

공작물

🔩 그림 3.61 TIG 용접

직류 정극성(DC straight polarity)은 모재의 발열이 많고 용입도 깊고, 전극은 발열이
적어서 지름이 작은 전극을 사용한다. 직류 역극성은 전극의 발열이 많고 모재의 발열이
적어 전극 지름을 크게 하고, 용입은 얕고 넓어진다. 알루미늄이나 마그네슘에 직류 역극성
으로 아르곤 가스를 쓰면 융점이 높은(2,000℃ 정도) 산화피막(Al_2O_3, MgO)을 제거하는
작용을 한다. 이것을 음극 청정작용(clean action)이라 한다.

(2) MIG 용접

MIG 용접은 가스 금속 아크 용접(GMAW : gas metal arc welding)이라고도 하며, 금속
와이어를 연속적으로 공급하여 전극과 용가재 역할을 동시에 하므로 소모성 전극이라 한다.
MIG 용접의 전원은 직류를 사용하고 와이어를 양극으로 하는 역극성으로 한다.

MIG 용접의 특징은 전류 밀도가 대단히 크고, 아크열의 집중성이 좋아 용입이 깊고, 전
자세 용접이 용이하다. MIG 용접의 와이어 용융속도는 전류에 비례하여 증가하고 용적효
율도 98% 이상 된다. 3 mm 이상의 두꺼운 판의 용접에 이용된다.

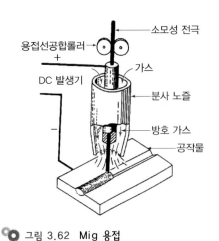

소모성 전극

용접선공합롤러
+

DC 발생기

가스

분사 노즐

방호 가스

공작물

🔩 그림 3.62 Mig 용접

🔩 그림 3.63 Mig 용접기

MIG 용접은 정전압 특성의 직류 용접기를 사용하므로 아크의 길이가 약간 변하여도 자기제어(self-regulation) 작용으로 일정한 길이를 유지하므로 자동 용접이 용이하다.

3 이산화탄소 아크 용접 CO₂ arc welding

MIG 용접과 거의 비슷한 방법으로 불활성가스(아르곤, 헬륨) 대신에 가격이 싼 이산화탄소(CO_2)를 사용한 용극식 용접법이다.

이산화탄소는 불활성가스가 아니므로 고온에서 강한 산화성이 있어 용착 금속을 산화시키고 기포가 생기기 쉬우므로 Mn, Si 등의 탈산제(용제)가 필요하다. 용제를 공급하는 방식에 따라 용제를 함유한 용접봉을 쓰는 솔리드 와이어(solid wire) 방식(또는 플럭스 코어드 아크용접, FCAW : flux-cored arc welding), 탈산제를 피복한 용접봉을 공급하는 피복 와이어 방식(또는 피복 아크 용접, SMAW : Shielded metal arc welding), 자성을 가진 용제를 탄산가스에 섞어 분사하는 자성 용제 방식이 있다.

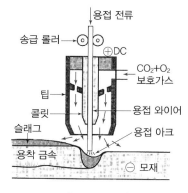

그림 3.64 **이산화탄소 아크 용접법의 원리**

탈산제가 필요한 이유는 탄산가스가 고온의 아크열에 의해

$$CO_2 = CO + O$$
$$Fe + O = FeO와 같이 용융철로 산화하고$$
$$FeO + C = Fe + CO와 같이$$

철의 탄소와 화합하여 CO의 기포가 생긴다. 그러나 탈산제를 첨가하면

$$FeO + Mn \rightarrow MnO + Fe$$
$$2FeO + Si \rightarrow SiO_2 + 2Fe와 같이 MnO, SiO_2 등은 슬래그가 된다.$$

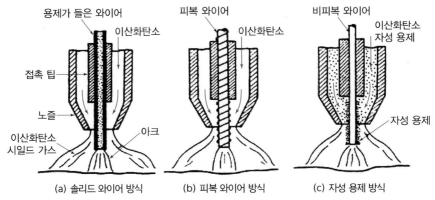

그림 3.65 **이산화탄소 아크 용접의 탈산제 공급방식**

탄산가스 아크 용접은 아크 용접에 비해 전류 밀도가 높아 용입이 깊고, 용접속도가 빠르고, 전자세로 자동용접이 가능하여 구조용강, 합금강, 스테인리스강 등의 용접에 널리 사용된다.

4 서브머지드 아크 용접 Submerged arc welding

연속적으로 공급되는 용접봉 앞에서 용제 분말을 용접부에 쌓아 올리고, 그 안에서 아크를 발생시킨다. 이 용접은 아크가 용제 속에 잠겨서 발생하므로 잠호 용접(潛弧熔接)이라고도 한다.

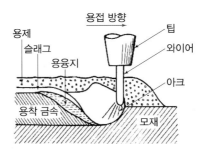

그림 3.66 **서브머지드 아크 용접법의 원리**

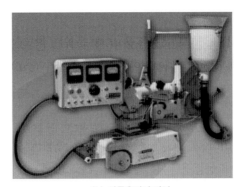

(a) 서브머지드 아크 용접기　　　　(b) 자동용접기 장치　　　　(c) 집진기

그림 3.67 **서브머지드 아크 용접기의 구성**

또 용제가 용융하여 생긴 슬래그도 전류가 통하여 저항열을 발생한다. 용제가 열에너지의 방출을 방지하므로 열효율이 좋아 열에너지가 크고 용입 깊이도 깊다. 따라서 두꺼운 판의 용접에서 용접속도가 빠르고 작업능률이 우수하다. 선박, 고압탱크, 차량, 대형구조물 등의 용접선이 긴 강철 용접에 많이 사용된다. 그러나 분말 용제를 사용하므로 아래보기용접만 가능하다.

심선의 지름은 2.4~12.7mm까지 있으며, 팁과의 전기 접촉을 원활하게 하고 녹을 방지하기 위해 동 도금한 것이 많이 사용된다.

5 기타 특수 용접

(1) 일렉트로 슬래그 용접 electro-slag welding

용융 슬래그와 용융 금속이 용접부로부터 유출되지 않게 모재의 양측에 수냉식 받침판을 대어 주고, 용융 슬래그 속에서 전극 와이어를 연속적으로 공급한다. 용접 열원은 아크열이 아닌 와이어와 용융 슬래그 사이에 흐르는 전류의 저항열을 이용하는 특수 용접이다.

전극 와이어의 지름은 보통 2.5~3.2 mm 정도이고, 피용접물의 두께에 따라 다극식으로 여러개 사용할 수도 있다.

연강, 보일러용강, 중탄소강, 스테인리스강, 내마멸강, 고속도강, 주강 등 각종 강재를 용접할 수 있으며, 주로 5.0 mm 이상의 용접에 사용된다.

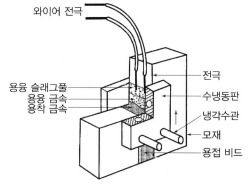

🌀 그림 3.68 **일렉트로 슬래그 용접**

(2) 테르밋 용접 Thermit welding

테르밋 용접(thermit welding)은 열원을 외부로부터 가하는 것이 아니라 테르밋 반응에 의해 생성되는 열을 이용하여 용융한 금속을 용접부에 주형을 만들어 주입하므로 주조 용접이라고도 한다. 테르밋은 미세한 알루미늄 분말과 산화철의 혼합물로서 도가니에 넣고 점화하면 다음과 같은 테르밋 반응이 일어난다.

$$8Al + 3Fe_3O_4 \rightarrow 9Fe + 4Al_2O_3 + 710Kcal$$

여기서 생긴 철은 용착 금속이 되고 산화알루미늄은 슬래그가 된다. 용착 금속의 성분을 조정하기 위해 테르밋에 합금원소나 탈산제를 배합하여 사용한다.

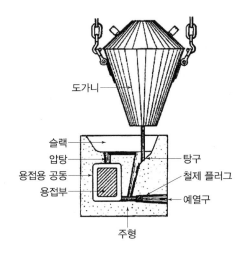

도가니

슬랙
압탕
용접용 공동
용접부

탕구
철제 플러그
예열구

주형

그림 3.69 테르밋 용접

용접 방법은 용접부에 적당한 틈새를 만들고 그 주위에 주형을 설치하고, 주형 아래에 있는 예열구에서 모재를 적당한 온도(강의 경우 $800 \sim 900\,^{\circ}\mathrm{C}$)로 예열한 후, 도가니 속에서 테르밋 반응으로 용융된 금속을 주입한다.

이 용접의 용도는 주로 레일의 접합, 차축, 선박의 프레임 등 비교적 큰 단면을 가진 주조나 단조품의 맞대기 용접과 보수 용접에 사용된다.

(a) 폭발 용접 전 jig 설치   (b) 폭발 용접품 점화   (c) 폭발 용접 시공 후 이음 용접 표면

그림 3.70 테르밋 폭팔 용접

(3) 스터드 용접 Stud welding

강봉이나 황동봉을 모재에 수직으로 접합하는 아크 용접의 일종이다.

그림 3.71과 같이 스터드 선단에 페룰(ferrule)이라는 보조링을 끼우고, 스터드를 모재에 접촉하여 통전한 후 약간 떼어 아크를 발생시켜 용융하였을 때 압입하여 용착한다. 아크 발생 시간이 1초 내외의 짧은 시간에 용융된다. 이때 보조링은 용제의 역할을 하고, 열에 의해 자동적으로 붕괴된다.

용접 전원은 교류나 직류를 모두 사용할 수 있고, 스터드 용접총(stud welding gun)으로 자동 용접하는 경우가 많다.

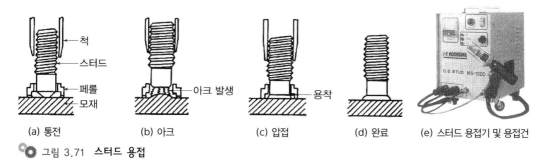

(a) 통전　　(b) 아크　　(c) 압접　　(d) 완료　　(e) 스터드 용접기 및 용접건

그림 3.71 스터드 용접

(4) 레이저빔 용접 Laser beam welding

레이저빔은 고밀도 에너지를 얻을 수 있지만 집속되지 않은 레이저의 에너지 밀도는 금속을 녹일 수 있을 만큼 높지 않다. 따라서 렌즈로 레이저빔을 지름 0.25 mm 정도 되도록 집속하여 레이저 에너지 밀도를 6×10^6 Watt/cm^2 이상이 되도록 한다. 물체에 집속된 레이저빔의 에너지는 재료를 녹일 만큼 높은 열(4,000℃)로 변한다.

최초의 레이저는 루비 레이저였지만, 용접에 사용되는 것은 고출력이 요구되므로 CO_2 레이저나 Nd : YAG 레이저 등이다. 이 레이저빔은 단색광이고, 에너지 밀도가 높으며, 직진성이 우수하다.

그림 3.72는 CO_2 레이저 용접장치를 나타낸 것이다.

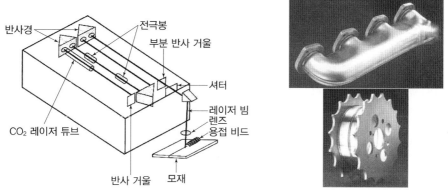

그림 3.72 레이저빔 용접의 원리와 용접샘플

레이저 용접은 티타늄, 탄탈륨, 지르코늄, 텅스텐과 같은 금속 용접에 주로 사용되며, 최근에는 반도체 회로기판, 카메라 부품, 시계용 배터리 용접 등에도 사용된다.

(5) 초음파 용접 ultrasonic welding

특수 압접의 형태로 고상 용접의 하나인 초음파 용접(ultrasonic welding)은 겹치기형 이음매를 얻기 위해서 동종 또는 이종 금속의 박판이나 와이어 용접에 널리 사용된다.

초음파 진동은 이음부에 전달되고, 용접 압력은 접합면에 수직으로 작용한다. 두 금속 사이의 접합을 위하여 표면의 불순물막은 초음파 진동 압력으로 분리되고 강인한 접합면을 얻을 수 있다.

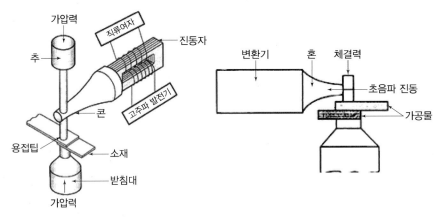

○ 그림 3.73 **초음파 용접의 원리**

---

5 전기저항 용접

1 전기저항 용접 electric resistance welding의 개요

용접부에 큰 전류를 흘려 발생하는 저항열을 열원으로 하여 접합부를 가열하고, 동시에 큰 압력을 가하여 접합하는 압접법이다.

전기저항 용접은 가스 용접, 아크 용접에 비해 동일 작업의 반복 공정에 적합하므로, 소품종 대량 생산 등 제조업 전 분야에 사용되며, 주로 자동차, 항공기, 차량, 가전제품 등의 조립 생산에 사용되고 있다.

금속에 전류를 통하면 다음과 같은 주울 열(Joule's heat)이 발생한다.

$$Q = 0.24 I^2 Rt$$

여기서 Q : 발열량(cal)　　　　I : 전류(A)

　　　　R : 저항(Ω)　　　　t : 통전시간(sec)

또 전기저항 용접에 필요한 열량의 크기는 재료의 용접성에 관계된다.

$$W = \rho/FK$$

여기서 W : 용접성 ρ : 비저항$(\mu\Omega\,\text{cm})$

F : 용융점(℃) K : 열전도도$(\text{cal/cm}\cdot\text{s}\cdot\text{℃})$

즉, 비저항이 작고, 용융점이 높고, 열전도도가 좋은 금속은 용접이 어렵다. 특히 경금속은 용융점이 낮고, 비저항이 작고, 열전도도가 좋으므로 짧은 시간에 큰 전류를 사용하여 용접을 완료해야 한다.

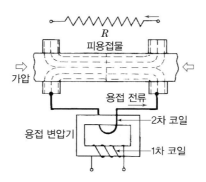

◎ 그림 3.74 **저항 용접의 원리**

◎ 표 3.14 **각종 금속의 용접성**

구분	비저항 ρ ($\mu\Omega$cm)	용융점 F (℃)	열전도도 K (cal/cm · s · ℃)	용접성 W
순철	9.71	1539	0.18	3.5
탄소강	15.9	1430	0.11	10
스테인리스강	70	1415	0.088	130
동	1.67	1083	0.94	0.2
황동	5.87	905	0.3	2
인청동	8.78	1050	0.21	4
알루미늄	2.6	660	0.53	0.8
마그네슘	4.46	650	0.38	1.8
1100(알루미늄)	2.84	657	0.53	0.8
2024−T6(슈퍼 두랄루민)	4.4	638	0.35	2.0
7075−T6(엑스트라 두랄루민)	5.07	638	0.31	2.5

저항 용접의 결과에 영향을 끼치는 가장 중요한 요인으로는 용접 전류, 통전시간, 가압력 등이며, 이를 저항 용접의 3대 요소라 한다.

저항 용접에는 겹치기 저항 용접과 맞대기 저항 용접이 있으며, 겹치기 저항 용접으로는 스폿 용접, 심 용접, 프로젝션이 있고, 맞대기 저항 용접에는 업셋 용접과 플래시 용접이 있다.

2 전기저항 용접의 종류

(1) 점용접 Spot welding

두 판재를 전극 사이에 끼워 놓고 전류를 통하면 판재 접촉면의 전기저항이 크므로 열이 집중해서 발생한다. 이 열이 용접온도에 이르렀을 때 전극으로 가압하여 용접한다. 전극은 동합금으로 만들고, 수명 연장을 위해 냉각수로 냉각한다. 이때 생긴 판재 사이의 용접 접합부를 너깃(nugget)이라 한다.

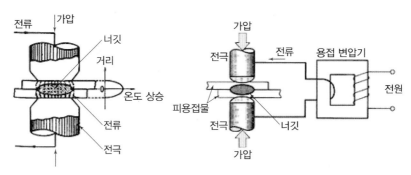

🔧 그림 3.75 **점용접의 원리**

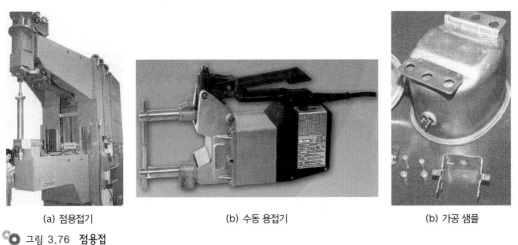

| (a) 점용접기 | (b) 수동 용접기 | (b) 가공 샘플 |

🔧 그림 3.76 **점용접**

점용접에서 품질을 결정하는 전류의 세기, 통전시간, 가압력을 3요소라 한다. 작업은 큰 전류를 사용하여 1/1,000~몇 초 이내에 이루어지므로 용착 금속이 산화나 질화되지 않고 변형이 작다.

(2) 심용접 Seam welding

회전하는 롤러형의 전극 사이에 판재를 끼워 발열과 동시에 압력을 가하여 판재를 연속적으로 용접하는 방법이다.

이 용접은 점용접을 연속적으로 반복한 것과 같아 액체나 기체의 기밀을 필요로 하는 용기(drum) 등 이음부의 용접에 이용된다.

심용접은 연속적으로 용접을 행하여 작업능률이 좋으나, 용접이 가능한 판 두께는 점용접보다 광범위하지 못하며, 일반적으로 1 mm 이하의 얇은 판 접합에 사용된다.

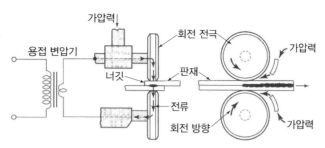

🦾 그림 3.77 **심용접의 원리**

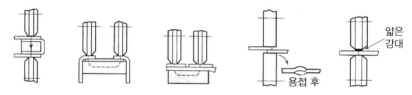

🦾 그림 3.78 **심용접 적용 사례**

🦾 그림 3.79 **심용접기**

(3) 프로젝션 용접 Projection welding

모재의 한쪽 또는 양쪽에 작은 돌기(projection)를 만들어 이 부분에 전류를 집중시키고 압력을 가해서 접합하는 점용접의 변형이다. 전극은 평면전극을 사용하여 여러 개의 돌기를 한 번에 접합하므로 작업능률이 좋다.

이 용접은 프레스 가공제품, 봉재, 선재, 파이프, 볼트, 너트나 단조품, 기계 가공품 전반에 걸쳐 널리 이용된다.

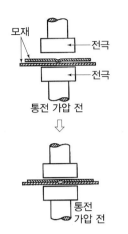

그림 3.80 **프로젝션 용접기와 적용 사례**

프로젝션 용접의 특징은 다음과 같다.

① 열용량이 크게 다른 모재의 두꺼운 판에 적합하다.
② 넓은 평면전극을 사용하여 전극의 수명이 길다.
③ 동시에 여러 개의 점을 용접하므로 작업 속도가 빠르다.
④ 짧은 피치(pitch)로 점용접을 할 수 있다.
⑤ 돌기의 형상이 용접에 영향을 미친다.

(4) 업셋 버트 용접 Upset butt welding

용접물을 세게 맞대고 큰 전류를 흘려서 이음부를 가열한 후 일정한 온도가 되면 큰 압력으로 접합한다. 접합온도는 용융점 이하이고 온도가 낮을수록 큰 가압력이 필요하다.

이 용접은 큰 가압력으로 이음부가 튀어나오고, 길이가 짧아져 업셋(upset)이 생긴다. 또용접 전에 이음면을 깨끗이 해야 접합면의 산화나 기포를 방지할 수 있다.

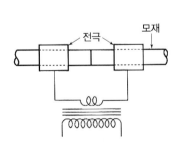

그림 3.81 **옵셋 용접법의 원리와 버트 용접기**

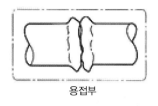
용접부

🔩 그림 3.82 옵셋 용접작업 후 튀어나온 부분 제거

(5) 플래시 용접 Flash welding

용접물을 접촉시키기 전에 전압을 걸어 놓고, 서서히 접근시킨다. 이때 용접물의 돌출부가
국부적으로 접촉하면 전류가 집중되어 불꽃이 비산한다. 접촉과 불꽃비산을 반복하면서 용
접면이 고르게 가열되었을 때 강한 압력을 가하면 용융부를 밀어내고 미용융부가 압접된다.
용접부는 돌출이 작고 거스러미가 생긴다.

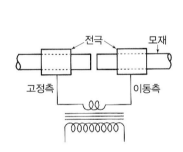

🔩 그림 3.83 플래시 용접 Ⅰ

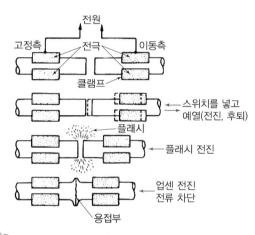

🔩 그림 3.84 플래시 용접 Ⅱ

6 그 밖의 금속 압접

1 압접 Pressure welding

(1) 가스 압접법 Gas pressure welding

맞대기 용접과 같이 접합부를 그 재료의 재결정 온도 이상으로 가열하여 축 방향으로 압축
력을 가하여 압접하는 방법을 가스 압접법이라 한다.

재료의 가열에는 산소-아세틸렌 화염과 산소-프로판 화염이 사용되고 있으나, 보통 산소-아세틸렌 가스가 많이 사용되고 있다. 대표적인 응용 분야로는 토목 및 건축 공사용 철근 콘크리트에서 지름이 32 mm 정도까지 가스 압접하여 사용하고 있다.

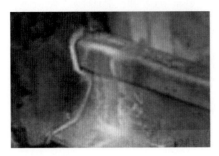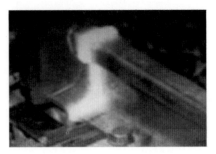

그림 3.85 **가스 압접**

① **밀착 가스 압접법** 두 개의 소재를 밀착시켜 놓고 그 주위를 가스 화염으로 가열한 다음 축 방향으로 압력을 가하여 압접하는 방법을 밀착 가스 압접이라 한다.

이 방법은 비용융 용접이기 때문에 용접된 소재 단면의 상태가 용접 결과에 큰 영향을 끼치므로 이음 단면에 부착된 산화물, 유지류, 오염 등을 깨끗이 제거해야 한다.

(a) 밀착   (b) 가열   (c) 압접

그림 3.86 **밀착 가스 압접**

그림 3.87 **밀착 가스 압접작업과 제품**

② **개방 가스 압접법** 압접할 단면 사이에 가열토치를 넣어 단면 표면이 약간 용융하였을 때 가열 토치를 제거하고, 곧이어 축 방향으로 가압하여 압접하는 방법이다. 이 방법은 국부적으로 가열하기 때문에 열효율이 좋다.

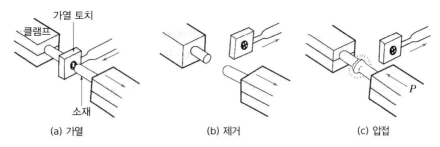

|(a) 가열|(b) 제거|(c) 압접|

🔧 그림 3.88 **개방 가스 압접작업**

(2) 고주파 압접법 Induction Pressure welding

유도 전류에 의한 용접부의 저항열로 접합부를 급속하게 가열하는 동시에 압력을 가하여
접합하는 방법이다.

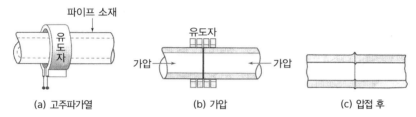

|(a) 고주파가열|(b) 가압|(c) 압접 후|

🔧 그림 3.89 **고주파 압접작업**

(3) 냉간 압접과 폭발 압접

① **냉간 압접법** Cold pressure welding 외부로부터의 어떤 가열없이 상온 하에서 큰 압력만을 가하
여 접합하는 방법이다. 접합하기 전에 접합부 표면의 산화피막 등을 제거해야 하며, 강
압 정도는 양측 접촉면에서 접합부가 유동할 만큼의 압력을 가한다.

주로 알루미늄이나 동의 전선 소재의 맞대기 용접 및 가열할 수 없는 부위의 용접부
등에 이용되고 있다.

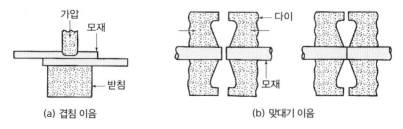

|(a) 겹침 이음|(b) 맞대기 이음|

🔧 그림 3.90 **냉간 압접작업**

② **폭발 압접법** Explosive pressure welding 화약이 폭발할 때 생기는 강력한 폭발 에너지를 이용하여 2내의 금속판을 압접하는 방법이다. 그림은 두 판이 폭발에 의한 표면세트 효과로 파상의 소성변형에 따라 압접되는 과정을 보여 주고 있다.

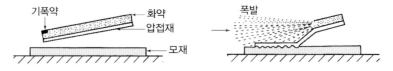

🔩 그림 3.91 **폭발 압접작업**

2 단접 Forge welding

접합할 두 금속의 접합부를 용융점 가까이 가열하여 점착력(粘着力)이 증가되었을 때 양 끝면을 접촉하여 여기에 타격을 가하여 접착하는 방법이다.

(1) 단접의 종류

① **해머 단접** Hammer forge welding 고온으로 가열된 소재를 서로 겹쳐 놓거나 맞대어 놓고 해머로 타격하여 접합시키는 방법으로, 자유단조 작업에서 많이 사용되는 단접법이다.

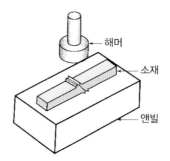

🔩 그림 3.92 **해머 단접작업**

② **다이 단접** Die forge welding 고온으로 가열된 소재를 인발 다이의 작은 구멍으로 통과시켜 접합하는 방법으로 관(pipe) 제작에 이용된다.

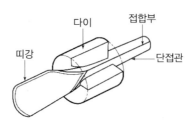

🔩 그림 3.93 **다이 단접작업**

③ 롤 단접 Roll forging 고온으로 가열된 모재를 회전하는 롤(roll) 사이에 통과시켜 접합하는
방법으로, 제관 단접에 이용된다.

3 납땜

(1) 납땜의 개요

납땜은 접합하려는 금속을 용융시키지 않고 모재보다 용융점이 낮은 금속을 첨가하여 접합하
는 방법이다. 납땜은 사용하는 납재의 용융점에 의해 연납땜(soldering)과 경납땜(brazing)
으로 구분된다. 연납은 용융점이 450℃보다 낮은 것이고, 경납은 그보다 높은 것을 말한다.

(a) 연납땜 (b) 경납땜

그림 3.94 **납땜 작업의 종류**

(2) 납땜의 종류

① **연납땜** Soldering 연납땜은 기계적 강도가 낮으므로 강도를 필요로 하는 부분에는 적당하지
않으며, 용융점이 낮고, 납땜이 용이하기 때문에 전기적인 접합이나 기밀, 수밀을 필요
로 하는 장소에 사용된다.

모재는 강철, 황동, 구리, 니켈, 구리 등의 얇은 판재 또는 선재의 접합에 사용된다. 연납
은 납(Pb)과 주석(Sn)의 합금이 주로 사용되며, 보통 주석 40%, 납 60%가 많이 사용된다.
용제는 염화아연($ZnCl_2$), 염산(HCl), 염화암모늄(NH_4Cl) 등이 사용된다.

② **납땜용 공구와 기구** 납땜에 사용되는 가열기구로는 인두, 화상, 토치, 가스 용접 화염,
열처리로 등이 사용되며, 전기열을 이용한 전기인두도 있다.

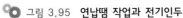

그림 3.95 **연납땜 작업과 전기인두**

③ **납땜 방법** 납땜 작업은 주로 인두를 사용하는데, 인두의 가열 온도가 너무 높거나 낮으면 원활한 작업이 이루어지지 못한다. 최저 200℃의 온도를 필요로 하므로 최저 온도보다 높고 최고 500℃를 초과하지 않도록 한다.

(2) 경납땜 Brazing

경납땜은 연납에 비해 용융점이 높고, 강도가 크므로 내마모성, 내식성, 내열성 등이 필요한 곳에 사용된다.

경납용 용제는 붕사, 붕산, 빙정석, 산화동, 소금 등이 사용된다.

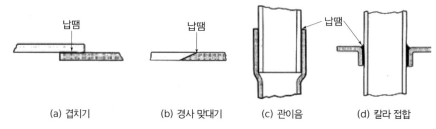

| (a) 겹치기 | (b) 경사 맞대기 | (c) 관이음 | (d) 칼라 접합 |

🔧 그림 3.96 **경납땜의 형식**

경납땜은 모재의 종류, 납땜 방법, 용도에 따라 은납, 황동납, 인동납, 망간납, 양은납, 알루미늄납땜 등과 같은 종류가 있다.

(3) 납땜법

납땜법에는 인두 납땜, 가스 납땜, 담금 납땜, 저항 납땜, 노 내 납땜, 유도 가열 납땜 등이 있다.

---

7 절단법(Cutting method)

1 절단

금속을 절단하는 방법에는 기계적인 방법과 절단 부위를 가스나 아크(arc)의 열에너지를 이용하여 국부적으로 용융 절단하는 화학적인 방법인 융단법(融斷 : fusion cutting)이 있다. 절단법은 크게 가스 절단과 아크 절단으로 나눈다.

```
                              ┌ 공기 탄소 아크 절단
                              ├ 탄소 아크 절단
                    ┌ 아크 절단 ├ 불활성 가스 아크 절단
                    │         ├ 금속 아크 절단
                    │         ├ 플라즈마 아크 절단
                    │         └ 피복 아크 절단
                    │         ┌ 금속 분말 절단
                    │         ├ 산소 아세틸렌 가스 절단
             절단법 ─┼ 가스 절단 ├ 산소 프로판 가스 절단
                    │         ├ 산소창 아크 절단
                    │         └ 산소창 절단
                    │         ┌ 전자빔 절단
                    └ 기타 절단 └ 레이저빔 절단
```

그림 3.97 **절단법의 분류**

(1) 가스 절단 Gas cutting

강재의 절단 부분을 산소·아세틸렌 가스나 수소 가스 화염으로 가열하여, 고압의 산소를 불어 넣어 절단하는 방법으로, 주로 강재의 절단에 이용된다.

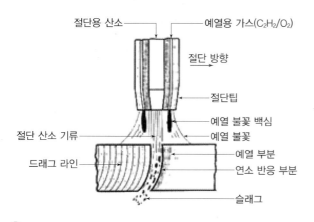

그림 3.98 **가스 절단 작업 중**

가스 절단법은 강재의 절단 부분을 그림 3.99와 같이 팁(tip)에서 나오는 산소·아세틸렌 가스 화염으로 약 850℃~900℃가 될 때까지 예열한 후, 팁의 중심에서 고압의 산소(절단 산소)를 불어 내면 철은 연소하여 산화철이 되고, 그 산화철의 용융점(1,350℃)은 강보다 낮으므로 용융과 동시에 절단된다. 가스절단 방법에는 수동가스 절단과 자동가스 절단이 있다.

금속의 가스 절단을 난이도에 따라 분류·비교하면 다음과 같다.

① 절단이 용이한 금속 : 순철, 연강, 주강
② 절단이 약간 어려운 금속 : 경강, 합금강, 고속도강

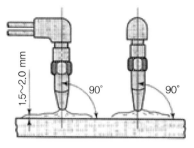

(a) 팁의 각도와 거리

(b) 절단 작업 중

 그림 3.99 **가스 절단의 자세와 작업**

그림 3.100 **가스 절단 작업 중**

③ 절단이 매우 어려운 금속 : 주철
④ 절단이 안되는 금속 : 동, 황동, 청동, 알루미늄, 연, 주석, 아연

(2) 아크 절단 Arc cutting

아크열을 이용하는 절단법으로 용융시켜 절단하는 물리적인 방법이다. 이 방법은 가스 절단에
비하여 절단면이 매끄럽지 못하지만, 가스 절단이 곤란한 주철, 스테인리스강, 비철 금속 등을

(a) 탄소아크 절단

(b) 산소아크 절단 구조

그림 3.101 **산소아크 절단 방법**

절단할 수 있는 장점이 있다. 압축공기나 산소 기류를 이용하면 보다 능률적으로 절단할 수가 있다. 아크 절단 방법에는 탄소아크 절단, 금속아크 절단과 산소아크 절단이 있다.

2 절단 토치 Cutting torch

절단 토치는 예열용 아세틸렌의 압력을 기준으로 하여 저압식($0.07 \, \text{kgf/cm}^2$ 이하)과 중압식($0.07 \, \text{kgf/cm}^2$ 이상)으로 분류하며, 내부 구조는 다소 다르다.

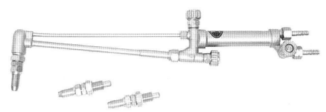

🔧 그림 3.102 **절단 토치**

(1) 저압식 절단 토치

그림 3.103(a)와 같이 산소와 아세틸렌을 혼합하여 예열용 가스를 만드는 부분과 고압의 산소만을 분출시키는 부분으로 나눈다.

또 토치 끝에 붙어 있는 팁은 그림 3.103(b)와 같이 두 가지의 가스를 이중으로 된 동심원의 구멍으로부터 분출하는 동심형(프랑스식)의 것과 각각 별개의 팁으로부터 가스를 분출하는 이심형(독일식)이 있다.

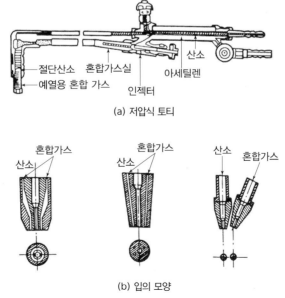

🔧 그림 3.103 **절단 토치의 구조**

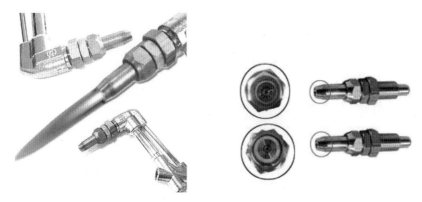

🔩 그림 3.104 **절단 토치와 팁**

(2) 중압식 절단 토치

과거에는 저압식 토치를 많이 사용하였으나, 최근에는 중압식 토치를 많이 이용하고 있으며, 토치 혼합형과 팁 혼합형이 있다.

토치 혼합형(Torch mixing type)은 용접 토치와 같이 예열 산소와 아세틸렌이 혼합실에서 혼합되는 경우이며, 팁 혼합형(Tip mixing type)은 예열 산소와 아세틸렌의 혼합이 팁에서 이루어지며, 팁에 절단용 산소, 예열용 산소, 아세틸렌이 통하는 세 개의 통로가 절단기 머리 부분까지 이어져 있어 3단 토치라고도 한다.

이 토치는 역화가 일어나도 팁만 손상되고 혼합실까지는 역화되지 않으므로 많이 사용된다.

🔩 그림 3.105 **팁 혼합형 토치**

3 특수 절단법

(1) 산소창 절단 Oxygen lance cutting

토치 대신에 가늘고 긴 강관에 절단 산소를 공급하고, 이 강관이 산화 연소할 때의 반응열과 강관이 소모되면서 금속을 절단한다.

이때 쓰이는 강관을 창(Lance)이라 한다. 산소창은 자신이 예열 불꽃을 가지지 않기 때문에 절단을 시작할 때에는 외부에서 강관의 끝을 가열해야 한다. 두꺼운 강판이나 강괴의 절단, 암석의 구멍 뚫기에 이용된다.

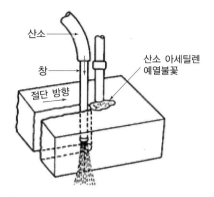

🔩 그림 3.106 **산소창 절단**

(2) 수중 절단 Under water cutting

수중 절단 토치는 그림과 같이 일반 가스 절단 토치와 비슷하나 팁이 바깥쪽에 커버가 있어 여기에서 압축 공기나 산소를 분출시켜 물을 밀어내고 이 공간에서 절단을 하게 된다.

🔩 그림 3.107 **수중 절단 토치의 팁 Ⅰ**

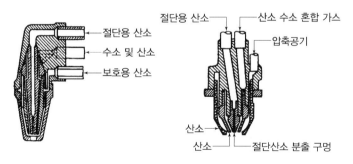

🔩 그림 3.108 **수중 절단 토치의 팁 Ⅱ**

　연료 가스로는 수소, 아세틸렌, 프로판, 벤젠 등이 있으나 주로 수소가 사용된다. 수소는 고압에도 사용이 가능하고 수중 절단 중에 기포의 발생이 적어 작업이 쉽다.

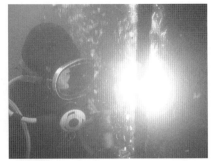

🔩 그림 3.109 **수중 절단 작업**

수중 절단 작업을 할 때 예열 가스의 양은 공기 중에서 보다 4~8배 정도로, 또 절단 산소의 분출구도 1.5~2배로 한다.

주로 교량의 개조, 침몰선 해체 등에 이용된다.

🔩 그림 3.110 **수중 용접에 의한 교량 보수**

(3) 분말 절단 Powder cutting

스테인리스강, 주철 또는 구리, 알루미늄과 그 합금 등은 가스 절단을 하기가 곤란하므로 절단 산소 기류 중에 가는 분말(철분)을 혼입하여 분출하면 철분은 예열 불꽃과 절단 산소에 의하여 격렬히 연소가 일어나며, 매우 높은 온도와 다량의 열량을 내게 된다.

이 고온, 고열을 이용하여 금속을 용융시키고, 절단 산소 분류의 운동에너지에 의하여 가속된 용융 철분을 용융 금속에 분사시켜 제거하여 절단을 한다. 이 절단법을 분말 절단이라 한다.

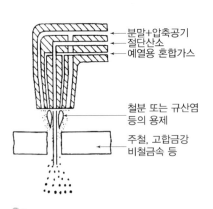

🔩 그림 3.111 **분말 절단**

이 절단법은 특수강, 비철 금속뿐만 아니라 콘크리트 절단에도 이용되나, 절단면은 가스 절단면에 비하여 깨끗하지 못하다.

4 자동 가스 절단기

가스 절단기를 가공대(Carriage)에 붙인 후 이것을 자동적으로 이동시켜 가스 절단을 행하는 반자동식과 자동식이 있다. 반자동식은 가공대의 이동만으로 자동으로 하고, 절단 토치는 손으로 조작하여 주로 소형물이나 곡선 절단에 사용한다. 전자동식은 직선 절단이나 형절단 전용에 사용된다.

(1) 직선 절단기 Straight line cutting machine

절단선 가까이에 설치된 안내 레일 위를 이동하면서 절단하는 것으로, 긴 물체의 절단 및 V, X형의 용접 홈 가공에 사용된다.

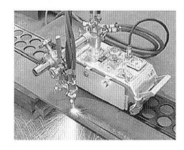

그림 3.112 **직선 절단기**   그림 3.113 **직선 절단기 작업**

(2) 원형 절단기 Circle line cutting machine

그림 3.114와 같이 원을 비롯하여 여러 가지 모양을 절단하는 것으로, 축도기(Pantagraph)를 써서 모형을 따라 조작하는 것과 광전광을 이용하여 전자 트랜스(Electronic pattern tracer : 추적장치) 장치로 도면의 선상을 자동적으로 이동하여 절단하는 것이 있다.

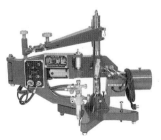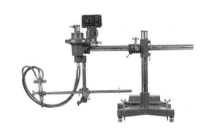

그림 3.114 **원형 절단기**

🔩 그림 3.115 **원형 절단기 작업**

(3) 수치제어 절단기 Numerical control cutting machine

최근에는 형이나 도면을 이용하는 대신 수치제어 방식을 이용하는 형 절단기가 많이 사용되고 있다. 절단 조건을 프로그램하여 입력시켜면 제어장치가 이를 해석하여 지령 신호를 가스 절단기에 보내면 지령 신호를 받은 절단기는 지령에 의해 X, Y 모터가 작동하므로 동작을 시작함과 동시에 점화, 기타 각종 동작도 조작되어 절단이 행해진다.

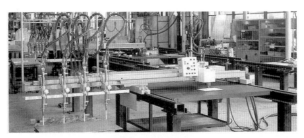

(a) 수치제어 가스 절단 Ⅰ

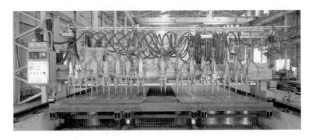

(b) 수치제어 가스 절단 Ⅱ

(c) 수치제어 레이저 절단 Ⅲ

🔩 그림 3.116 **CNC형 절단기**

8 용접부의 결함과 검사

1 용접부의 결함

(1) 균열 crack

용접부에 생기는 균열은 용착 금속 내에서 생기는 것과 모재와의 융합부에서 생기는 것이 있다. 용착 금속 내에서 생기는 균열은 용접선에 대해 직각 방향인 것과 같은 방향인 것이 있다. 용접선과 같은 방향으로 변형이 억제되면 직각 방향으로 균열이 생기고, 용접선에 직각 방향으로 변형이 억제되면 용접선 방향으로 균열이 나타난다.

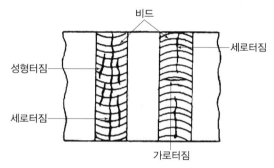

꧁ 그림 3.117 **용접 균열**

모재와의 융합부에서 생기는 균열은 급냉에 의한 재료의 경화나 적열취성에 의해 발생한다. 이 균열은 주철, 고탄소강, 불순물이 많은 금속에서 자주 발생한다.

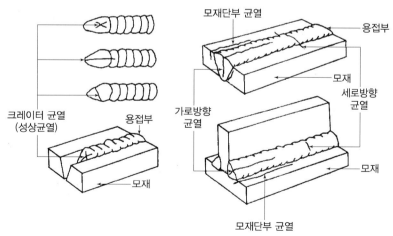

꧁ 그림 3.118 **용접 이음부 균열 형태**

(2) 용접변형과 잔류응력

용접에 의해 모재와 용착 금속이 가열된 상태에서 냉각되면 수축된다. 이 수축에 의해 모재가 변형하고, 모재의 구조상 변형이 구속되면 잔류응력이 내부에 생기게 된다.

이러한 변형을 줄이기 위해서는 모재의 가열범위와 가열온도를 낮추어야 한다. 긴 용접선을 접합할 때는 일정한 간격으로 먼저 가용접을 하고, 그 간격을 부분적으로 용접하는 방법이 있다.

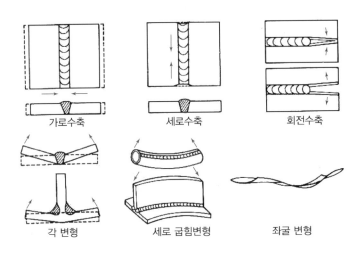

| 가로수축 | 세로수축 | 회전수축 |

| 각 변형 | 세로 굽힘변형 | 좌굴 변형 |

그림 3.119 **수축과 변형의 종류**

(3) 형상불량

용착 금속의 형상불량은 언더컷(undercut), 오버랩(overlap), 용입불량(poor penetration), 비드 파형(bead ripple)의 불균일, 크레이터(crater) 등이 있다. 이들은 제품의 외관 정밀도에 영향을 준다. 또 슬래그의 혼입, 강도 부족, 노치에 의한 응력집중을 일으켜 파괴의 원인이 된다.

이 결함들은 용접홈의 모양, 루트 간격, 용접 전류, 아크 길이, 운봉법 등에 의해 발생한다.

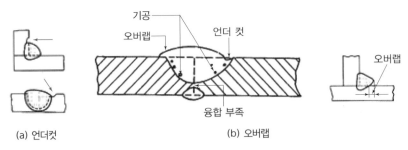

(a) 언더컷   (b) 오버랩

그림 3.120 **언더컷, 오버랩, 기공**

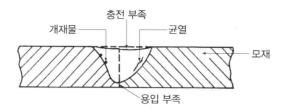

그림 3.121 **용입 부족**

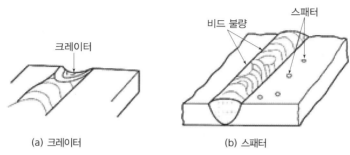

(a) 크레이터   (b) 스패터

그림 3.122 **크레이터와 스패터**

(4) 기타 결함

그 밖의 용접결함으로서는 불순물의 혼입, 기공, 은점(fish eye) 등이 있다. 불순물의 혼입은 용착 금속 내에 슬래그나 비금속 개재물이 섞이는 것이다. 이것은 용접물의 기계적 성질을 해치므로 운봉법에 익숙해야 하고 용접 조건을 준수해야 한다.

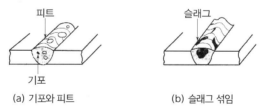

(a) 기포와 피트   (b) 슬래그 섞임

그림 3.123 **기공과 슬래그**

2 용접부의 검사

(1) 파괴 검사 Destructive examination

시험 목적에 따라 용접 부위에서 시험편을 채취하여 만들고 이것을 파괴나 변형 또는 화학적인 처리에 의하여 용접부의 조직과 기계적 성질이나 취성파괴(Brittle fracture)에 대한 성능 등을 조사하는 시험이다.

① **기계적 시험** 용접부의 사용 목적에 따라 시험편을 만들어 용접부의 성능을 시험한다.
② **천공 검사** 용접부에 구멍을 뚫이 내부의 결함 유무를 검사한디.
③ **파면 검사** 용접부의 비드를 절단하여 내부의 결함이나 조직을 검사한다.
④ **조직 검사** 용접부의 파면 조직을 검사하는 방법으로는 마크로 시험과 마이크로 시험이 있다.

(2) 비파괴 검사 Non-destructive examination : NDE

재료나 제품의 원형과 기능에 변화를 주지 않으면서 결함을 찾아내어 재료나 제품 등을 평가하는 검사법이다.

🔩 그림 3.124 비파괴검사 (NDT)

① **외관 검사** 용접 제품을 육안 또는 확대경으로 비드형상, 용입, 언더컷, 오버랩, 균열 등의 외관 결함을 검사한다.
② **누설 검사** 누설 검사(leak test)는 파이프, 압력용기 등의 기밀이나 수밀을 조사한다.
③ **침투 검사** 침투 검사(penetrating inspection)는 침투성이 강한 침투액을 칠해서 결함 내에 스며들게 한 후, 표면을 깨끗이 닦고 검출액을 바르면 결함의 침투액 위치가 나타난다. 침투 검사는 비교적 간단하고, 신속하게 결함을 조사할 수 있다.
④ **초음파 검사** 초음파를 용접부에 가하여 되돌아오는 반사파를 전압으로 변환하여 화면에 나타나게 한다. 반사되는 초음파는 내부의 불연속부나 불균일한 밀도 등을 나타내므로 결함을 검출한다.
⑤ **자기탐상 검사** 자기탐상은 자분(magnetic flux) 검사와 와류(eddy current) 검사가 있다. 자분 검사는 용접부에 강자성체 분말을 뿌리고 자력선을 통과시키면 결함부에 자력선의 교란이 일어나면 자분도 불균일하게 분포한다. 이 검사는 자성체의 용접에만 가능하다.
　　와류 검사는 전류가 통하는 코일을 용접부에 접근시키면 용접부에 와류가 발생하고, 이 와류를 전압으로 변환하여 화면에 나타낸다. 내부에 결함이나 불균질부가 있으면 와류의 크기나 방향이 바뀌어 나타난다. 이 방법은 최근에 개발되어 비교적 간단한 방법으로 자성체나 비자성체의 내부 결함을 조사할 수 있다.

그림 3.125 **초음파 검사**

그림 3.126 **자기탐상(자분) 검사**

⑥ **방사선투과 검사** 방사선투과 검사(radiographic inspection)는 비파괴 검사 중 가장 널리 사용되고 있는 방법으로서, X선이나 γ선을 투과하여 내부 결함을 필름으로 촬영한다.

 γ선은 파장이 짧고 투과력이 강해 X선이 투과하기 힘든 두꺼운 판에 사용된다. γ선은 방사선 물질인 라듐, 세슘, 이리듐, 코발트 등을 사용하고, 이들은 X선과 달리 끊임없이 방사선을 방출하므로 취급에 특히 주의를 요한다.

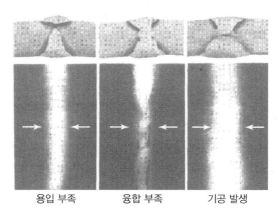

용입 부족   융합 부족   기공 발생

그림 3.127 **용접부의 방사선 검사 사례**

CHAPTER 4

강의 열처리

1. 열처리의 개요
2. 가열과 냉각 방법
3. 강의 열처리
4. 열처리
5. 표면 경화법
6. 표면 처리

1 열처리(Heat treatment)의 개요

금속 재료를 가열하고 냉각하는데 있어서 가열과 냉각의 속도를 변화시키면 조직의 변화가 일어남과 동시에 기계적, 물리적 성질의 변화가 일어나기 때문에 사용 목적에 적합하도록 가열과 냉각속도를 조정하여 기계적, 물리적 성질의 변화를 일으키는 처리를 열처리(heat treatment)라 한다.

열처리의 중요한 목적은 기계 부품, 공구 또는 금형의 내구성을 향상시키기 위한 것이다.

🔧 그림 4.1 상자형 머플로 열처리로

🔧 표 4.1 열처리의 종류

구 분	종 류	세 분	목 적
보통 열처리	풀림(annealing)	완전풀림 구상화 풀림 응력제거 풀림	재질 연화 재질 균질 내부 응력제거
	불림(normalizing)	보통 수준 풀림 2단 불림	재질을 균질화하여 표준화
	담금질(quenching)	보통 담금질 인상 담금질	재질을 급랭시켜 경화
	뜨임(tempering)	저온 뜨임 고온 뜨임 뜨임 경화	재료에 인성 부여
항온 열처리	항온 풀림	항온 풀림	
	항온 불림	항온 불림	
	항온 담금질	마퀜칭 오스템퍼링	

목적을 열거하면 다음과 같다.

① 경도 및 강도를 향상시킨다.
② 조직을 미세화하여 편석을 제거한다.
③ 조직을 안정화시킨다.
④ 표면을 경화시킨다.
⑤ 조직을 연질화하여 기계 가공이 용이하도록 한다.
⑥ 자성을 향상시킨다.

2 가열과 냉각 방법

열처리는 한 마디로 말해서 필요한 성질을 얻기 위하여 금속 재료를 빨갛게 달구었다가 여러 가지 다른 과정으로 식히는 것을 말한다. 모든 것에 규칙이 있듯이 열처리에도 일정한 규칙이 있다.

열처리에 의해 강철은 단단해지기도 하고 연해지기도 하므로 열처리와 강은 끊을 수 없는 불가분의 관계에 있다고 할 수 있다.

1 가열 방법

가열 방법에는 가열 온도와 속도가 인자로서 작용한다. 가열 온도는 변태점의 이상과 이하에서 열처리 내용이 달라진다. 변태점 이상으로 가열하는 것이 어닐링, 노멀라이징, 담금질이며, 변태점 이하로 가열하는 것이 템퍼링 처리이다.

가열 속도는 늦은 경우와 빠른 경우가 있는데 서서히 가열하는 것이 전통적인 방법이다.

표 4.2 가열 온도와 열처리

구 분	종 류
A1 변태점 이상 A2 변태점 이하	어닐링, 노멀라이징, 담금질 저온 어닐링, 템퍼링, 시효

표 4.3 가열 속도와 열처리

가열 속도	종 류
서서히 빨리	어닐링, 노멀라이징, 담금질, 템퍼링 어닐링, 담금질

2 냉각 방법

냉각 방법에 의해서도 열처리 내용이 달라진다. 냉각 방법에는 두 가지 규칙이 있다. 첫째는 필요한 온도 범위만을 둘째는 필요한 냉각 속도로 냉각시키는 것이다.

표 4.4 냉각 방법과 열처리

냉각 속도	열처리의 종류
서서히(노냉) 약간 빨리(공랭) 빨리(수냉, 유냉)	어닐링 노멀라이징 담금질

3 냉각 방법의 3형태

열처리의 냉각 방법에는 3가지 형태가 있다.

표 4.5 냉각방법과 3형태

냉각 방법	열처리와 종류
연속 냉각 2단 냉각 항온 냉각	보통 어닐링, 보통 템퍼링, 보통 담금질 2단 어닐링, 2단 템퍼링, 2단 담금질 항온 어닐링, 항온 템퍼링, 오스템퍼링, 마템퍼링, 마퀜칭

(1) 연속 냉각 C · C : Continuous Cooling

완전히 냉각될 때까지 계속하는 방법으로 가장 보편적이고 초보적인 기술이다. 그림 4.2는 연속 냉각의 열처리를 표시한 것으로 보통 어닐링, 보통 노멀라이징, 보통 담금질이 여기에 속한다.

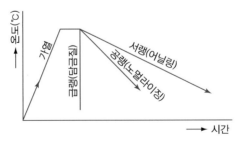

그림 4.2 연속 냉각에 의한 열처리

(2) 2단 냉각 S·C : Step Cooling

냉각 도중에 냉각 속도를 변화시키는 방법으로 현장에서 널리 응용되고 있다.

2단 어닐링, 2단 노멀라이징, 인상 담금질 등이 여기에 속하며, 변태 속도는 Ar′ 점과 Ar″ 점이 기준이다.

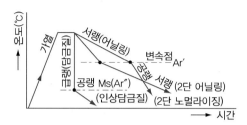

🔧 그림 4.3 2단 냉각에 의한 열처리

(3) 항온 냉각 I·C : Isothermal Cooling

냉각에 염욕을 사용하여 항온 유지 후 냉각하는 방법으로 고급 기술에 속한다. 새로운 열처리 기술은 항온 냉각에서 이루어진다.

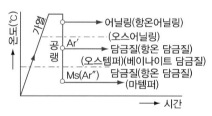

🔧 그림 4.4 항온 냉각에 의한 열처리

3 강의 열처리

1 열처리의 원리 Principle of heat treatment

열처리란 고체 금속의 열에 의한 여러 가지 성질의 변화를 공업적으로 이용하는 기술이라 할 수 있다.

  따라서 열처리 기술을 습득하기 위해서는 과거에 알아왔던 것보다 훨씬 더 광범위한 분야를 알지 않으면 안되게 되었다.

2 금속 원자의 구조 및 결합 방법

물질을 형성하고 있는 원자들은 그 배열 형식이 크게 두 가지로 분류된다. 하나는 원자(또는 분자)가 불규칙적으로 배열되어 있는 비정질(비결정체 : 구성 원자가 불규칙적인 것)이고, 다른 하나는 원자가 규칙적으로 배열되어 있는 결정체이다. 또한 결정에는 결합 방법(type of bonding)에 따라 이온 결합(ion bond), 공유 결합(covalent bond), 금속 결합(metallic) 등으로 분류된다.

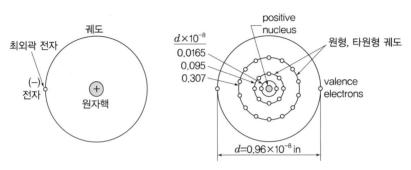

그림 4.5 수소 원자(H_2)와 철(Fe) 원자

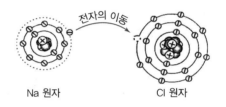

그림 4.6 전자의 이동

자유 전자는 각 원자핵과의 사이에 전기적인 흡인력을 가지고 있어서 자유 전자를 매체로 하여 각각의 전자는 결합을 하게 되며, 이러한 결합을 금속 결합이라 한다. 금속의 원자가 규칙있게 배열되어 있을 때 이것을 결정체라 하고, 그림은 결정의 조직을 표시한다.

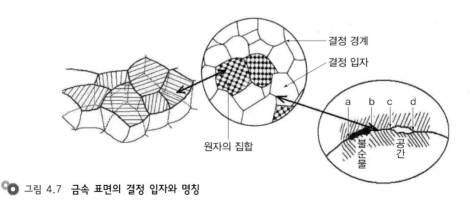

그림 4.7 금속 표면의 결정 입자와 명칭

1개의 결정 입자를 X선으로 보면 원자들이 규칙있게 배열되어 있다. 이와 같은 배열을 결정 격자라 하는데, 금속은 고유의 결정 격자를 갖는다.

가장 널리 쓰이는 금속의 결정 격자 모형은 일반적으로 그림 4.8과 같이 면심입방격자(FCC), 조밀육방격자(HCP), 체심입방격자(BCC)의 3종류로 구분할 수 있다. 즉,

① 체심입방격자(Body centered cubic lattice : BCC)
② 면심입방격자(Face centered cubic lattice : FCC)
③ 조밀육방격자(Hexagonal close packed lattice : HCP)

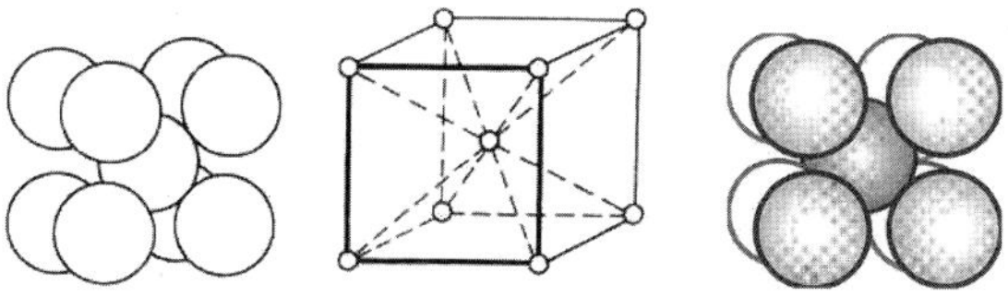

(a) 체심입방격자(BCC)

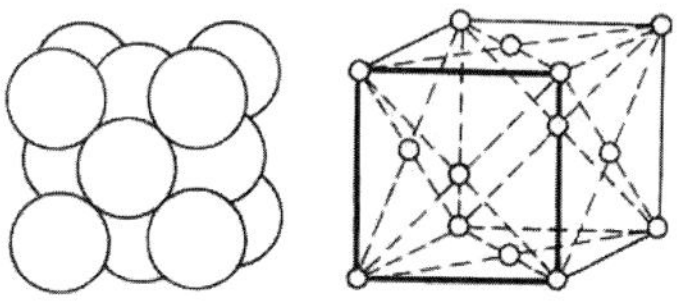

(b) 면심입방격자(FCC)   (c) 조밀육방격자(HCP)

그림 4.8 **결정 구조의 종류**

표 4.6 **주요 금속의 결정 구조**

결정구조	금속
면심입방격자(FCC)	Ag, Al, Au, Ca, Cu, Fe, Ni, Pb, Pt, Pa
조밀육방격자(HCP)	Mg, Zn, Cd, Ti, Zd, Be, Co, Te, Lu
체심입방격자(BCC)	Ba, Cr, α-Fe, K, Li, Mo, Ta, V, Rb, Yb

(1) 면심입방격자 Face-Centerred Cubic Lattice : FCC

면심입방격자는 그림 4.8(a)와 같이 입방체의 각 정점과 각 면의 중심에 원자가 위치하고 있는 것이다. 면심입방격자를 가지는 금속 또는 합금은 표 4.6에서 알 수 있듯이 전성과 연성이 좋다.

(2) 조밀육방격자 Hexagonal close packed lattice : HCP

조밀육방격자는 그림 4.8(b)와 같이 정육각주의 정점과 상하면의 중심 및 정육각주를 형성하고 있는 6개의 정삼각주의 체중심을 하나 건너로 원자가 위치하고 있으며, 모든 조밀육방격자 구조의 금속은 다른 구조의 것에 비해 연성이 떨어진다.

(3) 체심입방격자 Body-Centered Cubic Lattice : BCC

체심입방격자는 그림 4.8(c)와 같이 입방체의 각 정점과 제중심에 원자가 위치하고 있는 간단한 격자 구조를 가진 것이다. 이 격자 구조를 갖는 금속은 전성과 연성이 면심입방구조의 금속 다음으로 좋다.

3 순철의 변태

순철을 상온부터 가열하면 시간 경과에 따른 온도 상승은 그림 4.10과 같이 일정한 비율로 계속 상승하지 않고 어떤 온도에 이르면 반드시 일시 정체하는 곳이 있다. 이 온도와 시간과의 관계도를 가열 곡선이라 하며, 용융 상태로부터 점차 냉각하는 경우의 선도를 냉각 곡선이라 한다. 가열 곡선에서는 768℃, 906℃, 1,401℃, 1,528℃의 곳에서 정지하고 있다.

768℃는 A_2 변태점이라 하며, 강이 강자성을 잃는 최고 온도이며, 자기 변태점이라고도 한다. 906℃는 A_3 변태점, 1,401℃는 A_4 변태점이라 한다. 이들은 다같이 물리적·화학적 성질이 급변

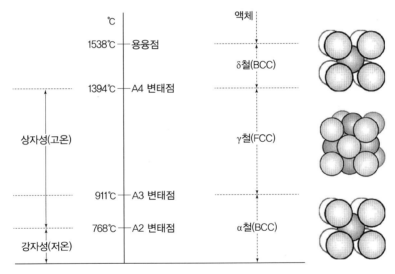

그림 4.9 **순철의 변태**

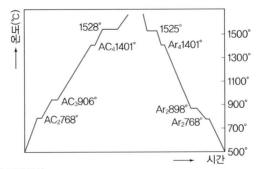

그림 4.10 **순철의 가열 냉각곡선**

하는 온도이며, 동소 변태점이라 한다. 동소 변태점에서는 결정립이 변화한다. 1,538℃는 용융점(melting point)이며 철이 녹는 온도이다.

4 철-탄소 Fe-C 평형 상태도

합금은 순금속·고용체·금속간 화합물 등에 의해 구성되어 있다. 이들의 상온 온도에 따라 달라지는데, 여러 가지 조성을 하고 있는 합금이 모든 온도에서 어떤 상태에 있는가를 도식화한 것, 즉 성분 농도와 온도를 변수로 하여 합금의 상태를 나타낸 것을 평형 상태도(Equilibrium diagram) 또는 상태도라 하며, 합금의 성상을 이해하는 데 매우 유용하다. 이 상태도에서 각 선 및 점이 가지는 의미는 다음과 같다.

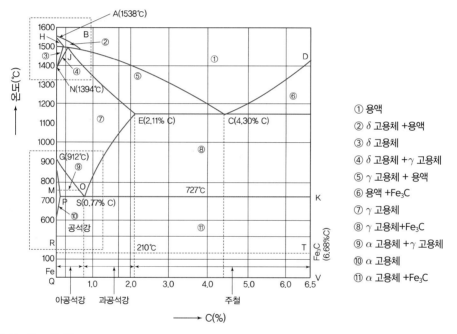

① 용액
② δ 고용체 +용액
③ δ 고용체
④ δ 고용체 +γ 고용체
⑤ γ 고용체 + 용액
⑥ 용액 +Fe₃C
⑦ γ 고용체
⑧ γ 고용체+Fe₃C
⑨ α 고용체 +γ 고용체
⑩ α 고용체
⑪ α 고용체 +Fe₃C

그림 4.11 **Fe-C 계**

표 4.7은 각 조직 성분의 명칭과 결정 구조를 표시한다.

표 4.7 **조직 성분의 명칭과 결정 구조**

기 호	명 칭	결정 구조
α	α ferrite	B. C .C
γ	austenite	F. C. C
δ	δ ferrite	B. C. C
Fe₃C α+	cementite 또는 탄화철	금속간 화합물
Fe₃C	pearlite	α와 Fe₃C의 기계적 혼합
γ+Fe₃C	ledeburite	γ와 Fe₃C의 기계적 혼합

5 강의 현미경 조직

(1) 페라이트 Ferrite

지철 또는 α-Fe이라 하며, 0.0025%C 이하의 탄소량이 고용된 고용체로서 현미경 조직이 백색으로 보인다. 강철 조직에 비하여 무르고 경도와 강도가 극히 작아 순철이라 한다. 브리넬 경도(HB) 80, 인장강도 30 Kg/mm^2 정도이며, 상온으로부터 768℃까지 강자성체이다.

(2) 시멘타이트 Cementite

일반적으로 탄소강이나 주철 중에 섞여 있다. 6.67%C의 함유량과 Fe의 금속간 화합물로서 침상 조직을 형성한다. 비중은 7.8 정도이며, 상온에서 강자성체이고, A_0 변태점에서 자력을 상실한다. 브리넬 경도(H_B)는 800 정도이며, 취성(brittleness)이 매우 크다.

| 오스테나이트 | 펄라이트 | 미세펄라이트 | 구상트루스타이트 | 마텐자이트 | 소르바이트 |

그림 4.12 열처리된 탄소강의 현미경 조직의 특징

(3) 펄라이트 Pearlite

페라이트와 시멘타이트가 서로 파상적으로 혼입된 조직으로 현미경 조직은 흑색이고, 보통 0.77%C가 함유된 강이다. A_1 변태점에서 반응되어 생긴 조직으로 브리넬 경도(HB) 150~200, 인장강도 60 Kg/mm^2 정도의 강인한 성질이 있다.

(4) 오스테나이트 Austenite

탄소가 고용된 면심입방격자(FCC) 구조의 γ-Fe로서 매우 안정된 조직이다. 성질은 끈기가 있고 비자성체의 조직으로 전기 저항이 크고, 경도는 작으나 인장강도에 비하여 연신율이 크다.

(5) 마르텐사이트 Martensite

극히 경하고 연성이 적은 강자성체이며 조직은 침상 결정을 형성한다. 탄소강을 물로 담금질(quenching)하면 α-마르텐사이트보다 안정하다. 브리넬 경도(HB)는 720 정도이다.

(6) 트루스타이트 _{Troostite}

보통강을 기름으로 담금질하였을 때 일어나는 조직이며, 마르텐사이트를 약 $400℃$로 풀림(tempering)하여도 쉽게 이 조직을 얻는다. 이 조직은 미세한 $α+Fe_3C$의 혼합조직으로서 부식제에 부식이 쉽고, 마르텐사이트보다 경도는 적으나 끈기가 있으며, 연성이 우수하다. 공업적으로 유용한 조직이며 탄성 한도가 높다.

(7) 소르바이트 _{sorbite}

페라이트와 시멘타이트의 혼합조직으로 트루스타이트보다 냉각 속도가 느린 Ar1 600～650℃에서 일어나게 하였을 때 나타나는 조직이다. 또 트루스타이트와 펄라이트의 중간 조직으로 대형 강재의 경우 기름 중에 담금질했을 때 나타나고, 소형 강재는 공기 중에 냉각시켰을 때 많이 나타난다. 이 조직은 트루스타이트보다 연하고 끈기가 있기 때문에 양호한 강인성과 탄성이 요구되는 태엽, 스프링 등이 이 조직으로 되었다.

6 항온 변태

강을 오스테나이트 상태로부터 A_1 변태점 이하의 항온 중에 담금질한 그대로 유지했을 때 나타나는 변태를 항온 변태선도(Isothermal transformation diagram)로서 T·T·T 곡선(Time–Temperature–transformation diagram)이라고도 한다. 이는 미국인 베인(bain)이 실험하였기 때문에 베이나이트 변태라고도 하며, 이 곡선을 이용하여 온도와 냉각 속도를 조정하고 유지시킴으로서 재료가 필요로 하는 조직을 얻을 수 있다.

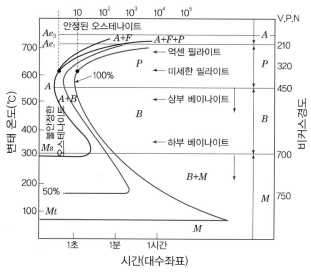

○ 그림 4.13 **탄소강의 항온 변태 곡선**

7 연속냉각 변태

강재를 담금질할 때의 현상을 T·T·T 곡선과 연결하여 생각하면 일정 속도로 연속냉각을 하게 되므로 S 곡선 관계에서도 약간의 차이가 생긴다.

이 연속냉각 변태를 C·C·T라 하고, 그것을 표시하는 곡선을 C·C·T 곡선이라 한다.

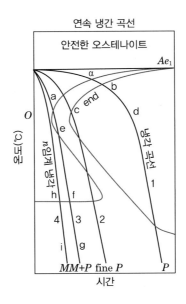

그림 4.14 CCT 곡선

---

4 열처리

1 담금질

강에서 담금질이라 함은 임계 온도 이상의 상태로부터 물, 기름 등에 넣어서 급랭시켜 마텐자이트 조직을 얻는 열처리(heat treatment) 조직이다.

(1) 담금질 온도

일반적으로 담금질의 목적은 될 수 있는 대로 높은 경도를 얻는데 있으므로, 탄소 함유량에 따라 적당한 담금질 온도를 선택한다. 그림 4.15는 탄소 함유량과 담금질 온도와의 관계를 표시한 것인데, 담금질 온도가 약간 낮으면 균일한 오스테나이트를 얻기 어렵고, 또 담금질 하여도 경화가 잘 되지 않는다.

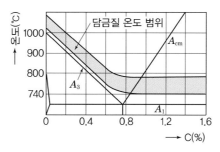

°ㅇ 그림 4.15 **탄소강의 담금질 온도**

한편 담금질 온도가 너무 높으면 과열로 인하여 조직이 거칠어질 뿐 아니라 담금질 중에 깨지는 일이 있으므로 주의를 요한다.

2 강의 변태

강에서는 온도와 조성에 따라서 많은 상들이 나타나고 있는데, 오스테나이트는 고온에서만 존재하고 있다.

대부분의 강에서 오스테나이트는 상온에서 존재할 수 없기 때문에 펄라이트나 마르텐사이트 등과 같은 최종 조직의 모상(parent phase)으로서 작용한다.

따라서 오스테나이트가 최종 조직의 성질에 크게 영향을 미친다.

(1) 마르텐사이트 martensite 변태

강을 담금질할 때 아공석강의 경우 Ac3, 과공석강의 Ac1점 이상의 온도로 가열하여 균질의 오스테나이트 또는 여기에 탄화물이 혼합된 조직으로 한 다음 수냉, 유냉 및 특수 방법으로 급랭하면 경도가 극히 높은 마르텐사이트를 주체로 한 조직을 얻게 된다.

마르텐사이트 조직이 경도가 큰 이유는 다음과 같다.

① 결정의 미세화
② 급랭으로 인한 내부 응력
③ 탄소 원자에 의한 Fe 격자의 강화 등

3 담금질 작업

담금질의 주요 목적은 경화에 있으며, 가열 온도는 변태점보다 50℃ 정도 높다. 그러므로 특히 주의할 점계 구역, 즉, Ar′ 변태 구역은 급랭시키고 균열이 생길 위험이 있는 Ar″ 변태 구역에서는 서냉하는 것이다. 그림 4.16에서와 같이 펄라이트 및 베이나이트가 생성되지 않는 최소의 냉각 속도를 각각 하부 임계 냉각 속도 및 상부 임계 냉각 속도, 혹은 임계 냉각 속도라고 한다.

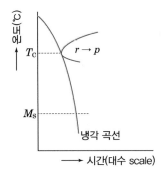 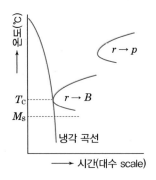

그림 4.16 **담금질의 냉각속도**

따라서 임계 냉각속도는 마텐자이트 조직이 나타나는 최소 냉각속도라 할 수 있다. 위험 구역은 Ar″ 이하로서 마텐자이트 변태가 일어나는 온도 범위이며, 보통 Ms에서 Mr까지를 말한다. 그림 4.17은 강의 C%와 Ms점의 관계를 나타낸 것이고, 그림 4.18은 담금질 작업의 내용을 설명한 것이다.

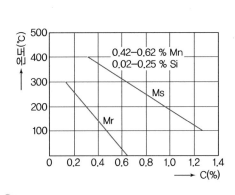

그림 4.17 **탄소강의 C%와 Ms점과 Mf점과의 관계**

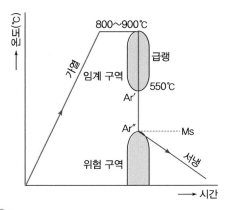

그림 4.18 **담금질 작업**

(1) 인상 담금질 time quenching

담금작업에 있어서 Ar′까지는 급랭하고 Ar″에서부터는 서냉하게 되며 중간 온도에서 냉각속도를 변화시켜 주어야 한다. 냉각속도의 변환을 냉각시간으로 조절하는 담금질을 시간 담금질이라 하며, 최초에는 냉각수로 급랭시키고 적정 시간이 지난 후에는 인상하여 유냉 또는 공랭한다.

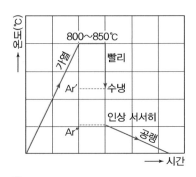

그림 4.19 **인상 담금질의 과정**

(2) 마퀜칭 marquenching

일종의 중간 담금질로서 다음과 같은 과정을 시행한다.

① Ms점(Ar″) 직상으로 가열된 염욕에 담금질한다.
② 담금질한 재료의 내외부가 동일 온도에 도달할 때까지 항온 유지한다.
③ 꺼낸 후 공랭하여 Ar″ 변태를 진행시킨다. 이때 얻어진 조직이 마텐자이트이며, 마퀜칭 후에는 템퍼링하여 사용하는 것이 보통이다.

그림 4.20과 21은 이 같은 작업과정을 설명한 것이다.마퀜칭

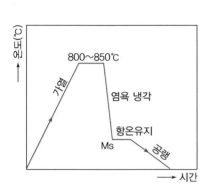

그림 4.20 마퀜칭

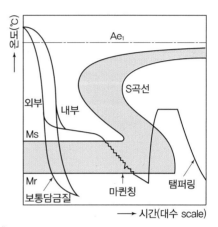

그림 4.21 S곡선에서의 마퀜칭

(3) 오스템퍼링 austempering

Ar′와 Ar″ 사이의 온도를 유지한 염욕에 담금질하고, 과냉각의 오스테나이트 변태가 끝날 때까지 항온으로 유지해 주는 방법이며, 이때 얻어지는 조직이 베이나이트이다. 그러므로 오스템퍼링을 베이나이트 담금질이라고도 한다.

보통 Ar′에 가까운 오스템퍼링을 하면 연질의 상부 베이나이트, Ar″ 부근의 온도에서는 경질의 하부 베이나이트 조직을 얻을 수 있다. 그림 4.23은 S곡선에 있어서의 오스템퍼링이며, 이것과 비교하기 위하여 보통의 담금질과 뜨임에 대한 내용은 그림 4.24에 나타내었다.

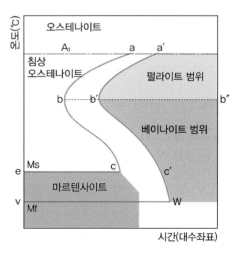

그림 4.22 S곡선 해설도

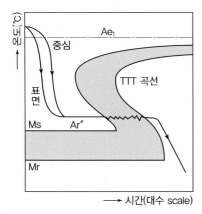

그림 4.23 **오스템퍼링**

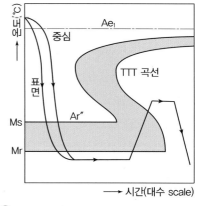

그림 4.24 **일반적인 담금질과 뜨임**

　오스템퍼링 열처리는 보통의 담금질과 뜨임에 비하여 연신율과 충격값 등이 크며, 강인성이 풍부한 재료를 얻을 수 있고 담금질 균열과 비틀림 등이 생기지 않는다. 오스템퍼링은 HRC 40~50 정도로 강인성이 필요한 제품에 적용하면 효과적이다.

(4) 오스포밍 ausforming

0.95% 탄소강을 T·T·T 곡선의 베이(bay)구역에서 숏 피닝(고압 공기로 금속구를 제품표면에 불어주어서 표면 경화시키는 가공법)하고, 베이나이트의 변태 개시선에 도달하기 전에 담금질하면 우수한 표면 경화층을 얻을 수 있다.

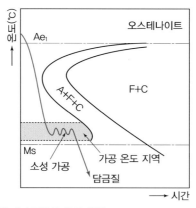

그림 4.25 **강의 T·T·T 곡선과 오스포밍의 온도 범위**

　그림 4.25는 T·T·T 곡선을 모형으로 표시한 것이며, 시편을 오스테나이트화한 후 오스테나이트의 베이(bay) 구역을 무사히 지날 수 있도록 급랭하고 시편의 내외부를 동일 온도에 도달되도록 소성 가공을 하여 공랭, 유냉, 수냉하여 마텐자이트 변태를 일으키게 한다.

(5) 담금질 시 주의사항

① 냉각액   담금질의 효과는 냉각액에 따라 크게 다르며, 냉각액에는 물, 기름, 염류 등이 있다. 일반적으로 물이나 기름이 많이 사용되며, 물은 기름에 비하여 열전도가 크므로 냉각 속도가 크다. 기름은 120℃ 정도에서도 담금질 효과의 변화가 적고, 물은 30℃ 이상만 되면 현저히 저하된다. 냉각능력이 적은 액에는 유류, 비눗물 등이 있고, 큰 것에는 염수, NaOH 용액, 황산 등이 있다. 냉각 작업에 있어서 가열물을 액 중에서 흔들어 주거나 냉각액을 저어주어 물체에서 열 전도성이 나쁜 증기를 털어주는 것이 담금질 효과를 크게(2배 속도) 한다.

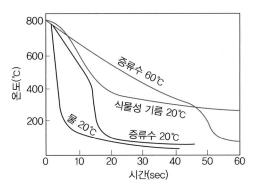

🔧 그림 4.26   **각종 냉각액의 냉각 속도**

② **냉각 방법**   일반적으로 냉각 방식은 물건의 형태에 따라 다르다. 구형이 가장 빠르고 환재가 가장 느리며, 이들의 비(ratio)는 다음과 같다.

구 : 환봉 : 판재 = 4 : 3 : 2

또한 같은 물건이라도 장소에 따라서 냉각되는 정도가 다르다. 그림 4.27은 이를 표시한 것이다. 따라서 부품의 모든 부분이 균일하게 냉각되도록 연구하는 것이 중요하다.

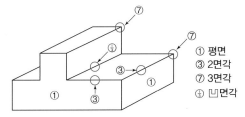

🔧 그림 4.27   **위치에 따른 냉각 속도의 차이**

③ 담금질 경도 : 강의 담금질 경도는 강 중의 C%에 의해 변화한다. 그림 4.28은 이 관계를 나타낸 것으로 0.6%C까지는 경도가 증가되나, 0.6%C 이상에서는 일정한 경도를 나타낸다. 공구강 이외의 강의 경우 담금질 경도는 다음 식으로 계산할 수 있다.

$$담금질\ 경도(max)(H_{RC}) = 30 + 50 \times C\%$$

또한 담금질 경화의 임곗값을 나타내는 경도(임계 담금질 경도라 함)는 다음 식으로 계산된다.

$$임계\ 담금질\ 경도(H_{RC}) = 24 + 40 \times C\%$$

예를 들면, 0.4%C 강에서

$$최고\ 담금질\ 경도(H_{RC}) = 30 + 50 \times 0.4 = 50$$
$$임계\ 담금질\ 경도(H_{RC}) = 24 + 40 \times 0.4 = 40$$

이다. 일반적으로 임계 담금질 경도는 50% 마르텐사이트에 해당하며 최소 담금질 경도라고도 한다.

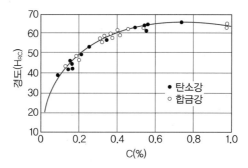

그림 4.28 **강의 C%와 담금질 경도와의 관계**

④ **경화 깊이** 담금질 경화 깊이는 강의 화학성분에 따라서 크게 좌우된다. 이 경화 깊이를 좌우하는 성질을 담금질성이라 한다. 담금질에 영향을 미치는 것은 C%가 가장 크며, 다음의 Mo, Mn, Cr, B로 Ni는 그다지 영향을 미치지 않는다. 또한 담금질성에는 결정립의 크기가 영향을 미치며, 결정립이 클수록 담금질성은 크고 경화층이 깊어진다. 즉,

$$담금질\ 경도 = f\ (C\%)$$
$$담금질\ 경화\ 깊이 = f\ (C\%,\ Mo,\ Mn,\ Cr,\ B,\ 결정립도)$$

의 관계가 있다. 따라서 담금질 경도가 높은 것이 요구될 때는 C%가 높은 강을, 담금질 깊이가 깊은 관계가 있다. 따라서 담금질 경도가 높은 것이 요구될 때는 C%가 높은 강을, 담금질 깊이가 깊은 것이 필요할 때는 특수 원소가 첨가된 특수강을 사용한다.

⑤ **담금질 시의 질량 효과** 같은 C%의 강재라도 굵기가 커지면 그림 4.29와 같이 담금질의 경도가 떨어진다. 즉, 강재의 성질에 따라 담금질 경도에 변화가 오며, 이를 담금질의 질량 효과(mass effect)라 한다. 질량 효과가 크다고 함은 강재의 크기에 의해 열처리에 의한 경화차가 심하다는 것을 뜻한다. 반대로 질량 효과가 작다 함은 처리물의 크기에 관계없이 담금질 효과가 크게 나타남을 뜻한다.

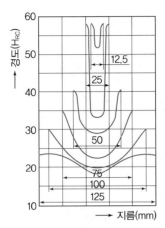

🔩 그림 4.29 **시험편 지름에 따른 담금질 경도의 차(C 0.45%)**

일반적으로 탄소강은 질량 효과가 크며, 특수강은 질량 효과가 작다. 따라서 특수강은 일반적으로 열처리가 쉽다.

⑥ **담금질 부품의 형상** 부품의 담금질에 있어서 우선 주의해야 할 점은 담금질 부품의 형상이다. 형태가 나쁘면 아무리 담금질 기술이 우수하다 하더라도 담금질 균열 또는 담금질 변형을 막기가 어렵다. 담금질 처리에 나쁜 형상의 예를 보면 다음과 같다.

- 두께의 급변화
- 예리한 모서리부
- 계단 부분
- 막힌 구멍

담금질에 따르는 결함은 크게 나누어서

- 담금질 균열·담금질 변형·연화점(soft spot) 등 세 가지로 나누어진다.

⑦ **담금질에 따른 용적 변화** 담금질과 가장 밀접한 관계가 있는 것이 용적 변화이며, 그 정도는 담금질 효과에 따라 차이가 있다. 마르텐사이트는 팽창된 조직이며, 그 조직에 의한 팽창 순서는 다음과 같다.

마르텐사이트 > 미세 펄라이트 > 중간 펄라이트 > 조대 펄라이트 > 오스테나이트

그림 4.30과 같이 Ar_1 부근을 강하할 때 내부가 크게 팽창하여 균열이 생긴다. 그러므

로 이 균열을 방지하기 위해서는 200℃ 이하에서 마르텐사이트에 의한 이상 팽창이 서서히 일어나도록 한다. 즉, 남금질한 후 상온까지 냉각시키지 않고 100~200℃ 부근에서 서냉하여 마르텐사이트가 점차 석출하도록 한다.

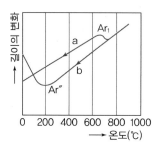

🌼 그림 4.30 **냉각 곡선**

4 풀림 Annealing

풀림이란 강을 일정 온도에서 일정 시간 가열한 후 서서히 냉각시키는 조작을 말하며, 그목적은 다음과 같다.

① 금속 합금의 성질을 변화시키며 강의 경도가 낮아져서 연화된다.
② 조직의 균일화, 미세화 및 표준화가 된다.
③ 가스 및 불순물의 방출과 확산을 일으키고 내부응력을 저하시킨다.

(1) 풀림 방법

① **완전 풀림** full annealing 강을 Ac₁(과공석강) 또는 Ac₁(아공석강) 이상의 고온으로 일정 시간 가열한 후 천천히 노안에서 냉각시키는 조작을 말한다.

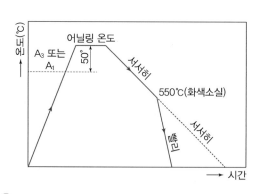

🌼 그림 4.31 **풀림 온도**

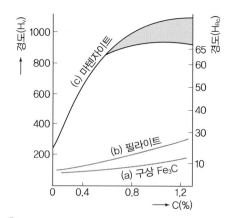

🌼 그림 4.32 **탄소함유량과 경도의 관계**

그림 4.31은 풀림 온도를 표시한 것이며, 경도(HB)는 탄소의 함유량에 따라 달라진다. 그림 4.32는 그 관계를 나타낸 것으로 완전 풀림하였을 때의 경도를 펄라이트(b)로 담금질했을 때는 마르텐사이트(c)로 표시한다. 또 구상화 풀림하였을 때의 경도를 구상 Fe_3C(a)로 표시한다.

② **구상화 풀림** spheroidizing annealing 강 속의 탄화물(Fe_3C)을 구상화하기 위하여 행하는 풀림이다. 공구강에는 담금질의 사전처리로서 필요한 조작으로 다음과 같은 방법이 있다.

- Ac_1 직하 650~700℃에서 가열 유지 후 냉각한다.
- A_1 변태점을 경계로 가열 냉각을 반복한다(A_1 변태점 이상으로 가열하여 망상 Fe_3C를 없애고 직하온도로 유지하여 구상화한다).
- Ac_3 및 Acm 온도 이상으로 가열하여 Fe_3C를 고용시킨 후 급랭하여 망상 Fe_3C를 석출하지 않도록 한 후 구상화한다.
- Ac_1 점 이상 Acm 이하의 온도로 가열 후 Ar_1 점까지 서냉한다.

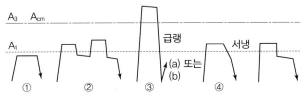

🌀 그림 4.33 **Fe_3C의 구상화 풀림**

③ **항온 풀림** isothermal annealing S 곡선의 코(nose) 혹은 이것보다 높은 온도에서 처리하면 비교적 빨리 연화되어 어닐링의 목적을 달성할 수 있다. 이와 같이 항온 변태 처리에 의한 어닐링을 항온 어닐링(isothermal annealing)이라 한다. 이때 어닐링 온도로 가열한 강을 S 곡선의 코 부근의 온도(600~650℃)에서 항온 변태를 시킨 후 공랭 및 수냉한다. 그림 4.34는 S 곡선에 있어서의 항온 어닐링을, 그림 4.35는 항온 어닐링의 과정을 설명한 것이다. 보통 공구강 및 자경성이 강한 특수강을 연화 어닐링하는 데 적합한 방법이다.

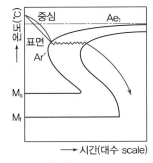

🌀 그림 4.34 **항온 풀림**

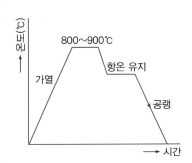

🌀 그림 4.35 **항온 풀림 작업 과정**

5 불림 normalizing

강을 표준 상태로 하기 위한 열처리 조작이며, 가공으로 인한 조직의 불균일을 제거하고 결정립을 미세화시켜 기계적 성질을 향상시킨다. A₃ 또는 Acm보다 50℃ 정도 높게 가열 조작에 의하여 섬유상 조직은 소실되고, 과열 조직과 주조 조직이 개선되며, 대기 중에 방랭하면 결정립이 미세해져 강인한 펄라이트 조직이 된다.

(1) 불림 방법

① **보통 노멀라이징** conventional normalizing   그림 4.36과 같이 일정한 노멀라이징 온도에서 상온에 이르기까지 대기 중에 방랭한다. 바람이 부는 곳이나 양지바른 곳의 냉각 속도가 달라지고 여름과 겨울은 동일한 조건의 공랭이라 하여도 노멀라이징의 효과에 영향을 미치므로 주의를 요한다.

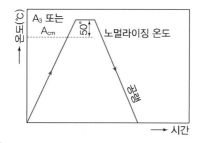

🔧 그림 4.36 **보통 불림**

🔧 그림 4.37 **2단 불림**

② **2단 노멀라이징** stepped normalizing   그림 4.37과 같이 노멀라이징 온도로부터 화색이 없어지는 온도(약 550℃)까지 공랭한 후 피트(pit) 혹은 서냉 상태에서 상온까지 서냉한다. 구조용강(0.3~0.5%C)은 초석 페라이트가 펄라이트 조직이 되어 강인성이 향상된다.

③ **항온 노멀라이징** isothermal normalizing   항온 변태 곡선의 코의 온도에 상당한 (550℃) 부근에서 항온 변태시킨 후 상온까지 공랭한다. 그림 4.38과 같이 노멀라이징 온도에서 항온까지의 냉각은 열풍 냉각에 의하여 이루어지고, 그 시간은 5~7분 정도가 적당하며 보통 저탄소 합금강은 절삭성이 향상된다.

④ **2중 노멀라이징** double normalizing   처음 930℃로 가열 후 공랭하면 전 조직이 개선되어 저온 성분을 고용시키며, 다음 820℃에서 공랭하면 펄라이트가 미세화된다. 보통 차축재와 저온용 저탄소강의 강인화에 적용된다.

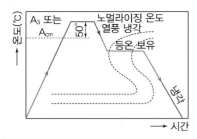

그림 4.38 **항온 불림**

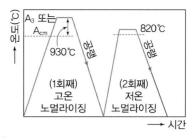

그림 4.39 **2중 불림**

6 뜨임 tempering

(1) 뜨임 조직과 온도

담금질한 강은 경도는 크나 취성(brittleness)이 있다. 따라서 경도만 크면 이런 성질이 있어도 사용되는 줄(file), 면도날 등은 그대로 사용된다. 그러나 경도가 다소 떨어져도 인성이 필요한 기계 부품에 담금질한 강을 재가열하여 인성을 증가시킨다.

이와 같이 담금질한 강을 적당한 온도로 A_1 변태점 이하에서 가열하여 인성을 증가시키는 조작을 뜨임이라 한다. 뜨임의 목적은 첫째 내부 응력의 제거, 둘째 강도 및 인성을 증가하는 것이다.

뜨임으로 생기는 강의 조직 변화는 재질에 따라 차이는 있으나 대략 표 4.8과 같다.

표 4.8 **뜨임에 의한 조직 변화**

조직명	온도범위
오스테나이트 → 마르텐사이트	150~300℃
마텐자이트 → 트루스타이트	350~500℃
트루스타이트 → 소르바이트	550~650℃
소르바이트 → 펄라이트	700℃

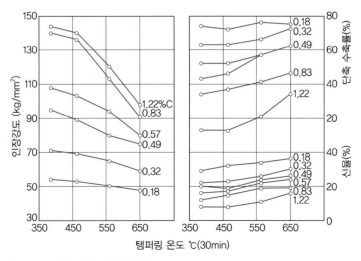

그림 4.40 **탄소강의 뜨임에 의한 기계적 성질**

그림 4.40은 탄소량이 다른 각종 탄소강의 뜨임에 의한 인장 강도와 인성 등을 나타낸 것이다. 뜨임 온도의 상승에 따라 인장 강도는 점차 감소하고 있는 반면에 인성은 점점 상승한다. 따라서 고탄소의 것은 저탄소의 것보다 각각 그 변화의 정도가 크며, 동일한 뜨임 온도를 비교하면 고탄소의 것은 저탄소의 것보다 인장강도가 높고 전성 등은 적다.

(2) 심랭 처리 sub-zero treatment

0℃ 이하의 온도, 즉 심랭(sub-zero) 온도에서 냉각시키는 조작을 심랭 처리라 한다. 이 처리의 주목적은 경화된 강 중의 잔류 오스테나이트를 마르텐사이트화시키는 것으로 공구강의 경도 증가 및 성능을 향상시킬 수 있다. 또한 게이지와 베어링 등 정밀 기계 부품의 조직을 안정시키고 시효에 의한 형상과 치수 변화를 방지할 수 있으며, 특수 침탄용강의 침탄 부분을 완전히 마르텐사이트로 변화시켜 표면을 경화시키고, 스테인리스강에는 우수한 기계적 성질을 부여한다.

그림 4.41과 4.42는 냉각 속도 및 정지 시간에 따른 Ms′점의 변화를 나타낸 것이다.

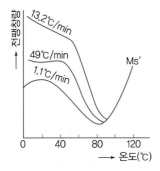

그림 4.41 120℃로 기름 담금질 후 105시간 유지한 후 0.8%C 탄소강의 냉각 속도에 따른 Ms′의 변화

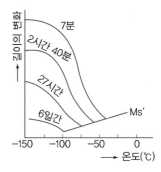

그림 4.42 1,300℃로 2분간 유지 후 기름 담금질한 고속도강의 저온 유지 시간에 따른 Ms′점의 변화

(3) 저온 뜨임

내부응력을 완전히 제거하려면 풀림을 하는데, 이때에는 경도를 크게 감소시키지 않고 내부응력만 제거해야 한다. 그러므로 경도를 희생시키지 않고 내부응력을 제거하기 위해서 실시하는 것이 저온 뜨임이며, 장점은 다음과 같다.

① 담금질에 의한 응력의 제거
② 치수의 경년 변화 방지
③ 연마 균열 방지
④ 내마모성 향상

그림 4.43은 0.025%C의 암코철과 0.3%C의 탄소강 5 mm 환봉을 850℃에서 수중 담금 질한 것을 저온 뜨임으로 응력을 제거할 때의 형상이다.

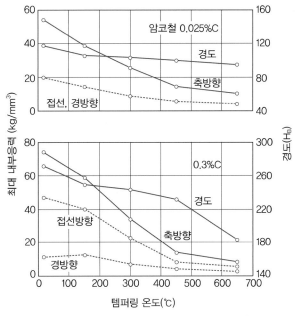

그림 4.43 템퍼링에 의한 내부응력 제거

(4) 고온 뜨임

고온 뜨임은 구조용 합금강처럼 강인성을 필요로 하는 것에 적용된다. 뜨임 온도는 400~ 650℃를 채택하고 뜨임 온도에서 급랭시킨다. 뜨임하는 횟수는 1회로 한다.

(5) 뜨임 경화

고속도강을 담금질한 후에 550~600℃로 재가열하면서 다시 경화된다.

이것을 뜨임 경화라 한다. 따라서 이런 경우는 뜨임 온도로부터의 냉각은 공기 냉각이 필요하며, 급랭시키면 뜨임 균열이 일어나므로 주의해야 한다.

뜨임 시간은 30~60분간을 표준으로 하되 필히 2~3회 반복 실시함이 필요하다. 2회째 뜨임 온도는 첫 번째보다 약 30~50℃ 낮게 하는 것이 좋다.

1 표면 경화의 개요

표면 경화법이란 표층은 경화시키고 심부는 강인성을 유지하게 하는 처리이다. 이 처리에 의한 표면은 마모와 피로에 견디며, 내부는 강인성을 갖게 되어 표면 경화의 취성을 보강하여 내충격성을 높이게 된다.

강의 표면 경화법은 화학적 방법과 물리적 방법으로 구분된다.

화학적 방법에는 침탄법(carbonizing), 청화법(cyaniding), 질화법(nitriding), 시멘테이션 (cementation) 등이 있다. 물리적 방법에는 고주파 표면 경화법(induction hardening), 화염 경화법(flame hardening) 등이 있다.

2 표면 경화의 종류

(1) 침탄법 carbonizing

침탄법에는 침탄제에 따라 고체 침탄법, 액체 침탄법, 가스 침탄법 등이 있다.

고체 침탄법이란 탄소 함유량이 적은 저탄소강을 침탄제 속에 묻고 밀폐시켜 900~950℃의 온도로 가열하면 탄소가 재료 표면에 약 1 mm 정도 침투하여 표면은 경강이 되고, 내부는 연강이 된다. 이것을 재차 담금질하면 표면은 열처리가 되어 단단해지고 내부는 저탄소강이 그대로 연강이 되는 것을 침탄 열처리라 한다.

그림 4.44는 고체 침탄 후의 열처리 과정을 설명한 것이다.

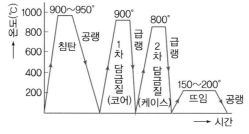

그림 4.44 고체 침탄 담금질의 열처리 작업 과정

① 침탄용 강의 구비 조건
- 저탄소강이어야 한다.
- 표면에 결함이 없어야 한다.
- 장시간 가열해도 결정입자가 성장하지 않아야 한다.

② 침탄제의 종류

- 고체 침탄제 : 목탄, 골탄($BaCO_3$) 40% + 목탄 60%
- 액체 침탄제 : $NaCN$, B_2Cl_2, KCN, $NaCo_3$ 등
- 가스 침탄제 : CO, CO_2, 메탄(CH_4), 에탄(C_2H_6), 프로판(C_3H_8), 부탄(C_4H_{10}) 등

③ 침탄량을 증감시키는 원소

- 침탄량을 감소시키는 원소 : C, N, W, Si 등
- 침탄량을 증가시키는 원소 : Cr, Ni, Mo 등

(2) 질화법 nitriding

합금강을 암모니아(NH_3) 가스와 같이 질소를 포함하고 있는 물질로 강의 표면을 경화시키는 방법으로 침탄법에 비하여 경화층은 얇으나 경도는 크다.

담금질할 필요가 없고 내마모성 및 내식성이 크며, 고온이 되어도 변화되지 않으나 처리시간이 길고 생산비가 많이 든다.

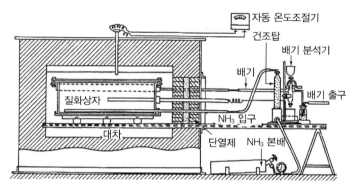

🔩 그림 4.45 **질화로의 구조**

(3) 청화법 cyaniding

탄소, 질소가 철과 작용하여 침탄과 질화가 동시에 일어나게 하는 것으로서 침탄 질화법이라고도 한다. 청화제로는 $NaCN$, KCN 등이 사용된다.

① 장점

- 균일한 가열이 이루어지므로 변형이 적다.
- 산화가 방지된다.
- 온도 조절이 용이하다.

② 단점

- 비용이 많이 든다.
- 가스가 유독하다.
- 침탄층이 얇다.

🔩 그림 4.46 침탄-질화법에 의한 제품 예(자동차 부품)

(4) 화염 경화법 flame hardening

화염 경화법은 산소-아세틸렌 화염으로 제품의 표면을 외부로부터 가열하여 담금질하는
방법이다.

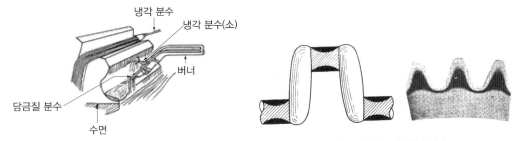

(a) 대형기어의 화염 경화법

(b) 화염 경화된 크랭크축과 기어

🔩 그림 4.47 화염 경화 장치와 예

🔩 그림 4.48 화염 경화와 제품 표면

(5) 고주파 경화법 induction hardening

표면경화할 재료의 표면에 코일을 감아 고주파, 고전압의 전류를 흐르게 하면, 내부까지 적열되지 않고 표면만 급속히 가열되어 적열된 후, 냉각액으로 급랭시켜 표면을 경화시키는 방법이다.

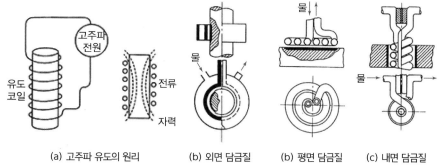

(a) 고주파 유도의 원리   (b) 외면 담금질   (b) 평면 담금질   (c) 내면 담금질

그림 4.49 **고주파 유도**

그림 4.50 **고주파 유도 열처리**

특징은

① 담금질 시간의 단축 및 경비가 절약된다.
② 생산 공정에 열처리 공정의 편입이 가능하다.
③ 무공해 열처리 방법이다.
④ 담금질 경화 깊이 조절이 용이하다.
⑤ 부분 가열이 가능하다.
⑥ 질량 효과가 경감된다.
⑦ 변형이 적은 양질의 담금질이 가능하다.

3 금속 침투법 metallic cementation

금속 침투법은 제품을 가열하여 그 표면에 다른 종류의 금속을 피복하는 동시에 확산에 의하여 합금 피복층을 얻는 방법을 말하며, 크롬(Cr), 알루미늄(Al), 아연(Zn) 등을 피복시키는 방법을 많이 사용하고 있다.

(1) 크로마이징 chromizing

Cr을 강의 표면에 침투시켜 내식, 내산, 내마멸성을 양호하게 하는 방법으로 다이스, 게이지, 절삭 공구 등에 이용된다.

(a) 크롬 인사이드 도어 핸들   (b) 크롬 아웃사이드 도어 핸들

그림 4.51 **크로마이징 제품 예**

① **고체 분말법** Cr 또는 Fe−Cr 분말 60%, Al_2O_3 0%, NH_4Cl 3%의 혼합 분말 중에 넣어 980~1,070℃에서 8~15시간 동안 가열하면 0.05~0.15 mm의 Cr 침투층이 얻어진다.

② **가스 크로마이징** $CrCl_2$ 가스를 이용하여 Cr 합금층을 형성하도록 한 것으로 조성식은 다음과 같다.

$$CrCl_2 + Fe \rightleftharpoons Cr + FeCl$$
$$Cr_2O_3 + 2Fe + 3C \rightleftharpoons 2[Fe-Cr] + 3CO$$

(2) 칼로라이징 calorizing

Al을 강의 표면에 침투시켜 내스케일성을 증가시키는 방법으로, Al 분말 49%, Al_2O_3 분말 49%, NH_4C 2%와 강 부품을 용기에 넣어 노 내에서 950~1,050℃로 가열하고 3~15시간 유지시켜 0.3~0.5 mm 정도의 깊이로 침투시킨다. 이것은 취성이 매우 커서 950~1,050℃에서 4~5시간 확산 풀림하여 사용하며, 900℃까지 고온 산화에 견디므로 고온에 사용되는 기계 기구의 부품에 이용된다.

(3) 실리코나이징 siliconizing

강의 표면에 규소(Si) 성분이 많은 합금층을 형성하는 처리법으로서 규소가 약 15%을 함유하는 규소철 합금층은 내마멸성, 내열성이 극히 우수하여 펌프측, 실린더 라이너관, 나사 등에 사용한다.

Fe-Si 또는 Si-Ca 등에 혼합물에 강재를 묻어 놓고, 염소 중에서 950~1,050℃로 가열한다. 침투층의 깊이는 0.15 mm~1.0 mm 정도이다.

(4) 보로나이징 boronizing

강의 표면에 붕소(B)를 침투 및 확산시키는 방법으로 경도(Hv 1,300~1,400)가 높아 처리 후에 담금질이 필요 없으며, 경화 깊이는 약 0.15 mm 정도이다.

(5) 기타 표면 경화법

위의 방법 외에 흑연봉을 양극(+)에, 모재를 음극(-)에 연결하고, 공기 중에 방전시키면 철강 표면에 2~3 mm 정도의 침탄 질화층을 만드는 방전 경화법, 용접에 의한 하드페이싱 (hard facing), 금속 분말을 분사하는 메탈 스프레이(metal spray) 방법 등이 있다.

6 표면 처리

1 표면 처리의 개요

제품 표면의 일부 또는 전부에 어떠한 특별한 성질이 요구되는 경우에는 부품이 가공된 후 계속하여 표면 처리 공정이 수행된다. 앞서 배운 표면 경화법도 넓은 의미에서 표면 처리의 한 가지 목적을 달성하기 위한 것이다.

표면 처리의 필요성은 다음과 같이 열거할 수 있다.

① 내마멸성, 내침식성, 압입저항성의 향상(공작기계의 안내면, 모든 기계류의 마멸되기 쉬운 표면, 축, 로울러, 캠, 기어 등의 기계요소들)
② 마찰의 조절 및 윤활의 향상(공작기계, 다이, 공구 등의 미끄럼면, 베어링 등에서 윤활제의 유지가 양호하도록 표면 상태를 변화)
③ 제품의 표면보호, 산화방지
④ 미려한 외관, 도장의 용이성 등

2 표면 처리의 종류

(1) 숏 피닝 shot peening

주철, 유리 혹은 세라믹 재료로 수많은 작은 구슬을 공작물 표면에 반복적으로 투사시키는 방법이다. 이 과정에서 표면에는 미소한 압입 흔적이 중첩되어 남게 된다. 소성 변형은 불균일하나 소재의 피로 수명을 향상시키는 효과가 있다.

그림 4.52 **숏 피닝**

(2) 클래딩 cladding

금속 소재의 표면 위에 내부식성을 가진 다른 금속 재료를 로울러나 다른 수단으로 가압하여 얇게 입히는 공정이다. 대표적인 응용 예로 순수 알루미늄 위에 내부식성 알루미늄 합금층을 입히는 알루미늄 클래딩이 있다.

(3) 증착법 vapor deposition

피복 재료의 화합물이 함유된 기체와 제품 표면의 화학반응을 통하여 제품을 피복하는 공정이다. 피복 재료로는 금속, 합금, 세라믹, 탄화물, 질화물, 산화물, 붕화물 등이 사용되며, 금속, 플라스틱, 유리, 종이 등이 모재로 사용될 수 있다.

이 방법은 여러 가지 절삭공구(바이트, 드릴, 리머, 밀링커터 등), 다이와 펀치, 기타 마멸되기 쉬운 부품들의 피복에 응용되고 있다.

증착법은 크게 물리적 증착법(PVD)과 화학적 증착법(CVD)으로 구분되며, 물리적 증착법에는 진공증착법, 아크증착법, 스퍼터링(sputtering), 이온도금법(ion plating) 등의 방식들이 있다.

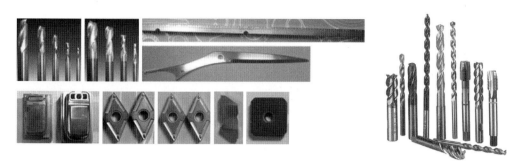

🔩 그림 4.53 CVD와 PVD 코팅된 절삭공구와 기타 제품

(4) 기타 표면 처리법 ion implantation

위의 방법 외에 이온 주입법(ion implantation), 전기도금(electroplating), 양극 처리법(anodizing), 도장(painting) 등이 있다.

🔩 그림 4.54 전기 아연 합금과 니켈합금 도금 제품

CHAPTER 5

측정과 수기 가공

1. 측정의 개요
2. 수기 가공과 조립 작업

1 측정의 개요

기계 가공 과정에서 기계 요소는 공작물의 치수, 형상, 표면 상태가 공작도에 표시된 일정한 요구를 만족시켜야 한다. 이 중에서 치수, 형상, 표면 상태 등을 가공 중이나 제작 후에 측정하여 치수로 나타낸 것을 측정(measurement)이라 한다.

1 측정의 기초

측정에서는 단위를 나타내는 표준기나 눈금 또는 단위와 관계가 있는 눈금이 마련된 기기를 사용한다.

기계 제품은 치수, 모양, 직각도, 평행도, 평면도, 진직도, 표면 거칠기 등이 지정된 대로 가공되었는지를 확인하기 위하여 기계 가공 중이거나 가공이 완료된 후에 측정하여 제품을 평가하게 된다. 부품 측정은 일반적으로 길이, 각도 및 다듬면의 거칠기를 측정하게 된다.

(1) 측정 오차

측정의 오차(error)는 측정값으로부터 참값(true value)을 뺀 값으로 정의하며, 같은 조건하에서 몇 번이고 되풀이하여 측정하였을 때에도 측정값에는 다소의 오차가 생기게 되는데, 오차를 줄이면서 빠르고 정확한 측정값을 쉽게 읽을 수 있도록 눈금(scale)에서 지침(dial)으로 그리고 최근에는 디지털(digital)로 바뀌고 있다.

측정값과 참값과의 차이를 절대 오차 또는 오차라 하고, 오차의 참값 또는 측정값과의 비율을 상대 오차라 하며, 다음과 같이 나타낼 수 있다.

$$오차 = 측정값 - 참값$$
$$상대 오차 = 오차 / 참값 또는 측정값$$

여기서 상대 오차는 보통 백분율(%)로 표시하여 백분율(%) 오차라고도 한다.

① 계통 오차 systematic error 측정값에 어떤 일정한 영향을 주는 원인에 의하여 생기는 오차를 계통 오차라 하며, 다음과 같이 구분하고 있다.

- 계기 오차(instrumental error) : 측정기가 불완전하거나 사용상의 제한 등으로 생기는 오차
- 환경 오차(environment error) : 온도(치수 측정의 표준온도 : 20℃), 압력, 습도 등 측정 환경의 변화에 의해 측정기나 측정량이 규칙적으로 변화하기 때문에 생기는 오차
- 개인 오차(personal error) : 관측자의 개인적인 버릇으로 인하여 생기는 오차
- 이론 오차(theoretical error) : 사용하는 공식이나 근사계산 등으로 인하여 생기는 오차

이상과 같은 오차들은 기기의 특성, 관측자 자신의 습성 등을 잘 파악하고, 기기의 점검 및 이론적 검토 등을 통해서 어느 정도 줄일 수 있다.

② **과실 오차** 측정자의 부주의로 생기는 오차를 과실 오차라 한다. 이것은 주의해서 측정하고, 또 결과를 정리하면 줄일 수 있다.

 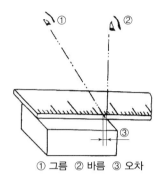

① 그름 ② 바름 ③ 오차

🌀 그림 5.1 **시차와 오차**

③ **우연 오차** 측정자와는 관계없이 우연하고도 필연적으로 생기는 오차이다. 이 우연 오차 는 그 성질상 같은 측정을 몇 번이고 되풀이하면 어떤 측정에서는 정(+), 다른 측정에서 는 부(−)로 우연적으로 나타난다.

(2) 측정기의 성능

① **측정기의 감도와 정도**

- **측정기의 감도** : 측정하려는 양의 변화는 지침이 나타내는 지시량의 변화 단계를 측정기 의 감도(感度, sensitivity)라 한다. 감도를 나타내는 방법은 여러 가지 있으나, 보통은 측정기의 최소 눈금으로 나타낸다. 예를 들면, 측정하려는 양이 0.01 mm 변했을 때의 게이지 지침이 1눈금 움직였다고 하면 이 다이얼 게이지의 감도는 1눈금에 대하여 0.01 mm라고 한다. 1눈금이 작을수록 감도가 좋다고 한다. 또 디지털형은 0점 이하의 자릿수가 많을수록 감도가 좋다.

- **측정기의 정도** : 측정기를 사용하는 방법이 옳고 정상적인 측정기로 측정하였을 때에 나 타나는 최대 오차를 그 측정기의 정도(정밀도)라 한다. 일반적으로 그 절댓값에 ±를 붙여서 표시한다. 그러나 측정기를 오래 사용함에 따라 각 부분의 마멸 등에 의해 측정 기의 정도가 떨어지게 된다.

② **정도와 감도의 관계** 정도가 좋은 측정 결과를 얻으려면 감도가 좋은 측정기를 사용할 필요가 있다. 그러나 감도가 좋은 측정기가 정도가 좋은 측정기라 말할 수는 없다. 감도 는 확대율을 크게 할 수 있으나 측정 결과 지시하는 값이 측정량의 정확한 값을 나타낸

다고 보증할 수는 없다. 감도가 측정기의 정도에 비해 필요 이상으로 확대되면, 그 지시가 불안정해진다. 이에 따라 측정 범위가 좁아져서 사용이 불편해진다. 따라서 측정기는 정도에 알맞은 감도를 갖고 있어야 한다.

③ 측정 대상과 분류

■ 측정 대상과 측정기의 분류 : 기계 부품을 측정할 때는 먼저 측정할 부품의 모양과 정밀도에 따라 적합한 측정기기를 선택해야 한다. 표 5.1은 기계 부품을 주 대상으로 하는 측정 기기들을 측정 대상별로 분류한 것이다.

▶○ 표 5.1 측정 대상과 측정 기기의 분류

측정 대상	측정 기기의 분류
외경, 길이 측정	버니어 캘리퍼스, 외경 마이크로미터, 축용 한계 게이지, 공기 마이크로미터, 외경 지침 측미기 등
내경 측정	내경용 한계 게이지, 내경 마이크로미터, 내경 지침 측미기 등
각도 측정	만능 각도기, 사인 바, 각도 게이지 등
나사 측정	나사 마이크로미터, 공구 현미경 등
기어 측정	기어 시험기, 치형 버니어 캘리퍼스 등
다듬면의 측정	옵티컬 플랫, 스트레이트 에지, 정반, 정밀 수준기, 오토 콜리미터 등

■ 길이 측정용 기기와 특징 : 각종 기계 부품의 길이를 측정할 때 쓰이는 주요 측정 기기를 분류하면 표 5.2와 같다.

▶○ 표 5.2 길이 측정용 기기와 특징

측정 방법	측정 내용	측정 기기	측정 기기의 특징	비고
직접 측정	실제 치수를 측정하는 것	버니어, 디지털, 캘리퍼스, 마이크로미터 측정기, 투영기	기준이 되는 치수 눈금이 있는 것으로, 실제 치수를 직접 읽을 수 있다. 직접 측정 또는 실장 측정이라고도 한다.	scale indicater 디지털화 추세
비교 측정	실제 치수와 표준 치수와의 차를 측정하는 것	다이얼 인디케이터, 공기 마이크로미터	블록 게이지 등의 표준 게이지와 같이 표준 치수가 있는 것에 맞추어 실제 치수와의 차를 비교, 측정하는 것이며, 양선적 측정에 적합하다. 간접 측정 또는 비교 측정이라고도 한다.	다이얼과 인디케이터 및 센서를 도입한 자동화 추세
한계 측정	부품의 치수가 허용차 안에 있는지를 측정하는 것	한계 게이지(축용, 구멍용, 길이용, 깊이용 등)	부품의 치수를 직접 측정할 수는 없으나, 그 부품의 치수가 허용 공차 안에 있는지를 판정하는 데 편리하다. 대량 생산, 품질관리 등의 분야에서 치수 검사에 쓰인다.	로봇, 센서 및 컴퓨터를 종합한 관리 시스템에 통합 추세

④ **다듬면 측정** 기계 부품의 다듬면은 기계 가공 정밀도가 높아질수록 그 정밀도는 더욱 중요한 요소가 된다. 다듬면의 좋고 나쁨은 그 다듬면의 형상 정밀도와 표면 정밀도를 고려하여 이들이 어느 정도까지 허용되는지에 따라 결정된다. 여기서 형상 정밀도란 다듬면 전체의 정확한 형상에서 이탈된 정도를 뜻하며, 측정물에 따라 평면도, 진직도, 진원도, 원통도, 구면도 등이 포함된다. 표면 정밀도는 표면 거칠기와 표면의 파형으로 나타낸다.

(3) 부품의 측정과 측정기의 종류

① **내·외경 측정** 부품의 내 외경 측정에는 일반적으로 캘리퍼스, 버니어 캘리퍼스, 마이크로미터 등이 사용된다. 대량 생산 공정에서는 측미계(測微計)를 응용한 내·외경 측정 전용의 측정기가 사용되고 있다.

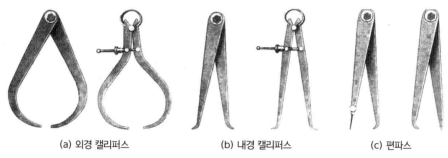

(a) 외경 캘리퍼스   (b) 내경 캘리퍼스   (c) 편파스

그림 5.2 **일반 캘리퍼스**

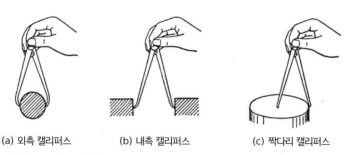

(a) 외측 캘리퍼스   (b) 내측 캘리퍼스   (c) 짝다리 캘리퍼스

그림 5.3 **캘리퍼스에 의한 공작물 측정**

- 캘리퍼스(calipers) : 보통 캘리퍼스(calipers)는 그림 5.2와 같으며, 원통공작물의 지름이나 길이의 측정 또는 설정한 치수나 크기를 자의 눈금과 같이 표준이 되는 것과 비교하는 데 사용된다.
- 버니어 캘리퍼스(vernier calipers) : 버니어 캘리퍼스(vernier calipers)는 본척(本尺)상에 부척(副尺)이 이동할 수 있는 구조로, 부척의 눈금을 사용하여 부척의 한 눈금보다 작은 치수 범위를 어느 정도 정확하게 측정할 수 있다.

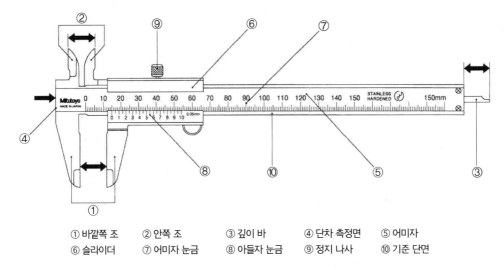

① 바깥쪽 조   ② 안쪽 조   ③ 깊이 바   ④ 단차 측정면   ⑤ 어미자
⑥ 슬라이더   ⑦ 어미자 눈금   ⑧ 아들자 눈금   ⑨ 정지 나사   ⑩ 기준 단면

🔩 그림 5.4 버니어 캘리퍼스의 명칭

특히 공작물의 길이, 외경, 깊이 등을 측정할 수 있고, 또 그 측정 범위도 상당히 넓어 대단히 편리한 측정 기구이다. 캘리퍼스에는 밀리(mm)용, 인치(inch)용 또는 밀리용과 인치용의 눈금이 상하로 나누어 새겨져 있는 겸용이 있다.

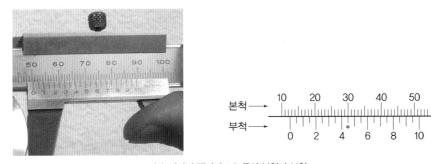

(a) 버니어 캘리퍼스 눈금의 본척과 부척

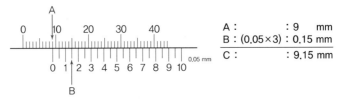

A :   : 9   mm
B : (0.05×3) : 0.15 mm
C :   : 9.15 mm

(b) 버니어 캘리퍼스 눈금읽기

🔩 그림 5.5 버니어 캘리퍼스 눈금 읽는 방법

(a) 외경 측정

(b) 내경 측정

(c) 깊이 측정

🦴 그림 5.6 버니어 캘리퍼스의 측정

밀리용에서는 1/20 mm 및 1/50 mm까지, 인치용에서는 1/128 in, 1/200 in 및 1/1,000 in까지 측정할 수 있다. 또 M형 캘리퍼스, CB형 캘리퍼스, CM형 캘리퍼스가 있으며, 최근에는 그림 5.7(b)와 같은 다이얼형에서 그림 5.7(a)와 같은 디지털형이 일반화되고 있다.

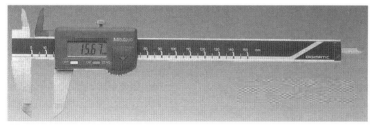

(a) 디지털형

(b) 다이얼형

(c) 버니어형

🦴 그림 5.7 캘리퍼스의 형식

③ 마이크로미터 micrometer

■ **외측 마이크로미터** : 외측 마이크로미터에는 그림 5.8(b)와 같이 표준형 외에 측정값을 제시하는 형식에 따라 그림 5.8(a)와 같은 디지털형(digital type) 등이 있다. 다이얼형은 측정물의 한계치수를 다이얼 게이지가 지시할 수 있어 편리하다.

(a) 디지털형

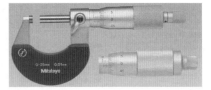
(b) 표준형

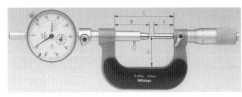
(c) 다이얼형

🔧 그림 5.8　**외측 마이크로미터의 형식**

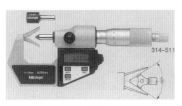
(a) V-앤빌 마이크로미터와 사용

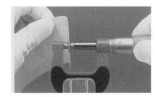
(b) 디스크 기어 마이크로미터와 사용

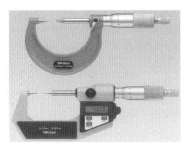
(c) 포인트 마이크로미터와 사용

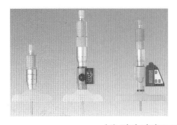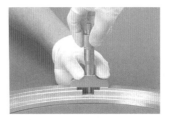
(d) 깊이 마이크로미터와 사용

🔧 그림 5.9　**내측 마이크로미터의 형식**

마이크로미터는 피치(pitch)가 정확한 나사를 이용하여 치수를 측정하는 기구이며, 보통 간단하고 정밀한 측정 기구로서 가장 많이 사용되고 있다.

마이크로미터는 나사가 1회전함에 따라 1피치 만큼 전진한다는 성질을 이용한 측정 기로서, 미터식은 피치가 0.5 mm이므로 1 mm를 이동하려면 2회전이 필요하다. 딤블 (thimble)의 원주는 50등분되었으므로 0.5×1/50 = 1/100이다.

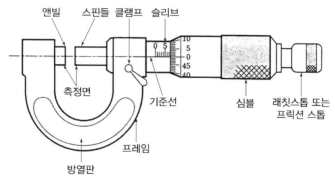

앤빌   스핀들 클램프 슬리브

측정면   기준선   심블   래칫스톱 또는
                                    프릭션 스톱

프레임

방열판

🔩 그림 5.10 **마이크로미터의 명칭**

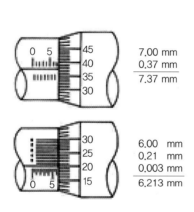

7.00 mm
0.37 mm
7.37 mm

6.00 mm
0.21 mm
0.003 mm
6.213 mm

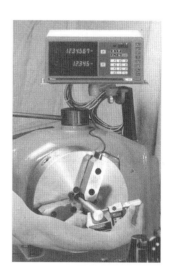

🔩 그림 5.11 **마이크로미터의 측정값 읽기**

■ 내측 마이크로미터 : 내측 마이크로미터(inside micrometer)에는 그림 5.12(a), (b)와 같은 캘리퍼스형과 로드형의 2종류가 있다. 캘리퍼스형의 측정범위는 5~50 mm이고 그 이상의 것은 로드형을 사용한다. 또 로드형에는 연장대(extension)를 사용하여 측정 범위를 크게 하는 것이 많으나 단체형에 비하여 정도가 낮다. 그림 5.13(a)는 지름이 큰 경우로서 로드형에 연장대를 끼우고 구멍의 지름을 측정하는 보기이다.

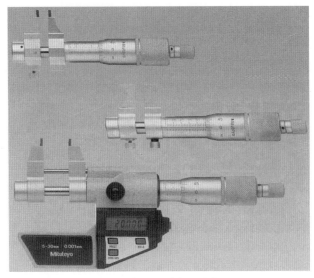

(a) 캘리퍼스형 마이크로미터

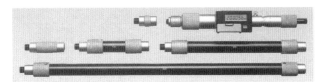

(b) 로드형 마이크로미터

◎ 그림 5.12 내측 마이크로미터의 형식

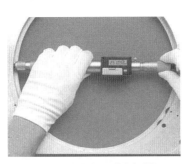

(a) 로드형 마이크로미터의 사용

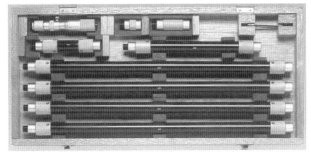

(b) 로드형 마이크로미터 세트

◎ 그림 5.13 로드형 마이크로미터와 사용

② 하이트 게이지 height gauge   대형 부품, 복잡한 형상의 부품 등을 정반 위에 올려놓고 정반 면을 기준으로 하여 높이를 측정하거나, 스크라이버(초경팁) 끝으로 금긋기 작업을 하는데 사용하는 측정기를 버니어 하이트 게이지 또는 하이트 게이지(height gauge)라고 한다.

■ 버니어 하이트 게이지의 크기는 정반 위에서 측정할 수 있는 높이에 의하여 구분되며, 호칭치수는 보통 150 mm, 300 mm, 600 mm, 1,000 mm 등이 있다. 그림 5.14는 버니어 하이트 게이지의 예로, 버니어 캘리퍼스처럼 미터식에서는 부척의 눈금으로 1/20 mm 또는 1/50 mm까지 읽을 수 있다.

그림 5.15는 하이트 게이지로 공작물을 측정하는 예로 초경합금 금긋기를 설치한 하이트 게이지의 예이며, 유리, 경화강 또는 기타의 경도가 높은 물질을 대상으로 마름질 선을 그을 때 사용된다.

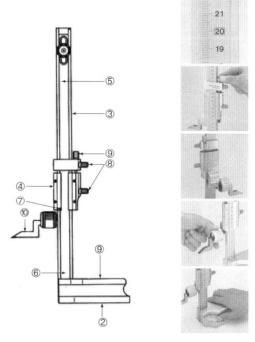

🔩 그림 5.14 **버니어 하이트 게이지와 위치 조정방법**

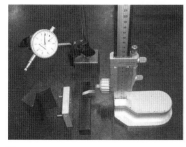
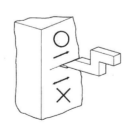

🔩 그림 5.15 **버니어 하이트 게이지와 작업**

■ 다이얼 및 디지털형 하이트 게이지 : 그림 5.16(a)는 하이트 게이지에 다이얼 테스트 인디케이터를 부착하여 비교 측정에도 사용할 수 있는 다이얼 하이트 게이지(dial height gauge)이다. 그림 5.16(b)는 정밀 측정용으로 디지털로 현재 위치를 1/100 mm 또는 1/1,000 mm 단위로 나타낼 수 있는 초정밀 디지털 높이 게이지(high precision height gauge)의 예이다.

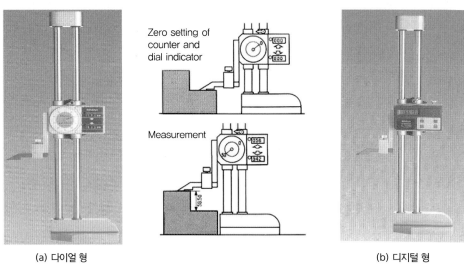

(a) 다이얼 형   (b) 디지털 형

그림 5.16 **다이얼 및 디지털 하이트 게이지**

(4) 깊이 측정

① 버니어 깊이 게이지 깊이 게이지는 구멍, 홈(slot), 카운터보어(counterbore) 등의 깊이 측정에 사용된다.

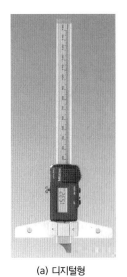 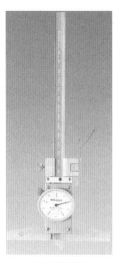 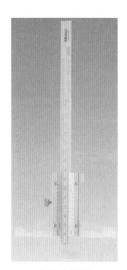

(a) 디지털형   (b) 다이얼형   (c) 버니어형

그림 5.17 **깊이 게이지 형식**

그림 5.17(c)는 버니어 깊이 게이지(vernier depth)의 예로 눈금이 새겨 있는 150 mm, 200 mm 또는 300 mm의 본척과 부척으로 되어 있다. 깊이 게이지의 측정 범위는 0~150 mm, 0~200 mm, 0~300 mm가 있으며, 큰 것은 0~1,000 mm의 것도 있다.

② 깊이 측정 마이크로미터 : 깊이 측정 마이크로미터(micrometer depth gauge)는 마이크로미터 깊이 게이지라고도 하며, 그 구조는 그림 5.18과 같이 플랫 베이스(flat base)와 헤드로 구성되어 있다. 그림 5.18은 깊이 측정 마이크로미터의 사용 예이다.

(a) 깊이의 측정

(b) 깊이 마이크로미터

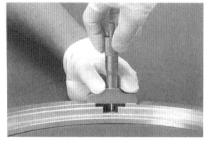
(c) 단축의 길이 측정

그림 5.18 **깊이 마이크로미터와 사용**

2 게이지 gauge

(1) 표준 게이지와 한계 게이지

① 표준 게이지 표준 게이지(standard gauge)란 공작용 게이지와 검사용 게이지의 기준으로 사용되는 눈금이 없는 측정 기구로서, 측정기의 검사나 비교 측정기의 위치를 정하는 데 사용한다.
  ■ 블록 게이지 : 표준 게이지로서 가장 널리 사용되는 블록 게이지(block gauge)는 게이지 블록(gauge block)이라고도 하며, 표준 게이지 중에서도 길이의 기준이 된다. 블록 게이지는 그림 5.19와 같이 여러 가지 두께의 합금 공구강의 직육면체를 조합하여 한 조로 한 것으로,

그림 5.19 **블록 게이지 세트**

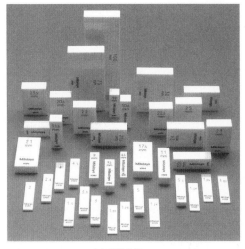

(a) 요한슨형

(b) 호크형

 그림 5.20 **블록 게이지의 종류**

육면 중에서 상대하는 두면이 정확하게 평행 평면으로 만들어져 있어 밀착하여 사용해도 1 mm 간격으로 조합할 수 있다.

블록 게이지 형상은 직사각형의 단면을 가진 요한슨형, 중앙에 구멍이 뚫린 정사각형의 단면을 가진 호크(hoke)형과 원형으로 구멍이 뚫린 캐리(care)형, 팔각형 단면으로서 2개의 구멍을 가진 것들이 있다.

블록 게이지의 재질은 고탄소강을 많이 사용하며, 마멸을 방지하기 위하여 초경합금으로 제작되고 있으며, 고탄소강재의 블록 게이지에 크롬 도금을 한 것이 있다.

최근에는 세라믹으로 제작되어 각광을 받고 있다.

■ 표준 원통 게이지 : 표준 원통 게이지(standard cylindrical gauge)는 그림 5.21과 같이 표준 플러그 게이지(standard plug gauge)와 링게이지(ring gauge)가 한 짝으로 되어 있는 것이 보통이다. 플러그 게이지는 외면을 정확한 호칭 치수로, 링게이지는 내경을 정확한 호칭 치수로 정밀 가공한 것이다. 플러그 게이지는 공작물 구멍의 지름을 검사하며, 링게이지는 가공된 외경을 검사하는 기준이 된다.

(a) 플러그 게이지

(b) 링게이지

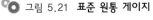 그림 5.21 **표준 원통 게이지**

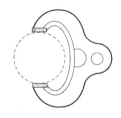

(a) 외경용

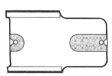
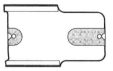

(b) 내경용

그림 5.22 **표준 캘리퍼스 게이지**

- **표준 캘리퍼스 게이지(standard calipers gauge)** : 그림 5.22와 같이 내경 게이지와 외경 게이지로 한 짝을 이루고 있으며, 이것이 일체로 만들어진 것도 있다. 내경용 게이지의 측정면은 원통의 일부를 이루고 있으며, 주로 내외 퍼스의 기준 치수로 사용된다. 외경용은 주로 한계 게이지를 사용하지 않는 공장에서 많이 사용되며, 일명 C게이지라고도 한다.
- **표준 테이퍼 게이지** : 표준 테이퍼 게이지(standard taper gauge)는 그림 5.23과 같이 원통형의 플러그 게이지 및 링게이지와 유사한 한 짝의 게이지를 말한다. 테이퍼는 모오스 테이퍼(Morse taper) 또는 브라운 샤프 테이퍼(Brown & sharpe taper)의 번호(규격)에 맞추어 제작한다.

(a) 플러그 게이지   (b) 링 게이지

그림 5.23 **표준 테이퍼 게이지**

- **표준 나사 게이지** : 각종 치수의 나사를 정밀히 만든 게이지로서, 특히 다이스(dies), 탭, 기타 정밀한 나사 제작에 사용되며, 플러그 게이지와 링게이지로 되어 있다.

통과측   정지측

그림 5.24 **표준 나사 게이지**

② **한계 게이지 limit gauge**   제품의 호환성을 충분하게 하기 위해서는 2개의 게이지를 조합하여 각각 제품에 공차(최대치수−최소치수) 범위를 주며, 이때 공차 범위를 측정하는 게이지를 한계 게이지라 한다. 한계 게이지는 통과측과 정지측을 갖추고 있는데 정지측으로 제품이 들어가지 않고 통과측으로 제품이 들어가는데, 그때의 제품은 주어진 공차 내에 있음을 나타내는 것이다. 그림 5.25는 플러그 게이지의 종류로 원통형과 평형의 예로서 Go, No−Go의 한계 치수가 표기되어 있다.

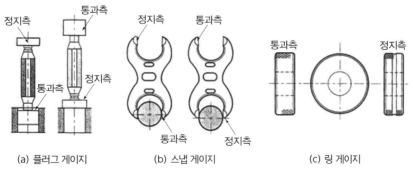

(a) 플러그 게이지   (b) 스냅 게이지   (c) 링 게이지

그림 5.25 **한계 게이지의 종류**

(2) 인디게이터

① 인디케이팅 플러그 게이지 부품의 내경이나 구멍을 정확하고 빠르게 측정·점검할 수 있는 플러그 게이지로, 그림 5.26과 같은 인디케이팅 플러그 게이지(indicating plug gauge)가 있으며, 대량 생산 라인에서 정밀 측정·점검에 사용되고 있다.

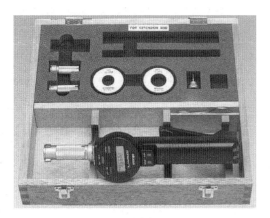

(a) 디지털 형

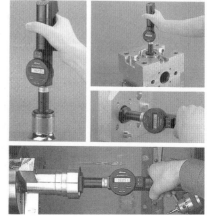

(b) 측정 예

🔩 그림 5.26 **인디케이팅 플러그 게이지**

② 인디케이팅 스냅 게이지 축, 볼트, 스핀들의 원통과 길이 및 공작물 두께의 측정과 검사용으로, 측정 결과가 인디케이터 또는 디지털에 지시된다. 그림 5.27은 인디케이팅 스냅 게이지(indicating snap gauge)의 수평형과 수직형의 예이며, 생산 현장과 실험실에서 편리하게 사용된다.

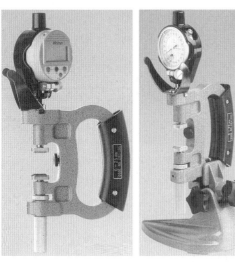

(a) 수직형

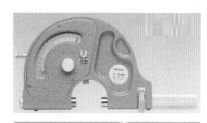

(b) 수평형

🔩 그림 5.27 **인디케이팅 스냅 게이지**

③ **전기 인디케이터** 가공물을 검사할 때 한계 게이지의 기능을 전기적으로 No－Go(red),
　Go(green)로 표시된다. No－Go는 재작업 등의 램프 시퀀스(lamp sequence) 스위치
　가 있는 측정기를 전기 인디케이터(electrical indicator)라 하며, 생산제품 검사에 사용
　된다. 그림 5.28은 전기 인디케이터의 예이다.

🔧 그림 5.28 　전기 인디케이터

(3) 기타 게이지

① 틈새·반경 게이지

■ **틈새 게이지** : 접점 또는 작은 틈새의 간극 점검과 측정에 사용되는 게이지를 틈새 게이
지, 간극 게이지(clearance gauge) 또는 필러 게이지(feeler gauge)라고 한다. 이 게
이지는 그림 5.29(a)와 같이 폭이 약 12 mm, 길이 약 65 mm의 서로 다른 두께의 강
편에 각각의 두께가 표시되어 있으며, 게이지 각 편의 두께는 보통 0.025~0.5 mm로
되어있다.

(a) 틈새게이지　　　　　　　　　　(b) 측정 예(피스톤링 간격 점검)

🔧 그림 5.29 　틈새 게이지와 사용법

■ **반경 게이지** : 반경 게이지(radius gauge)는 R 게이지라고도 하며, 그림 5.30(a), (c)와
같이 여러 치수의 것이 조합되어 있다. 그림 5.30에 (b), (d)는 양쪽 반경 게이지
(double ended radius gauge)를 사용하는 것으로 게이지의 안쪽과 바깥쪽의 반지름
은 같다.

(a) 반경게이지

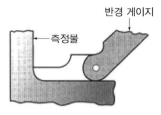

(b) 내측 측정 예

(c) 반경게이지

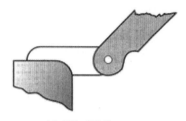

(d) 외측 측정 예

🔩 그림 5.30 반경 게이지와 사용법

② **피치 게이지와 센터게이지** 나사의 피치 또는 나사의 산수를 알아보는 게이지를 나사 피치게이지 (screw pitch gauge)라 한다. 이 게이지는 그림 5.31(a)와 같이 얇은 강판에 각종 나사 피치의 산형을 조합한 측정용 게이지로 인치(inch)식 휘트워드 나사용과 미터나사(metric thread)용이 있다. 그림 5.31(b)는 숫나사의 측정의 사례를 보여 주고 있다. 센터 게이지와 애크미 게이지는 선반에서 나사 바이트 설치 및 나사깎기 바이트 공구각을 검사하는 게이지이다.

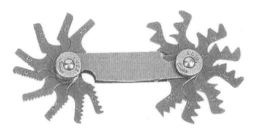

(a) 피치 게이지

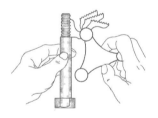

(b) 숫나사 측정 예

🔩 그림 5.31 나사 게이지와 사용법

(a) 센터 게이지

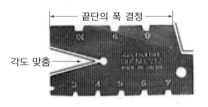

(b) 애크미 게이지

🔩 그림 5.32 각도 검사용 게이지

③ 와이어·드릴 게이지

■ 와이어 게이지 : 쇠줄의 굵기와 판재의 두께 측정에 사용되는 게이지를 와이어 게이지 (wire gauge)라 한다. 측정값은 번호로 나타내며, 모양이 그림 5.33과 같이 둥글고 그 원둘레에 측정용 홈이 파져있다. 이 틈새를 쇠줄이 적당한 끼워맞춤 정도로 통과할 때 그 틈새에 표기된 숫자로 굵기를 읽을 수 있다.

그림 5.33 **와이어 게이지**

■ 드릴 게이지 : 드릴의 지름을 알아보고 알맞은 크기의 드릴날을 찾을 때 사용하는 게이지를 드릴 게이지(drill gauge)라 한다. 게이지의 구멍은 보통 12.5 mm 이하이고, 그림 5.34(a)와 같이 드릴날의 크기가 표시되어 있다. 그림 5.34(b)는 드릴의 각도를 측정하는 드릴 포인트 게이지이다.

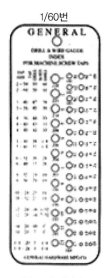

(a) 드릴 게이지   (b) 드릴 포인트 게이지

그림 5.34 **드릴 게이지**

④ 두께 게이지 : 그림 5.35는 새로운 형식의 두께 게이지(thickness gauge)로 종이, 가죽, 와이어, 플라스틱, 판금 소재 등을 대상으로 측정·검사할 수 있으며, 그림 5.35(a)는 다이얼형을, 5.35(b)는 다이얼형과 디지털형의 예이다.

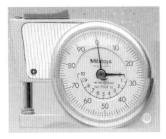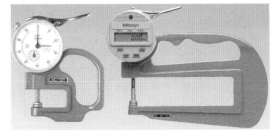

(a) 다이얼 형   (b) 다이얼형과 디지털형

🔩 그림 5.35 두께 게이지

2 | 수기 가공과 조립 작업

▣ 수기 가공 hand finishing의 개요

수기 가공은 공작 기계를 사용하지 않고 정(chisel), 줄(file), 스크레이퍼(scraper), 해머, 톱, 탭(tap) 등의 공구를 사용하여 손으로 가공하는 것으로, 그라인더나 드릴링 등의 간단한 작업도 수기 가공에 포함된다.

최근에는 기계 가공 기술의 발달로 수기 가공 분야는 좁아져 가고 있다.

(1) 금긋기

금긋기 작업은 가공의 기준이 되는 중요한 작업으로, 소재를 가공하기에 앞서 잘라내거나 깎아낼 분량의 어림을 잡는 기준선을 긋거나 구멍을 뚫을 위치에 펀칭하고, 필요한 중심선, 기준선, 가공선 등을 표시하는 작업을 금긋기(marking off lay out)라 한다. 금긋기는 기본적으로 정반 위에서 하게 된다.

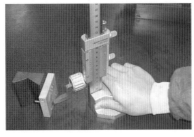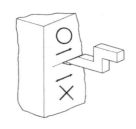

🔩 그림 5.36 금긋기 작업

| (a) 정반 | (b) 서피스 게이지 | (c) V 블록 | (d) 펀치 |

그림 5.37 **금긋기 작업에 필요한 공구**

(2) 정작업 chipping

정(chisel)은 쐐기형의 날카로운 날을 갖는 것으로 공작물 표면의 흑피나 다듬질 여유가 클
때, 해머로 정의 머리를 때려서 정의 선단으로 공작물의 여유 부분을 깎거나 잘라내는 작업
을 할 때 사용한다.

정작업에 사용되는 공구로는 정과 바이스, 해머 등이 있다.

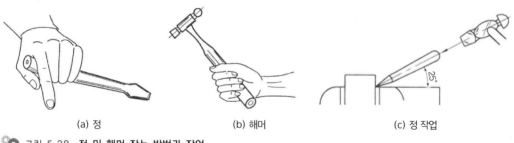

| (a) 정 | (b) 해머 | (c) 정 작업 |

그림 5.38 **정 및 해머 잡는 방법과 작업**

| (a) 중형 | (b) 소형 |

그림 5.39 **정의 종류**

(3) 줄과 줄작업

수공구인 줄(file)을 사용하여 공작물의 평면 또는 곡면을 손 다듬질하는 작업을 줄가공(filing) 또는 줄작업(file work)이라 한다. 기계 가공과 비교하면 매우 비능률적인 가공법이지만, 수량이 적은 기계 다듬질의 보조적인 작업 외에 게이지류, 치공구(治工具), 금형의 마무리 가공에서는 줄에 의한 정교한 가공이 필요하고, 기계 조립, 조정, 수리에서도 줄에 의한 다듬질 가공이 필요하다.

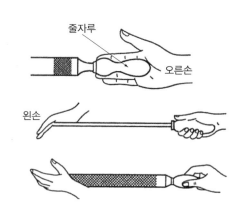

그림 5.40 줄에 의한 작업과 줄 잡는 방법

목용 평

바베트 평

목용 반원

셀룰로이드

그림 5.41 줄의 종류

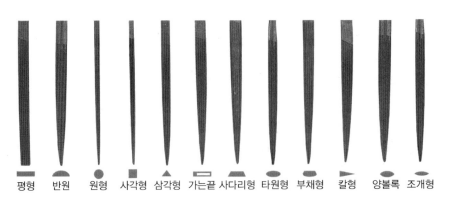

평형 반원 원형 사각형 삼각형 가는끝 사다리형 타원형 부채형 칼형 양볼록 조개형

그림 5.42 조줄 세트

평면을 다듬질할 때의 줄 작업 방법은 그림 5.43과 같이 직진법(straight filing), 사진법(diagonal), 횡진법(draw filing) 등이 있다.

보통 줄의 사용 순서는 황목(bastard) → 중목(second) → 세목(smooth) 순으로 작업한다.

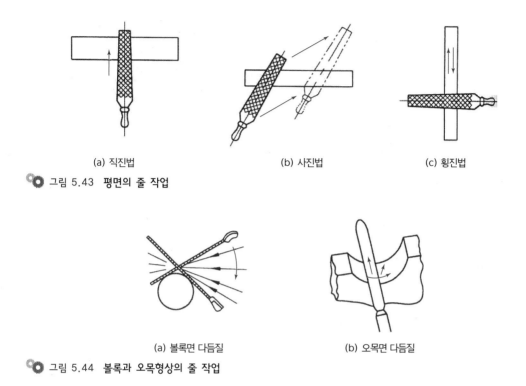

(a) 직진법   (b) 사진법   (c) 횡진법

그림 5.43 **평면의 줄 작업**

(a) 볼록면 다듬질   (b) 오목면 다듬질

그림 5.44 **볼록과 오목형상의 줄 작업**

(4) 스크레이퍼와 스크레이핑

공작 기계로 가공한 평면 또 베어링면을 기준이 되는 평면 또는 축과 문지르면 닿는 부분에 자국이 생기는데, 이 자국을 깎아내는 손 공구를 스크레이퍼(scraper)라 하며, 스크레이퍼로 다듬는 작업을 스크레이핑(scraping)이라 한다. 공작 기계의 베드, 미끄럼면, 측정용 정밀정반 등의 최종 마무리 작업에 사용되는 오래된 정밀 손가공법이다.

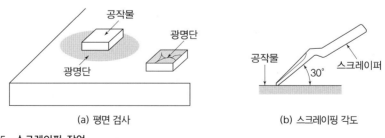

(a) 평면 검사   (b) 스크레이핑 각도

그림 5.45 **스크레이퍼 작업**

그림 5.46 스크레이퍼를 잡는 방법

① 스크레이핑 공구 스크레이핑에 사용되는 공구에는 스크레이퍼 외에 기름 숫돌과 정반
및 스트레이트 에지 등이 필요하다.

- **스크레이퍼의 종류와 모양** : 스크레이퍼는 공구강을 단조 성형한 다음, 날을 담금질하고,
  뜨임을 하지 않는 상태에서 연삭 후 기름 숫돌에서 예리하게 갈아 사용한다. 스크레이
  퍼는 그림 5.47과 같이 그 사용 목적에 따라 여러 가지가 있다.

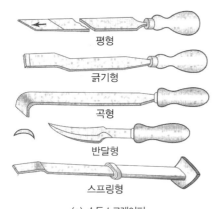

평형

긁기형

곡형

반달형

스프링형

(a) 수동스크레이퍼

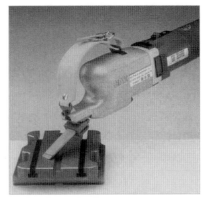

(b) 자동스크레이퍼

그림 5.47 스크레이퍼의 종류와 모양

- **기름 숫돌** : 기름 숫돌(oil stone)에는 천연산과 인조산이 있다. 인조 숫돌은 알루미나
  (Al_2O_3)와 탄화규소(SiC)의 결정체를 분쇄하여 일정한 모양으로 소결하여 만든 것을 사
  용한다.
- **정반과 스트레이트 에지** : 스크레이퍼 작업에는 평면 정밀도와 직선 정밀도를 검사하는
  기준으로 정밀 정반과 스트레이트 에지를 사용한다.

② 스크레이핑

- **평면의 스크레이핑** : 평면의 스크레이핑은 정반을 기준면으로 사용하여 정반면에 적색 페
  인트, 광명단 그리고 산화철 등의 분말을 개서 만든 도료를 기준면에 얇게 바른 다음,

공작물의 표면을 맞대고 문지르면 공작물의 높은 부분에 도료가 묻게 된다. 이 부분을 스크레이퍼로 제거하는 다듬질 작업이다.

- **작은 면의 스크레이핑** : 작은 면의 스크레이핑은 그림 5.48(b)와 같이 공작물을 바이스에 고정하여 다듬질한다. 이 경우에는 가공할 면을 상대 기준면과 문지르고, 높은 부분을 깎아내는 작업을 되풀이한다.
- **곡면의 스크레이핑** : 주로 내곡면을 대상으로 하게 되는데, 곡면에 알맞은 크기의 곡면 스크레이퍼를 사용하여 그림 5.48(c)와 같은 방향과 순서로 스크레이핑한다.

  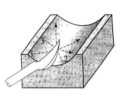

| (a) 평면 스크레이핑 | (b) 작은면 스크레이핑 | (c) 곡면 스크레이핑 |

 그림 5.48 **스크레이핑**

2 조립과 분해 작업

기계 가공이나 수기 가공에 의하여 제작된 기계 부품을 설계 도면을 기준으로 정확한 위치에 결합하여 완성된 제품으로 만드는 최종 공정을 조립(assembly)이라 한다. 조립 작업은 수기 가공과 밀접한 관계가 있으며, 조립용 공구도 수기 가공용 공구와 일치되는 경우도 많다.

(1) 조립의 기본 작업

기계를 조립하는데 기본이 되는 작업에는 나사의 체결, 스터드 볼트의 고정, 나사 풀림 방지, 키 결합, 부시 또는 베어링의 삽입 등을 들 수 있다. 이들 작업이 기술과 기능면에서 정확하면 성능이 좋고, 정밀도가 높은 기계가 조립될 수 있다.

 그림 5.49 **조립과 분해를 위한 공구 세트**

또한 고장이나 마멸에 따른 분해, 수리 조정을 하는 경우에는 조립의 순서를 역으로 진행하면 분해와 수리를 손쉽게 할 수 있게 된다.

(2) 분해·조정 작업

기계의 수명을 길게 하고, 정밀도를 유지하기 위해서는 정기적으로 또는 알맞은 시기에 분해 수리하거나 조정 작업을 하게 된다. 또한 고장과 손상 등으로 주요 부분을 분해하여 교체 수리를 하게 되는 경우도 있다.

(a) 회전축의 정밀도검사

(b) 분해 조정 작업

💮 그림 5.50 **검사와 분해 조립**

① **분해 작업** 분해 작업에서는 각 부품을 검사하여 사용할 수 없게 된 부품을 골라내고, 새로운 부품과 교환하여 수리·조정하면 소정의 성능과 정도를 갖게 되는 경우가 많으므로, 그 기계의 구조와 각 부품의 기능 및 기구 등을 확인 후 분해하도록 한다.

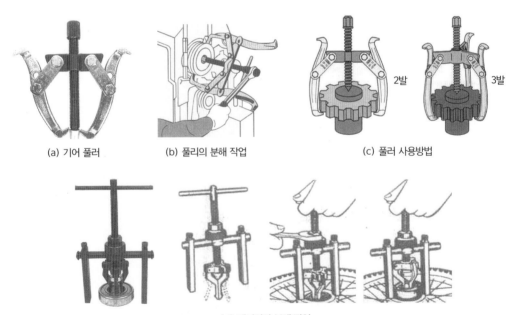
(a) 기어 풀러 (b) 풀리의 분해 작업 (c) 풀러 사용방법

(d) 베어링의 분해 작업

💮 그림 5.51 **분해 작업**

② **조정 작업** 공작 기계 각부의 조정은 기계의 종류, 형식, 구조 등에 따라 달라지므로, 실제의 조정에는 각 기계의 취급 설명서와 전문가의 지시에 따르는 것이 좋다.

(a) 부품의 측정

(b) 부품의 재가공

(c) 열처리

 그림 5.52 **조정 작업**

CHAPTER 6

절삭 가공

1. 절삭 가공의 개요
2. 절삭 가공의 이론
3. 절삭 공구
4. 절삭 가공용 공작 기계
5. 선반의 종류와 특징
6. 플레이너와 슬로터
7. 드릴링과 보링
8. 밀링 머신
9. 밀링 머신의 종류와 특징
10. 기어 가공 기계
11. 기어 세이퍼와 기어 가공

1 절삭 가공의 개요

절삭이란 공작물을 원하는 형상으로 만들기 위하여 공작물보다 경도가 높은 공구와 공작물을 상대운동시켜, 불필요한 부분을 칩(chip)으로 제거해서 원하는 모양으로 깎아내는 작업을 말한다.

특히 여러 가지 공구 중에서 바이트, 커터, 드릴, 리머 등의 공구를 사용하여 재료를 절삭하는 기계 가공을 절삭 가공(cutting)이라 하며, 기계 제작에서 절삭 가공이 차지하는 비중이 매우 높다.

1 절삭 가공의 종류

절삭에는 여러 가지 종류의 공작 기계가 사용되고 있으며, 칩은 공구와 공작물의 상대운동에 의해서 발생되는 것이다. 각종 공작 기계에서 공구와 공작물의 운동을 정리하면 표 6.1과 같다.

표 6.1 공작물과 공구의 이송관계

기계종류		공작물	공구
선반		회전운동	고정(이송)
드릴링 머신		고정	회전운동(이송)
밀링 머신		직선왕복운동(이송)	회전운동
세이퍼, 슬로터		고정(이송)	직선왕복운동
플레이너		직선왕복운동	고정(이송)
브로우칭 머신		고정	직선왕복운동
호빙 머신		회전운동	회전운동
연삭기	원통연삭	회전운동	회전운동
	평면연삭	직선왕복운동	회전운동

(a) 선삭 작업   (b) 밀링 작업   (c) 드릴링 작업   (d) 탭핑 작업

그림 6.1 절삭 가공 종류

2 절삭날에 의한 가공

(1) 단인 공구 single point tool

① **선삭** turning　바이트를 사용하는 가공법이며, 회전 절삭운동과 직선 이송운동을 조합하여 바깥지름, 테이퍼, 정면, 내면, 절삭 등을 가공하는 것을 말한다.

② **평삭** planing　바이트를 사용하여 직선 절삭운동과 직선 절삭운동을 조합하여 단면을 절삭하는 것을 말한다.

③ **세이퍼** shaper　가공물이 비교적 작은 경우에 사용한다.

④ **플레이너** planer　대형의 가공물을 가공 시에 사용한다.

⑤ **슬로터** slotter　수직방향 절삭운동으로 키이 홈 등 가공에 사용된다.

(2) 다인 공구 multi point tool

① **밀링** milling　하나 이상의 날을 가진 공구(mill)를 사용하여 주로 평면을 절삭하는 것을 말한다.

② **드릴링** drilling　드릴을 사용하여 구멍이 없는 곳에 구멍을 뚫는 가공법이다.

(a) 단인 공구(바이크)　　　　　(b)다인 공구(밀링 커터)

🛠 그림 6.2　**단인공구와 다인공구**

3 입자에 의한 가공

(1) 고정 입자에 의한 가공

① **연삭** grinding　경한 입자를 적당한 결합제로 결합한 성형입자 공구를 이용하여 가공물 표면을 미세하게 가공하는 방식으로, 기계 가공의 마무리 작업에 사용된다.
연삭 숫돌의 회전 절삭운동과 이송운동 및 절삭깊이 운동의 조합으로 가공된다.

② **호닝** honing　구멍 및 내면 완성 가공에 사용되는 방법으로, 연삭과는 다른 각형 봉상의 혼(hone)을 고정장치로 설치하여 회전 절삭운동과 함께 축 방향에 왕복운동을 가하면서 가공하는 방식이다.

(2) 분말 입자에 의한 가공

① 액체 호닝 liquid honing 액체와 입자를 혼합하여 가공물 표면에 압축 분사시켜 가공하는 방법이다.

② 래핑 lapping 연삭 입자를 랩(lap)과 가공물 사이에 넣어 적당한 압력을 가하면서 상대운동을 시켜 가공하는 방법이다.

°O 그림 6.3 래핑 작업

4 가공 능률에 따른 분류 machining efficiency

(1) 범용 공작 기계 general purpose machine tool

선반, 밀링, 드릴링, 세이퍼, 슬로터, 연삭기 등과 같이 특징은 없으나 기능이 다양하고, 용도가 보편적인 공작 기계를 말한다. 가공하려는 공작물이 소량인 경우에 적합한 기계로서 동일 부품을 대량 생산하는 경우에는 적당하지 않다.

(2) 전용 공작 기계 special purpose machine tool

범용 공작 기계의 형체를 변형하여 특정한 모양이나 치수의 제품을 대량 생산하는데 적합하도록 설계된 공작 기계를 말한다.

(3) 단능 공작 기계 single purpose machine tool

단순한 기능의 공작 기계로서 한 가지의 가공만을 할 수 있는 기계를 말한다. 예를 들면, 공구연삭기, 센터링 머신 등이 이에 속한다.

(4) 만능 공작 기계 universal purpose machine tool

여러 공작 기계를 하나로 조합하여 다양한 가공을 할 수 있도록 제작된 공작 기계이다.

2 절삭 가공의 이론

1 절삭 조건 cutting condition

실제 가공물을 절삭하는데 있어서 가장 중요한 것이 절삭 조건이다. 절삭 조건은 절삭 속도 (cutting speed), 이송(feed), 절삭 깊이(depth of cut)를 말하며, 이들에 의해 공구 수명이 결정되기 때문에 마찰열 발생이 증가하기 때문에 공구 수명은 감소한다.

(1) 절삭 속도 cutting speed

피삭재가 단위 시간당 공구날을 지나는 원주 거리를 말한다.

　그 관계식은

　　　　선삭의 경우　$V = \pi \times D \times N / 1{,}000$

　　　V : 절삭 속도(m/min) D : 가공물의 직경(mm)　　　N : 가공물의 회전수(rpm)

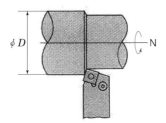

그림 6.4　절삭 속도

　절삭 속도는 절삭 조건 중에서도 가장 중요한 것으로 절삭 온도, 절삭 저항 및 공구 수명에 미치는 영향이 가장 크다.

(2) 이송 속도 feed

이송량은 선삭일 경우 가공물 1회전당 공구가 이동하는 도선 거리를 말하며, 그 단위는 mm/rev이다. 밀링의 경우는 cutter의 날(tooth)당 table이 이동하는 직선 거리를 말한다.

　　$f = F / (Z \times N)$

　　여기서　f : 날당 이송량(mm/tooth) F : table 이송량(mm/min)

　　　　　　Z : cutter의 날 수　　　　　N : cutter의 회전수(rpm)로 나타낸다.

(3) 절삭 깊이 _{Depth of cut}

절삭 깊이는 피삭재의 표면에서 가공면까지의 직선 거리를 말한다.

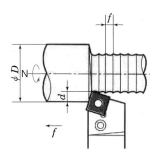

🔩 그림 6.5 **절삭 깊이**

2 절삭 양식

공구와 공작물의 기하학적 운동 양식에 의해 2차원 절삭과 3차원 절삭으로 분류된다.

(1) 2차원 절삭과 3차원 절삭

그림 6.6(a)에서와 같이 절삭력이 절삭 방향과 직각을 이룰 때 2차원 절삭(orthogonal cutting)이라 하고, 그림 6.6(b)와 같이 절삭력이 절삭 방향과 이루는 각이 직각이 아닌 절삭을 3차원 절삭(oblique cutting)이라 한다.

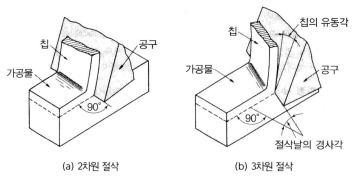

(a) 2차원 절삭　　　　　(b) 3차원 절삭

🔩 그림 6.6 **절삭 양식**

(2) 칩의 형태와 종류

① **칩의 생성** _{chip formation}　그림 6.7은 절삭 기구를 구성하는 각부 명칭이며, 깎여지는 재료는

2차원 모형으로 제시되어 있는 것처럼 공구가 전진함으로써 압력이 전해진다.

그리고 공구의 앞에 있는 재료 부분은 그 어떤 변형을 시작한다. 그리고 깎여지는 재료에서 분리하면서 칩(chip)이 변화하여 공구의 경사면을 미끄러지면서 흘러 나간다.

경사면은 칩이 유동하면서 접촉하는 공구면이고, 여유면은 가공면과 접촉하는 공구면이다.

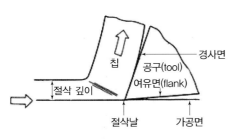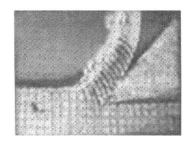

그림 6.7 **절삭기구의 각부명칭**

칩이 생기는 형상은 공작물 및 공구의 재질과 모양, 절삭 속도, 절삭 깊이 등에 의해 발생되는 칩의 모양이 달라지는데, 다음과 같이 크게 4종류로 분류할 수 있다.

- 유동형(flow type chip)
- 전단형(shear type chip)
- 열단형(tear type chip)
- 균열형(crack type chip)

① **유동형** flow type chip 이 형상은 칩이 바이트의 전면 경사면에 묻어 흐르는 것 같이 연속으로 발생한다. 절삭 저항의 변동이 적고 안정된 절삭이 되므로 다듬질면도 좋고, 바이트의 수명도 길어진다. 제일 이상적인 절삭 상태로서 실제 절삭 작업의 경우에도 이 상태로 절삭되는 것이 바람직하다. 유동형은 절삭 속도와 바이트의 전면 경사각을 크게, 절삭을 적게 할 때에 나타난다.

② **전단형** shear type chip 유동형과 열단형의 중간 상태이다. 경강, 황동 등의 끈기가 강함에 비하여 전단 강도가 적은 재료를 절삭할 때에 발생한다.

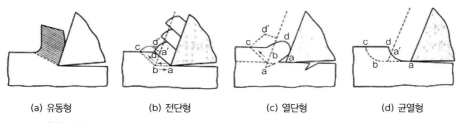

(a) 유동형   (b) 전단형   (c) 열단형   (d) 균열형

그림 6.8 **칩의 종류**

③ **열단형** tear type chip 공구가 재료를 물어뜯는 상태로 절삭이 된다. 이 때문에 다듬질면에는 물어뜯긴 흔적이 남으며, 절삭 저항의 변동이 커서 공작 정도가 나쁘게 된다. 전면 경사 각이 적은 바이트로 절삭을 크게 하였을 때에 나타난다.

④ **균열형** crack type chip 주철과 같이 끈기가 없는 재료를 비교적 전면 경사각이 큰 바이트로 저속도로 절삭하였을 때 나타난다. 바이트가 전진하면 순간적으로 재료에 균열이 일어나 쇳밥이 떨어져 나간다.

3 절삭 이론

(1) 구성 인선 Built-up edge

연강이나 알루미늄과 같이 연성이 큰 재료를 절삭할 때 미분의 칩이 절삭열에 의해 변질하여, 날끝에 부착하는 경우가 생긴다. 이러한 현상이 진전되면 가공경화에 의해 날끝의 일부를 구성하여 절삭날의 작용을 하게 된다. 이를 빌트업 에지(built-up edge) 또는 구성 인선이라 한다.

구성 인선은 주기적으로 발생하고, 발생 → 성장 → 최대 성장 → 분열 → 탈락의 과정을 반복하며, 이 주기의 시간이 1/100초 정도로 짧다.

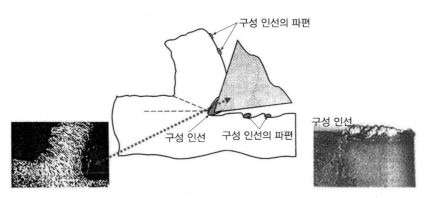

그림 6.9 구성 인선

구성 인선의 발생을 방지하는 데에는 다음과 같은 것을 한다.

① 바이트의 전면 경사각을 크게 한다(30° 이상).
② 절삭 속도를 크게 한다(120 mm/min 이상).
③ 윤활성이 좋은 윤활제를 사용한다.
④ 절삭 속도를 극히 낮게 한다.

(2) 절삭 저항

공구로서 공작물을 절삭하는 것은 공작물에 소성변형을 주어 칩을 공작물 표면에서 분리시키는 것이다. 이때 공구는 공작물로부터 큰 저항을 받는다. 이것이 절삭 저항이다.

① **3분력** 절삭 가공은 절삭의 세 가지 운동에 의하여 이루어지는데, 절삭 저항의 크기는 절삭에 필요한 동력을 결정하는 요소일 뿐만 아니라, 공구의 수명, 가공면의 거칠기 등에도 많은 영향을 끼치게 된다.

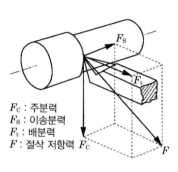

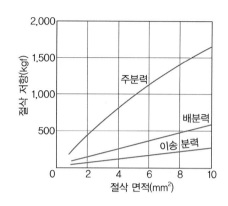

그림 6.10 **3분력과 절삭 저항**

절삭 방향으로 작용하는 주분력(Principal cutting force) F_C, 공구의 축방향으로 작용하는 배분력(Radial force) F_t 및 이송 방향으로 작용하는 이송 분력(Feed force) F_S 의 3분력으로 해석하여 생각한다.

3분력 중 주분력이 가장 큰 값을 나타내며, 절삭 동력은 이 힘에 좌우된다.

$$F_C : F_S : F_t = (10) : (1\sim2) : (2\sim4)$$

3이므로, 이송 분력이 가장 작은 값임을 알 수 있다.

② **절삭 저항의 계산** 절삭 저항은 여러 가지 조건에 따라 변화하게 되는데, 대체적인 값은 크로넨베르그(Kronenberg)의 식에 의해 K_s가 구해지면 절삭 저항 P는 다음 식에서 구할 수 있다.

$$P = K_s \times g$$

P : 절삭 저항(주분력, kgf)
K_s : 비절삭 저항($\mathrm{kgf/mm^2}$)
g : 절삭 면적($\mathrm{mm^2}$)

비절삭 저항은 단위 면적당의 절삭 저항으로 그 값은 다음과 같다.

주철 : $90\sim130(\mathrm{kgf/mm^2})$ 연강 : $100\sim200(\mathrm{kgf/mm^2})$
경강 : $150\sim250(\mathrm{kgf/mm^2})$ 황동 : $70\sim100(\mathrm{kgf/mm^2})$

절삭 저항은 바이트의 전면 경사각이 커짐에 따라(대개 30°까지) 감소한다.

(3) 절삭 온도

절삭할 때 공급된 에너지는 여러 가지 형태의 절삭 저항으로 소비되며, 이 소비 에너지는 대부분이 열로 변하여 절삭칩과 공작물 표면의 잔류 응력 에너지로 남아있게 된다. 또한 공구의 경사면에 발생한 열도 대부분이 절삭칩의 온도를 높이면서 제거된다. 이와 같이 발생한 열의 일부는 가공면과 절삭 공구를 가열하여 온도가 올라간다. 따라서 바이트와 칩의 온도 상승은 여기서 발생하는 열량과 절삭칩의 온도를 높이거나, 바이트를 통하여 외부로 발산되는 열량이 같아지는 온도까지 높아지게 되는데, 이를 절삭 온도라 한다.

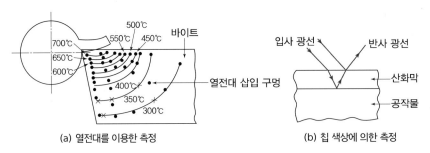

(a) 열전대를 이용한 측정　　　　(b) 칩 색상에 의한 측정

그림 6.11 **절삭 온도 및 열의 분포**

(4) 공구 파손

공구의 파손은 다음과 같이 세 가지 유형으로 분류하고 있다.

① **온도 파손**　절삭부의 과도한 온도 상승으로 공구가 연화되어 이에 따라 날 끝이 쉽게 무디어지고 변색이 되기도 한다. 날이 일단 마멸되면 절삭 저항이 커지고 마찰에 의한 열발생이 많아져서 절삭 온도가 상승하게 되고 마멸이 더욱 심해진다.

② **공구의 마멸**　일반적으로 공작물의 경도가 높을수록 절삭 온도는 높아지고, 절삭 온도가 높아지면 공구의 날끝 온도가 올라가 공구의 마멸이 빨라진다. 이에 따라 절삭날은 사용이 불가능해지거나 파괴되는데, 그 과정을 요약하면

- 마멸에 의하여 공구 옆면과 윗면이 변한다.
- 절삭날이 무디고 파괴 또는 파탄된다.
- 높은 절삭열(마찰열)에 의하여 절삭날의 온도 상승으로 모양이 변하거나 용착된다.

그림 6.12와 같이 절삭날에서부터 짧은 거리의 공구 윗면을 크레이터 마멸(crater wear), 절삭날 아래쪽의 앞면과 측면에 나타난 마멸을 여유면 마멸(flank wear)이라 한다.

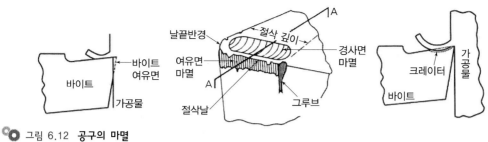

그림 6.12 **공구의 마멸**

③ **치핑** Chipping　미세한 굴곡의 공구 날끝이 절삭 시의 반복응력으로 인하여 부분적으로 깨어져 떨어져 나가게 되면 무딘 날이 되며, 이를 치핑이라 한다. 치핑은 절삭 속도가 느릴 때 발생되기 쉬우며, 속도가 빨라지면 공구면과 칩의 접촉점이 날끝에서 멀어지므로 감소한다. 치핑은 주로 경도가 크고 취성이 있는 초경합금, 서멧, CBN 공구 등에서 발생되며, 밀링 등과 같은 단속 절삭에서 발생되기 쉽다.

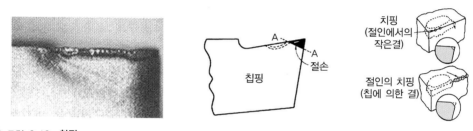

그림 6.13 **치핑**

(5) 공구 수명 Tool life

절삭 가공에서는 절삭 속도를 크게 하면 단위 시간당 나오는 쇳밥의 양이 증가하며, 절삭 효율이 높게 되지만, 절삭 속도를 크게 하면 바이트의 마모가 심하며 바이트의 수명도 단축된다.
　일반적으로 절삭 공구가 절삭을 시작해서부터 정상적인 절삭이 불가능할 때까지 실제 시간의 합을 공구 수명이라 하며, 분(60분)으로 나타낸다.
　1907년 공구 수명과 절삭 속도의 관계를 연구하여 다음과 같은 관계식을 제안하였는데, 이것을 테일러 방정식이라 한다.

$$VT^n = C$$

V : 절삭 속도(m/min)

T : 공구 수명(min)

C : 공구 정수로서 가공물과 바이트의 재질, 절삭 깊이, 이송, 절삭제 등에 의한 정수

n : 절삭 조건에 따른 지수(고속도강 = 0.1, 초경합금 = 0.125~0.25, 세라믹 = 0.4~0.55)

공구는 일반적으로 다음과 같은 현상 가운데 어느 한 가지 현상이 나타나면 수명이 다 되었다고 한다.

① 날끝의 마모가 일정량에 달했을 때
② 다듬질면에 광택이 있는 무늬가 발생하였을 때
③ 다듬질 치수의 변화가 일정량에 달했을 때
④ 절삭력의 배분력 및 이송분력이 급히 증가했을 때

4 절삭 유제

절삭할 때 공구의 날끝과 공작물 사이에 부어 넣어 발열 등의 장애를 방지하고, 가공능률이나 정밀도를 좋게 하며, 공구의 수명을 연장시키기 위해 사용하는 기름 또는 액체를 절삭유제 또는 절삭유라 한다.

그림 6.14 **절삭유(수용성)의 사용**

(1) 절삭 유제의 구비 조건

절삭제로서 요구되는 성질은 다음과 같다.

① 냉각 작용이 클 것
② 윤활 작용이 커서 마찰 저항을 감소시킬 것
③ 칩의 세정 작용이 좋을 것
④ 방청 작용과 가공 표면을 양호하게 할 것
⑤ 가격이 저렴해서 구입하기가 용이할 것

(2) 절삭 유제의 종류

절삭 유제의 종류는 물에 희석해서 사용하는 수용성 절삭유와 기름을 기본으로 해서 일반적으로 희석하지 않고 원액 그대로 사용하는 비수용성 절삭유가 있다.

표 6.2 절삭별 절삭 유제의 선택

재질	거치른 절삭	다듬질 절삭	나사(screw)절삭
연강	수용성 유제	수용성 유제, 등유	수용성 유제, 종유
공구강	수용성 유제	각종 동식물유	종유(種油), 라드(lard)
합금강	수용성 유제	각종 동식물유, 수용성 유제, 비눗물	벤졸, 테레빈유, 등유
주강	수용성 유제	–	수용성 유제, 비눗물
가단주철	–	유화유	종유(種油)
주철	–	등유(칠드 주철용)	종유
황동	수용성 유제	–	종유
청동	수용성 유제	–	종유
동	수용성 유제	–	종유
알루미늄	수용성 유제	등유	종유, 수용성 유제
두랄루민	–	등유	종유
실루민	수용성 유제	등유	등유, 종유, 수용성 유제

① 수용성 절삭 유제

- **알칼리성 수용액** : 냉각 작용이 좋은 물에 알칼리성 첨가제를 방부제로 혼합한 중크롬산 수용액이 있다. 주로 연삭작업에 많이 사용되며, 쇳밥 세정 작업 시 유용하다.
- **유화유** : 광유에 비누를 첨가하면 유화되는데, 냉각 작용과 윤활성이 좋고, 값이 싸므로 일반 절삭제로 널리 쓰인다. 용도에 따라 물을 섞어서 사용하며, 물에 녹으면 유백색이 된다.

② 불 (비)수용성 절삭 유제

- **광유** : 경유, 머신 오일, 스핀들유 및 기타 광유 등이 있으며, 윤활 작용은 매우 크나, 냉각 작용이 비교적 적으므로 경절삭에 쓰인다.
- **동식물류** : 대두유, 올리브유, 채유, 피마자유 콩기름 등은 윤활 작용은 크나 냉각작용은 적으므로 다듬질 가공에 많이 쓰인다.
- **첨가제** : 절삭제의 성능을 향상시키기 위해 첨가제로 황(S), 황화물, 흑연, 아연분말 등을 동식물계의 절삭제에 첨가하고, 인산염, 규산염 등은 수용성 절삭유에 첨가한다.

5 공구 재료의 종류와 특징

공구강은 열처리를 하여 사용하는 공구용 재료로 탄소 공구강, 합금 공구강 및 고속도강 등이 있다. 이에 반해 경질합금은 일반적으로 열처리를 하지 않은 상태에서 사용하는 재료로 공구용 주조 합금, 소결경질 합금, 다이아몬드 등이 있다.

최근에는 인조 다이아몬드, 소결체합금, 피복초경합금 등 우수한 공구용 재료가 이용되고 있으며, 특히 세라믹스계에 속하는 산화알루미나, 다이아몬드, CBN의 분말은 연삭용 숫돌, 랩제 등 연삭 공구용 재료로 중요하다.

(1) 탄소 공구강 STC

탄소 공구강은 1900년대 이전에 주로 사용되던 공구로, 수공구들이 흔히 탄소강으로 만들어지며, 주로 저속절삭용, 총형바이트용, 기타 목적에 사용된다.

(2) 합금 공구강 STS

합금 공구강은 탄소 공구강과 같이 고탄소를 함유하고 있고, 탭, 다이, 드릴, 원형톱, 띠톱, 쇠톱(hack saw), 줄 등과 같이 가공면이 좋고 인성이 요구되는 공구에 사용되며, 특히 정교한 손 공구에 많이 사용되는 강종이다. 고온 경도는 탄소강보다 다소 우수하나, 고속선삭 및 밀링가공 등의 공구에는 적당하지 않다.

(3) 고속도강 SKH

고속도강(HSS : High speed steel)은 1898년경에 Taylor White에 의하여 개발되었으며, C가 0.7~1.5% 정도인 탄소강에 W, Cr, V, Mo 등의 금속 원소를 합금시킨 일종의 합금 공구강으로서 널리 사용되고 있다. 특히 충격을 받는 단속 절삭에 많이 사용되는 공구 재료이다.

(5) 초경합금 Hard metal

경질탄화물의 분말에 Co 분말을 결합제로 혼합하여 Co의 용융점 부근(1,300~1,700℃)에서 소결시키는 분말 야금법에 의하여 만들며, 상온 경도뿐만 아니라 고온 경도가 큰 장점이 있어 현재 가장 보편화된 절삭 공구 재료이다.

(6) 코팅 Coated 초경합금

초경공구에 경질세라믹 박막을 2~10 μm 정도 피복한 공구를 코팅초경합금 공구라 한다. 코팅초경합금은 격한 단속 절삭이나 정밀도가 높은 다듬질 절삭에는 알맞지 않으나 모재의 성능에 비하면 공구 수명이 길어지고, 보다 고속의 절삭이 가능하다.

이와 같이 피복된 공구의 일반적인 장점은

① 내마모성이 우수하다.
② 피삭재와의 고온 반응이 낮다.
③ 내산화성이 우수하다.
④ 내부 초경합금으로 유입되는 열이 적게 된다.

(6) 서멧 Cermet

서멧(cermet)이란 단어는 'Ceramics + metal'의 복합어로 Ceramics의 취성을 보완하기 위하여 개발된 내화물과 금속으로 된 복합체의 총칭이다. 독일에서 1938년에 Al_2O_3 분말에 철분을 20~30%를 혼합한 것을 수소 분위기에서 소결하여 만들어진 것이 최초이다.

서멧은 강도면에서는 초경합금보다 낮으나 Ceramics의 2배 정도이다. 서멧은 오래 전부터 절삭 공구, 다이, 치과용 드릴 등과 같은 내충격, 내마멸용 공구로 사용되고 있다.

(7) 세라믹 Ceramics

공구 재료로 사용되는 세라믹은 산화 알루미나(Al_2O_3) 분말을 주성분으로 하여 1,500℃에서 소결시킨 절삭 공구이다.

세라믹 공구는 다른 공구 재료에 비하여

① 고온 경도와 내용착성, 내마모성이 크며, 초경합금 공구의 2~5배의 고속 절삭이 가능하다.
② 고경도 피삭재의 절삭이 가능하다.
③ 세라믹스는 비금속 재료이기 때문에 금속 피삭재와 친화성이 적어 고품질의 가공면이 얻어진다.

단점으로는

① 충격 저항이 낮아 단속 절삭에서 공구 수명이 짧다.
② 강도가 낮아 중절삭을 할 수가 없고, 칩브레이크의 제작이 곤란하다.

(8) CBN 공구

입방정 질화 붕소(Cubic Boron Nitride : CBN)는 결합제인 금속과 Boron Nitride를 충분히 혼합하여 1,500℃, 8GPa 이상의 고온 고압 조건하에서 소결하여 일반적으로 육면체 구조(Hexagonal)인 BN의 결정 구조를 Cubic 결정 구조로 변형시켜, 다이아몬드 수준의 고경도를 갖게 한 공구재료이다.

(9) 다이아몬드

다이아몬드 공구는 절삭 가공하기 곤란한 연성 재료를 경부하에서 연속 절삭하여 고정도 표면다듬질과 같은 특수한 목적에 사용되어 왔으며, 다이아몬드는 취성이 크기 때문에 인선의 각도를 고려하여 경사각을 작게 해야 하고, 중절삭을 할 수 없으며, Fe와의 반응성으로 일반 철계 가공품에 적용할 수 없는 단점을 가지고 있다.

(a) CBN

(b) CBN과 PCD(다이아몬드)

그림 6.15 **절삭공구 재료**

3 절삭 공구

절삭 공구는 작업의 종류와 공작 기계, 공작물의 모양과 재질 등에 따라 여러 가지 종류가 있으며, 각 절삭 공구의 특징과 구조 등을 잘 알고, 절삭 작업의 능률과 정확한 가공을 꾀할 수 있어야 한다.

그림 6.16 **기계 가공**

1 선삭 가공용 공구

(1) 선삭용 공구의 분류

① **절삭날의 재질에 의한 분류** 절삭날을 형성하고 있는 물질의 재질에 의해 분류하는 방법으로, 고속도강 바이트, 초경 바이트, 서멧 바이트, 세라믹 바이트, CBN 바이트, 다이아몬드 바이트 등이 있다. 현재 많이 사용되는 것은 초경 바이트이다.

② **구조에 의한 분류** 바이트가 만들어진 구조에 의해 구분되는 것으로 3가지로 대별할 수 있다.

- 일체형 바이트 : 절삭날과 섕크가 같은 재료로 이루어진 것으로 주로 고속도강 바이트가 많다.

🔩 그림 6.17 **일체형과 납땜형 바이트**

- 납땜형 바이트 : 절삭날과 섕크를 경납땜(Brazing)하여 제작한 것으로, 절삭날은 주로 초경합금, 섕크는 탄소강 또는 합금강으로 이루어진 것이 대부분이다.
- Throw Away 바이트(TA형) : 절삭날과 섕크를 분리하여 기계적인 방법에 의해 고정하는 형태의 바이트로 현재 가장 많이 사용되고 있는 형태이다.

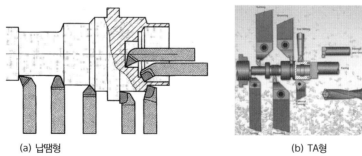

(a) 납땜형　　　　　　　　　　　　　　(b) TA형

🔩 그림 6.18 **공구의 종류**

③ **용도에 의한 분류** 바이트를 사용 용도에 따라 분류한 것으로 가공 부위가 외경 또는 내경에 따라 외경용 바이트, 내경용 바이트로 구분되고, 가공 부위의 요구 정밀도에 따라

적용되는 것을 구분하면 황삭용 바이트, 사상용 바이트로 구분한다.

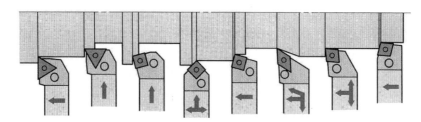

🌀 그림 6.19 **TA형 공구의 사용**

(2) 외경·내경 바이트의 구조 및 특징

외경 바이트와 내경 바이트는 적용 용도에서부터 차이가 있지만 구조적인 특징의 차이는 절삭중에 발생될 수 있는 문제들, 즉 여유면의 간섭, 칩 배출, 절삭력에 의한 휨 및 진동 등에 대한 대처 방안과 공구대에 장착 방법에 따라 다르게 된다.

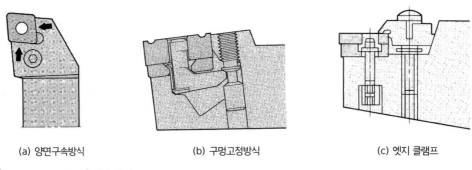

(a) 양면구속방식	(b) 구멍고정방식	(c) 엣지 클램프

🌀 그림 6.20 **툴-홀더의 특징**

(3) 각종 클램핑 방식의 종류 및 특징

일반적으로 많이 사용되는 Hole clamping(Lever lock), Screw clamping through hole(Screw on), Top clamping(Clamp on), Top and Hole clamping(Wedge clamp), Self grip 등의 방법과 Stud pin, 편심 screw, 편심 pin 등을 이용한 방법, 기타 특수한 방법 등 다양하게 사용되고 있다.

(4) 선삭 공구의 각부 명칭

선삭용 바이트의 각부 명칭은 그림 6.21에 나타낸 대로의 명칭으로 불린다.

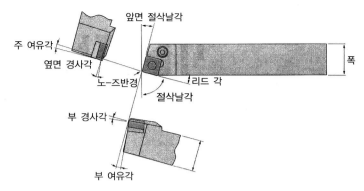

그림 6.21 **바이트의 형상 및 명칭**

윗면 경사각은 직접 절삭력에 영향을 주며, 이 각이 크면 절삭성이 좋고 공작물의 표면도 깨끗하게 다듬어지지만 날 끝은 약하다.

여유각은 공구 날 끝과 공작물의 마찰을 방지하기 위한 것으로, 너무 크면 날이 약하게 된다. 따라서 각 부분의 경사각과 여유각은 공작물의 재질과 절삭 조건에 따라 적절히 선택하여야 한다.

2 밀링 커터 Milling cutter

밀 커터(mill cutter)는 둘 이상의 날을 가진 공구를 말하며, 바이트, 드릴과 같이 생산현장에서 많이 사용되는 절삭 공구의 하나로 그 종류 또한 다양하다.

(1) 밀링 커터의 구성과 공구각

① **밀링 커터의 구성** 일반적으로, 원통, 원추, 원추의 외주 또는 단면에 많은 날이 있는 회전하는 절삭 공구로, 일체식과 별도의 날을 삽입하여 고정하는 삽입식이 있다.

밀링 커터 각부의 명칭은 커터의 종류에 따라 다소 다른 점이 있으나, 그림 6.19는 정면 밀링 커터(face mill)를 보여 주고 있다.

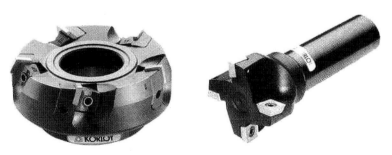

그림 6.22 **정면 밀링 커터(Ⅰ)**

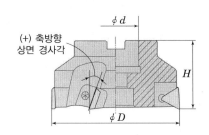

🔩 그림 6.23 정면 밀링 커터(Ⅱ)

② **밀링 커터의 공구각** 정면 밀링 커터의 날은 반경 방향과 축방향으로 되어 있다. 이 각들을 각각 그림 6.23과 같이 반경방향 경사각 및 축방향 경사각이라고 한다.
이 각들은 (+), (0), (−)의 상면 경사각을 가질 수 있다

3 밀링 커터의 종류

밀링 커터의 기본적인 형은 수평 밀링에 사용하는 원통형의 외주를 절삭날로 한 플레인 밀링 커터(plain milling cutter)와 수직 밀링에 사용하는 원통의 끝 단면을 절삭날로 한 정면 밀링 커터(face milling cutting)가 있다.

(1) 수평 밀링용

① **플레인 밀링 커터** 가장 기본적인 것으로 나선각이 8~15°인 경절삭용과 나선각을 45~60° 또는 그 이상의 것은 헬리컬 밀(helical mill)이라고 한다.

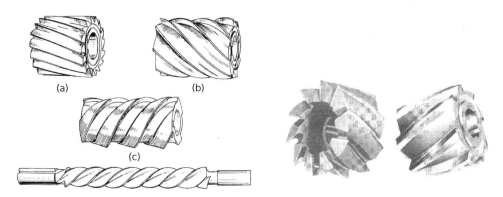

🔩 그림 6.24 플레인 밀링 커터

② **측면 밀링 커터** 비교적 날 폭이 좁으며, 원주와 양쪽 측면에 날이 있는 커터로, 주로 홈파기에 사용한다.

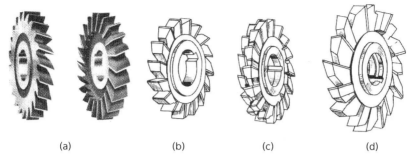

(a)　　　　　　(b)　　　　　　(c)　　　　　　(d)

🔩 그림 6.25 **측면 밀링 커터**

③ 메탈 슬로팅 커터 공작물을 절단하거나 폭이 좁은 홈의 절삭에는 얇은 원판 주위에 날이
있는 메탈 슬로팅 소(metal slotting saw)가 사용된다.

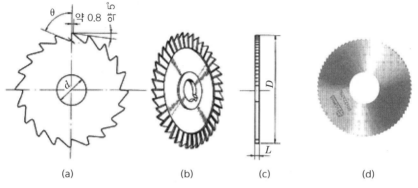

(a)　　　　　　(b)　　　　　　(c)　　　　　　(d)

🔩 그림 6.26 **메탈 슬로팅 소**

④ 각 밀링 커터 공작물의 경사면을 가공할 때 사용되는 밀링 커터로, 그림 6.27(a)와 같이
원추면상과 측면에 날이 있어 45° 또는 60°(또는 90°)의 경사각을 가공할 수 있는 편각
커터(single angle cutter)와 양각 커터(double angle cutter)가 있다. 이 커터는 도브
테일(dovetail)홈, V홈, 래칫바퀴(ratchet wheel) 등의 가공에 사용된다.

⑤ T홈 밀링 커터 엔드밀로써 좁은 T홈을 가공하는 특수한 목적의 자루붙이 커터이다.

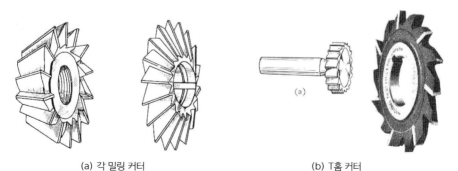

(a) 각 밀링 커터　　　　　　　　　　　　(b) T홈 커터

🔩 그림 6.27 **각 밀링 커터와 T 커터**

(2) 직립 밀링용

① 엔드밀 그림 6.28과 같이 끝면에 4날, 2날, 둥근날 등이 있으며, 이를 엔드 밀링 커터 (end milling cutter) 또는 엔드밀(end mill)이라 한다. 엔드밀은 직립 밀링 머신에서 홈 가공, 평면절삭, 성형 가공 등에 다양하게 사용된다.

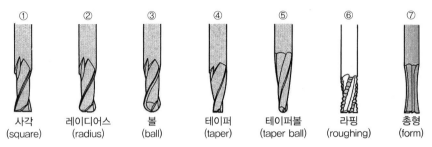

| ① 사각 (square) | ② 레이디어스 (radius) | ③ 볼 (ball) | ④ 테이퍼 (taper) | ⑤ 테이퍼볼 (taper ball) | ⑥ 라핑 (roughing) | ⑦ 총형 (form) |

🔧 그림 6.28 엔드 밀 커터의 종류

🔧 그림 6.29 엔드 밀링 작업(CAD/CAM)

🔧 그림 6.30 인서트용 엔드 밀

(3) 총형 밀링 커터

총형 밀링 커터(formed milling cutter)는 곡선 윤곽의 날을 가지고 있어 여러 가지 윤곽을 가공하는 데 쓰인다.

(a) 인벌류트커터

(b) 오목커터

(c) 볼록커터

(d) 코너커터

그림 6.31 **총형밀링 커터**

(4) 심은날 insert 커터

몸체의 날 부분에 초경합금 등의 특수 공구날을 삽입·고정하여 사용한다. 최근에는 엔드밀을 비롯하여 모든 커터에 사용하고 있으며, 날은 주로 초경합금을 사용한다.

그림 6.32 **심은날 커터의 보기**

4 드릴과 리머

(1) 드릴

드릴(drill)은 공작물에 구멍을 뚫을 때 사용하는 절삭 공구로, 보통 드릴이라 하면 트위스트 드릴(twist drill)을 말한다. 드릴의 재료는 고속도강(SKH2 또는 SKH9)이 많이 사용된다.

① **드릴의 각부 명칭과 작용** 드릴의 구조는 그림 6.33과 같이 날 부분인 몸체와 자루 부분으로 되어 있으며, 드릴의 자루에는 곧은 자루와 테이퍼 자루가 있다.

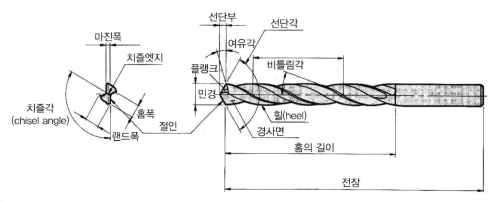

🔩 그림 6.33 **드릴의 각부 명칭**

- **드릴날 포인트** : 드릴날 포인트(drill edge point)는 드릴 끝의 원뿔 모양의 부분으로 절삭하는 일을 한다.
- **생크** : 생크에는 스트레이트 생크(straight shank)와 테이퍼 생크(taper shank)가 있다. 스트레이트 생크 드릴은 보통 0.2~13 mm의 드릴에 적용되며, 고정할 때는 드릴 척(drill chuck)을 사용한다. 테이퍼 생크 드릴은 10 mm 이상의 드릴에 적용되며, No.1~No.2 모오스 테이퍼(morse taper)로 되어 있어 직접 드릴 머신의 스핀들 구멍에 끼워 사용한다.

② **드릴의 종류와 특징** 드릴은 사용하는 재료와 공작물의 조건 등에 따라 고속도강 드릴, 초경합금을 끝에 붙인 팁 드릴이 사용된다. 자루의 모양에 따라서 스트레이트 생크 드릴, 테이퍼 생크 드릴 등 그 종류가 다양하다.

(2) 리머

리머(reamer)는 드릴로 뚫은 구멍의 내면을 확대 가공하거나, 정해진 치수로 정확하고 매끈하게 다듬질할 때 사용되는 절삭 공구이다. 리머에 의한 구멍의 다듬질을 리밍(reaming)이라 한다.

리머 종류에는 수동으로 하는 핸드 리머(hand reamer)와 드릴프레스나 선반 등 공작 기계를 이용하는 기계 리머(machine reamer)가 있다.

🔩 그림 6.34 **스트레이트 리머(위)와 헬리컬 리머(아래)**

5 나사 절삭용 공구

(1) 나사 탭

① **나사 탭의 구조** 비교적 작은 지름의 암나사를 내는데 사용되는 공구를 탭(tap)이라 하며, 그 구조와 각부의 명칭은 그림 6.35와 같다. 나사 탭에는 길이 방향에 세로홈이 파져 있는데, 이 세로홈은 절삭 날을 형성하고, 칩을 빠져 나오게 하며, 절삭부에 윤활제를 공급하는 기능을 한다.

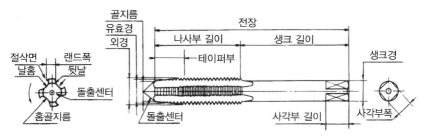

🔩 그림 6.35 **탭의 각부 명칭**

② **나사 탭의 종류**

■ 핸드 탭 : 그림 6.36은 가장 일반화되어 있는 표준 탭의 형식이다.

🔩 그림 6.36 **핸들과 표준 탭**

■ 표준 탭 : 표준 탭은 1번탭(거친탭), 2번탭(중간탭), 3번탭(다듬탭)이 한 조로 되어 있으며, 표준 탭은 나사의 외경, 유효경, 홈경 등이 3개 모두 동일하다.

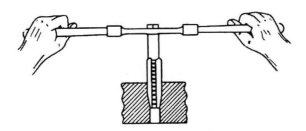

🔩 그림 6.37 **핸들과 표준 탭 작업**

- **파이프 탭** : 파이프 피팅(pipe fitting)이나 극히 팽팽한 끼움이 필요한 것에 사용된다.
- **스테이볼트 탭** : 주로 보일러의 내측 판과 외측 판의 스테이볼트 구멍에 나사를 낼 때에 사용된다.
- **머드 탭** : 나사부가 테이퍼로 되어 있어 배수 구멍에 나사를 낼 때 사용된다.
- **기계 탭** : 드릴 프레스, 선반 또는 나사 전용 기계에 설치하여 암 나사를 깎는 공구로 날과 섕크의 길이가 길고, 섕크의 지름은 날의 지름보다 약간 작다. 보통 1개의 탭으로 나사깎기를 완성한다.

🔩 그림 6.38 **기계 탭과 작업**

6 기어 절삭용 공구

(1) 기어 절삭용 바이트와 커터

① 기어 절삭용 바이트
- **단인 바이트** : 단인 공구(single point tool)인 바이트는 치형을 절삭하는 바이트이며, 형판(template)을 사용한 모방 절삭을 하게 된다. 따라서 바이트의 날끝각과 여유각이 치형에 따라 적절한 모양으로 형성되어야 한다.
- **총형 바이트** : 기어 이 홈과 같은 윤곽을 갖고 있는 총형 바이트이며, 세이퍼와 슬로터 또는 플레이너에서 대형 기어, 특히 대형 내기어 절삭에 이용된다.

② 기어 절삭용 커터
- **총형 커터** : 총형 커터는 밀링 머신에서 소량의 기어 또는 사이클로이드 기어(cycloid

gear) 절삭용 커터이며, 기어의 이홈은 기어의 모듈과 잇수에 따라 다르다. 그림 6.39
은 밀링 머신에서 사용되는 기어 가공용 커터와 엔드밀의 예이다.

- 피니언 커터 : 피니언 커터는 기어 형삭기(gear shaping machine)에 사용하는 매우 능
  률적인 기어 가공용 공구로, 자동차 공업 및 그 밖의 대량 생산 공장에서 각종 기어
  가공에 폭 넓게 사용되고 있다.

그림 6.39 **총형 커터에 의한 기어 가공**

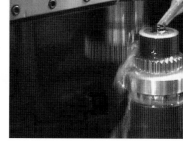

그림 6.40 **피니언 커터에 의한 기어 가공**

(2) 호브 hob

① **호브의 구조와 기능**   호브(hob)는 밀링 커터와 같은 회전 절삭 공구이며, 그림 6.41과
같이 원통형의 공구에 치형 곡선의 윤곽을 가지는 나선 홈이 있는 날을 만들기 위하여
원통의 축 방향으로 몇 줄의 홈을 파 놓고, 날의 후부에는 여유각을 둔 것이다. 따라서
호브를 회전시키면 축을 포함하는 한 평면상에서는 호브 단면의 윤곽이 축방향으로 이동
하게 되어 있다.

그림 6.41 **호빙머신과 호브**

이에 따라 호브에 회전 절삭 운동을 주고, 호브의 단면의 랙과 기어 소재가 이론적인
상대운동을 하도록 기어 소재에 회전운동을 주어 기어를 절삭 가공한다.

호브는 기어 절삭 전용 공작 기계인 호빙머신(hobbing machine)에 사용된다.

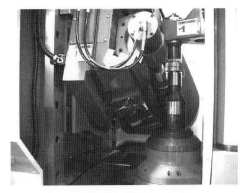

🔩 그림 6.42 CNC 호빙 머신에 의한 헬리켈 기어 가공

② **호브의 종류** 스퍼 기어용 호브, 헬리컬 기어용 호브, 웜 기어용 호브, 기타 특수 호브 등이 있다.

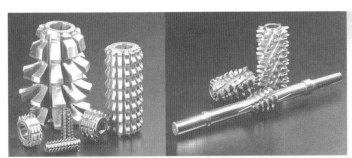

🔩 그림 6.43 호브와 shaper cutter(웜, 스플라인, 스프라켓 등)

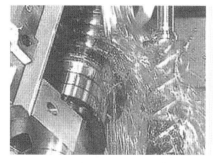

🔩 그림 6.44 **호브에 의한 기어 가공과 가공품**

4 절삭 가공용 공작 기계

공작 기계(machine tool)를 사용하여 공작물을 요구되는 모양과 치수의 기계 부품으로 가공하는 작업을 기계 가공(machining)이라 한다. 이 중에서 바이트나 밀링 커터 등의 절삭 공구에 의해 소재로부터 절삭 작용에 따라 생성되는 절삭분인 칩(chip)을 제거하여 요구되는 치수와 모양으로 가공하는 방법을 절삭 가공(cutting work)이라 하며, 여기에 사용되는 공작 기계를 절삭 가공용 공작 기계라 한다.

1 선반

선반(lathe)은 일정 위치에 있는 주축에 고정한 공작물에 회전운동을 시키고 공구대에 설치된 바이트에 절삭 깊이와 이송(feed motion)을 주며, 주로 원통면을 절삭하는 가장 기본이 되는 공작 기계이며, 선반에서 이루어지는 절삭 가공을 선삭 가공(turning)이라 한다.

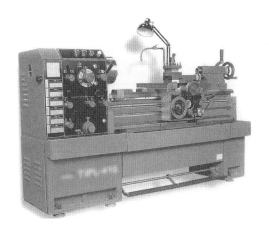

🔩 그림 6.45 **보통 선반**

선반은 오래 전부터 폭넓게 실용되어 온 공작기계로서 그 가공으로는 원통 깎기(turning), 정면깎기(facing), 구멍 뚫기(drilling), 보링(boring), 나사 깎기(threading), 절단(cut off) 등 모든 기본 가공이 포함된다.

선반은 가공할 수 있는 폭이 넓어 공작 기계 중 가장 많이 사용되고 있으며, 그림 6.46과 같이 다양한 가공을 할 수 있다.

그림 6.46 **선반 가공**

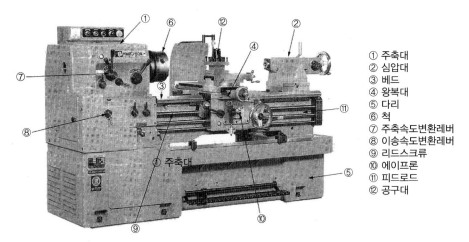

① 주축대
② 심압대
③ 베드
④ 왕복대
⑤ 다리
⑥ 척
⑦ 주축속도변환레버
⑧ 이송속도변환레버
⑨ 리드스크류
⑩ 에이프론
⑪ 피드로드
⑫ 공구대

그림 6.47 **보통 선반의 주요 구조**

(1) 선반의 구조와 부속장치

① 선반의 구조와 크기

■ 선반 주요부의 명칭 : 일반적으로 선반이라 하면 보통 선반(engine lathe)을 말한다. 보통 선반은 각종 선반 중에서도 특히 작업 영역이 넓은 범용 공작 기계로 공작 기계의 기본적인 구조와 기능을 갖고 있는 대표적인 기종이다. 선반의 주요 부분은 베드(bed), 주축대(headstock), 왕복대(carriage), 심압대(tail stock), 이송기구(feed mechanism) 등으로 구성되어 있다.

- **선반의 크기** : 그 종류에 따라 크기의 표시 방법이 다소 다르지만 보통 선반은 베드 위에서의 스윙(swing), 양 센터간의 최대 거리, 왕복대 위에서의 스윙으로 그 크기를 표시하게끔 규정하고 있다. 또 양 센터간의 최대 거리란 양 센터가 가장 멀리 떨어진 때에 장치할 수 있는 공작물의 최대 길이를 뜻한다.

- **주축대(head stock)** : 주축대는 전동기의 동력을 받아 스핀들(spindle)을 회전시키며, 스핀들의 나사부에 가공물을 고정하는 면판(face plate)과 척(chuck)을 고정한다.

  주축의 끝부분은 모오스 테이퍼(morse taper) 구멍으로 되어 있다. 주축의 베어링은 고속화에 따라 앞뒤 모두 볼 베어링을 사용하고 있다.

  주축 속도의 변환은 보통 계단 변속으로 등비 급수적 속도열을 이용하고 있으며, 변환수는 6~12가지로 많고, 속도 변환은 쉽게 레버로 조절할 수 있다. 그림 6.48은 선반의 주요 부분이다.

(a) 주축대   (b) 왕복대

(c) 심압대

그림 6.48 **선반의 주요부분**

- **심압대** : 심압대(tail stock)는 공작물의 길이가 비교적 긴 경우, 그 길이에 따라 베드상의 적당한 위치에서 심압대를 고정하여 센터를 꽂고 가공물을 지지하는 데 사용한다. 또한 심압대 축의 편위(偏位)를 조정하면 가늘고 긴 테이퍼도 절삭할 수 있다. 심압대축의 끝은 모오스 테이퍼 구멍으로 되어 있어 센터, 드릴척, 드릴, 리머 등을 끼워 사용할 수 있다.

- **왕복대** : 왕복대(carriage)는 새들(saddle)과 에이프런(apron), 공구대(tool post) 등으로 구성되어 있다. 베드상에는 바이트의 이송과 절입을 위해 가로 이송과 세로 이송을 할 수 있는 장치로 되어 있다. 공구대는 회전할 수 있는 복식공구대가 있다.

■ 선반 베드 : 선반 베드(lathe bed)는 그 위에 작동부인 주축대, 이동하는 왕복대와 심압
대 등을 설치하여 운전하는 선반의 몸체에 해당한다. 베드 위에서 절삭 가공이 이루어
지므로 여러 가지 외력에 견딜 수 있고, 변형과 진동이 적도록 설계되어야 한다. 또
칩의 처리가 쉽도록 구조면에도 유의해야 한다. 베드의 재질로는 미하나이트 주철 등의
고급 주철을 사용하며, 내마멸성을 높이기 위하여 화염경화, 고주파 경화 등의 표면 경
화 처리를 한다. 미끄럼면은 연삭 가공 또는 스크레이핑(scraping)하여 정밀도를 높이
고, 베드는 그림 6.49(b)처럼 미끄럼면의 단면 모양은 삼각형 모양의 산형이 많이 사용
되며, 이 밖에 평탄한 평형 및 이들을 복합시킨 복합형이 있다.

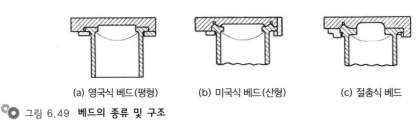

(a) 영국식 베드(평형)   (b) 미국식 베드(산형)   (c) 절충식 베드

그림 6.49 **베드의 종류 및 구조**

② 선반용 부품과 부속장치

■ 센터 : 선반에 사용되는 센터에는 주축에 끼워서 공작물과 함께 회전하는 회전 센터
(live center)와 심압대 축에 꽂아 사용하는 정지센터(dead center)가 있다. 센터의 자
루는 모오스 테이퍼이며, 3~5번의 것이 많이 쓰이고, 센터의 각도는 보통 60°이며,
75°, 90°의 것을 사용할 때도 있다.

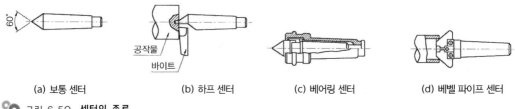

(a) 보통 센터   (b) 하프 센터   (c) 베어링 센터   (d) 베벨 파이프 센터

그림 6.50 **센터의 종류**

그림 6.51 **센터 지지 작업**

주축대에 사용하는 회전 센터에는 그림 6.50(a)와 같이 표준 센터가 사용되나 심압대에 사용되는 정지 센터에는 공구강 외에 끝부분에 고속도강 또는 초경합금을 경납땜하여 사용한다.

그림 6.50(c), (d)와 그림 6.51과 같이 심압대 축에 꽂고 공작물과 함께 회전하는 베어링 센터(bearing center)가 있고, 그림 (b)처럼 끝면 깎기에 쓰이는 하프 센터(half center), 구멍이 있는 공작물의 센터 작업에 사용되는 (d)와 같은 베벨파이프용 센터도 있다.

- ■ 돌림판, 돌리개, 면판 및 맨드렐
  - 돌림판 : 돌림판(driving plate)은 주축의 끝 나사에 끼워놓고 양 센터 작업 시 주축의 회전을 공작물에 전달하기 위하여 돌리개와 함께 사용된다. 돌리개(dog)는 센터 작업에서 돌림판의 회전을 공작물에 전달하는 역할을 한다.

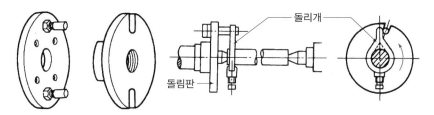

그림 6.52 **돌림판과 돌리개에 의한 작업**

  - 면판 : 주축의 스핀들 나사부에 면판을 고정하고 공작물의 형상이 불규칙하여 척을 이용할 수 없는 경우에 척(chuck) 대신 면판을 사용한다.

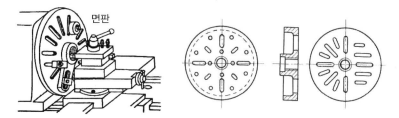

그림 6.53 **면판에 의한 작업과 면판**

  - 맨드렐(심봉) : 기어나 V벨트 풀리, 핸들의 손잡이 등 소재와 같은 구멍이 뚫린 공작물의 바깥 원통면이나 측면 또는 동심원을 가공할 때는 그림 6.54와 같은 맨드렐(mandrel)에 끼워 고정시킨 다음, 이 맨드렐을 공작물과 같이 센터로 지지하여 센터 작업을 하면 편리할 경우가 많다.

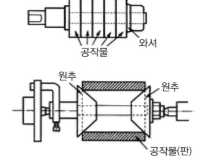

공작물 / 와셔

원추 / 원추 / 공작물(판)

🔩 그림 6.54 **맨드렐에 의한 기어 가공**

③ 선반 척

양 센터 사이에 공작물을 쉽게 걸 수 없을 때는 공작물을 척에 고정한다. 나사깎기, 보링, 선삭가공 등에는 이 척을 사용할 때가 많으며, 이것을 척작업이라고 한다. 척의 종류에는 다음과 같은 것들이 있다.

- **단동척** : 단동척(independent chuck)은 4개의 조(jaw)가 각각 단독으로 움직이도록 되어 있어 불규칙한 모양의 공작물을 고정하는 데 편리하게 되어 있다. 그러나 중심을 정확하게 맞추기 위해서는 인디케이터 또는 다이얼 게이지를 사용해야 한다.

(a) 단동척   (b) 연동척

🔩 그림 6.55 **선반 척**

- **연동척** : 연동척(universal chuck)은 그림 6.55와 같이 3개의 조가 동시에 움직이도록 되어 있어 원형, 정삼각형, 정육각형 등의 공작물을 고정하는 데 편리하다. 고정력은 단동척에 비해 약하며, 조가 마멸되면 척의 정밀도가 떨어지는 결점이 있다. 척의 조(jaw)는 내경용과 외경용으로 사용할 수 있어 용도에 따라 방향을 바꾸어 사용할 수 있다.

  이 밖에 단동척과 연동척의 두 가지 기능을 갖고 있는 양용척(combination chuck), 원판 안에 전자석(직류 전류)을 설치한 마그네틱 척(magnetic chuck), 가는 지름 봉재, 각 봉재 등을 고정하여 절삭하는데 편리한 콜릿 척(collet chuck) 등이 있다. 그림 6.56은 선반 특수척의 예이다.

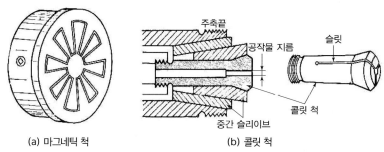

(a) 마그네틱 척　　　　　　　(b) 콜릿 척

🔩 그림 6.56 **선반 특수척의 종류**

④ 방진구

지름이 작고 긴 공작물을 가공할 때 공구의 절삭력과 자중에 의하여 공작물이 휘거나 처짐 또는 떨림이 일어나기 쉬워 정확한 치수로 가공하기 어려울 때 부속 장치인 방진구(work rest)를 사용한다.

　방진구에는 베드에 고정하는 고정 방진구와 왕복대와 함께 이동하는 이동 방진구가 있다.

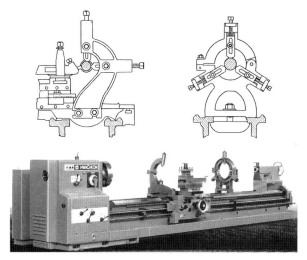

🔩 그림 6.57 **방진구와 공작물의 고정**

🔩 그림 6.58 **고정 방진구와 작업**

2 선반 가공

(1) 절삭 작용

① **절삭 속도** cutting speed 절삭 속도란 공작물이 단위시 간에 공구날을 통과하는 거리이며, 공구의 재료, 피삭재, 절삭유, 가공 정밀도, 이송 속도, 절삭 깊이, 공구의 형상 등에 따라 다르다.

🔩 그림 6.59 선반 가공과 CNC 선반 가공

절삭 속도는 바이트에 대한 공작물의 원둘레 또는 표면 속도이며, 선반 가공의 경우에는 절삭된 공작물면 위에서 측정한다.

절삭 속도 V(m/min)와 주축 회전수 N(rpm)은 다음 식으로 계산한다.

$$V = \frac{\pi \cdot D \cdot N}{1000} \ (\text{m/min})$$

여기서 D : 공작물의 지름(mm), N : 공작물의 회전수(rpm)

🔩 그림 6.60 절삭 속도

절삭 속도는 절삭 조건 중에서도 가장 중요한 것으로 절삭 온도, 절삭 저항 및 공구 수명에 미치는 영향이 가장 크다. 표 6.3, 표 6.4는 일반 선반 작업에 알맞은 절삭 조건을 제시한 것이다.

🔩 표 6.3 절삭 속도(고속도강)

공작물의 재료	인장 강도 (kgf/mm²) 또는 경도(HB)	거친 절삭 절삭 깊이 : 1~3 mm 이송 : 0.2~0.4 mm/rev	다듬질 절삭 절삭 깊이 : 1.0 mm 이하 이송 : 0.05~0.2 mm/rev
탄소강	50 이하 (연) 50~70 (경)	35~43 30~38	45~55 35~45
주철	HB 200 이하 (연) HB 200~240 (경)	25~33 20~28	35~45 30~40
동합금	HB 100 이하 (연)	70~90	90~120
알루미늄 합금	30 이하	80~120	120~160

예제 1

지름 D : 50 mm의 탄소강(연)의 공작물을 절삭 속도 35∼43 m/min로 거친 절삭을 할 때의 주축회전수를 계산하여라. 여기서 사용하는 선반의 주축 속도열은 52, 87, 157, 261, 499, 665, 1200, 2000 [rpm] 로 한다.

최저 절삭 속도 35 m/min와 최고 절삭 속도 43 m/min에서 각각의 주축 속도 N_1, N_2를 계산하면 식에서

$$N_1 = \frac{1,000\,V}{\pi D} = \frac{35 \times 1,000}{\pi \times 50} \fallingdotseq 223\,(\mathrm{rpm})$$

$$N_2 = \frac{1,000\,V}{\pi D} = \frac{43 \times 1,000}{\pi \times 50} \fallingdotseq 274\,(\mathrm{rpm})$$

▸ $N_1 = 223$ rpm, $N_2 = 274$ rpm

표 6.4 절삭 속도(초경합금)

공작물의 재료	인장 강도(kgf/mm²) 또는 경도(HB)	거친 절삭		다듬질 절삭	
		사용 분류	절삭 깊이 : 1∼3 mm 이송 : 0.2∼0.4 mm/rev	사용 분류	절삭 깊이 : 1.0 mm 이하 이송 : 0.05∼0.2 mm/rev
탄소강	50 이하 (연) 50∼70 (경)	P10 P10	100∼160 80∼130	P10 P10	140∼220 100∼160
주 철	HB 200 이하 (연) HB 200∼240 (경)	K20 K20	50∼80 40∼60	K20 K20	70∼100 50∼70
동합금	HB 100 이하 (연)	K10	250∼300	K10	300∼400
알루미늄 합금	30 이하	K10	200∼400	K10	300∼600

예제 2

예제 1에서 주축회전수 499rpm를 사용하면 이때의 절삭 속도를 구하여라.

$$v = \frac{\pi D N}{1,000} = \frac{\pi \times 55 \times 499}{1,000} = \frac{78,343}{1,000} \fallingdotseq 78\,(\mathrm{m/min})$$

▸ 78 m/min

② **절삭 깊이** depth of cut 그림 6.61과 같이 바이트가 공작물을 절삭한 깊이를 절삭 깊이라 한다. 절삭 깊이(d)는 절삭할 면에 대하여 수직 방향으로 측정하고, 그 단위는 mm로 나타낸다. 원통깎기를 할 때에는 공작물의 지름이 작아지는 양은 절삭 깊이의 2배가 된다.

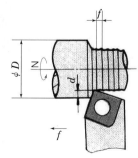

그림 6.61 **절삭 깊이**

③ 이송 공작물의 매회전마다 바이트가 절삭 방향과 직각 방향으로 이동하는 거리를 이송(feed) 량이라 하며, mm/rev으로 나타낸다. 이론적으로는 이송이 작을수록 표면 거칠기는 좋아진다. 절삭 깊이와 이송량의 곱을 절삭 면적이라 하며, 절삭 면적이 커지면 절삭 능률은 좋아지지만 날 끝에 가해지는 절삭 저항이 커지면서 절삭 온도가 높아지며, 바이트의 수명이 짧아진다.

$$f = \frac{F}{N} \ (\mathrm{mm/rev})$$

3 공작물의 고정

선반 가공에서는 공작물이 고속으로 회전하게 되므로 공작물의 형상, 가공 부분, 가공 공정에 따라 안전한 설치가 이루어지도록, 각종 공구, 부속품 또는 특별한 장치 등이 사용된다. 기본적인 공작물의 고정 방법으로는 그림 6.62와 같이 센터 작업에 적용되는 방법과 척 작업에 사용되는 고정 방법으로 나눌 수 있다.

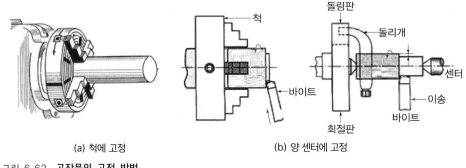

(a) 척에 고정 (b) 양 센터에 고정

그림 6.62 **공작물의 고정 방법**

4 바이트 bite의 고정

바이트의 선단이 공작물 중심선의 높이에 오도록 하는 것이 이상적이고, 직경이 큰 공작물의 절삭에서는 공작물의 중심선으로부터 중심각 5° 이내의 높이에 설치할 수도 있으나 바이트 선단을 중심선보다 낮게 위치시키면 공작물을 파고 들어갈 수 있으므로 이를 피해야 한다.

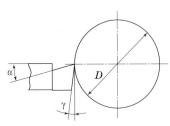

그림 6.63 **바이트의 설치 및 고정**

5 센터 작업

길이가 긴 공작물은 한쪽을 척에 고정하고 다른 끝은 센터로 지지하거나 양 센터 작업을 하게 된다. 이 경우에는 공작물의 한쪽 또는 양쪽에 그림 6.64(b)의 (a)와 같이 센터 드릴로 센터 구멍을 뚫어야 한다. 이때 사용되는 센터 드릴은 그림 6.64(a)와 같다.

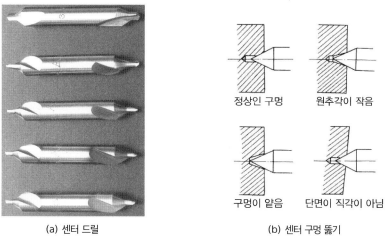

(a) 센터 드릴   정상인 구멍   원추각이 작음

구멍이 얕음   단면이 직각이 아님

(b) 센터 구멍 뚫기

🔩 그림 6.64 **센터 드릴링**

바른 센터 작업을 위해서는 그림 6.65(b)와 같이 양 센터의 중심선이 일치되도록 심압대를 조정해야 한다. 필요할 때는 그림 (a)와 같이 편위량을 조정한다.

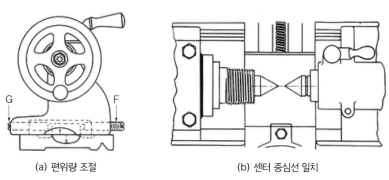

(a) 편위량 조절   (b) 센터 중심선 일치

🔩 그림 6.65 **심압대 편위**

6 원통면의 절삭 가공

공작 기계에 의한 원통면의 가공은 주로 선반(lathe)이 이용되는데 원통면은 평행한 원통면과 테이퍼 또는 각도 그리고 단을 갖고 있는 원통면으로 크게 나눌 수 있다. 이 밖에도 원통 외면에 모양을 내는 너얼링(knurling) 가공도 포함된다.

(a) 너얼링 공구

(b) 로렛(roulette)

그림 6.66 **너얼링**

(1) 평행 원통면의 절삭 가공

주로 선반에서 공작물의 양 센터 사이에 설치하거나 주축의 척에 고정하여 회전운동을 주고, 공구대에 설치한 절삭 공구에 전후 또는 좌우의 직선 이송운동을 주면서 평행 원통면을 가공한다.

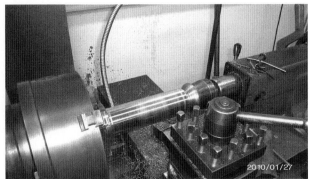

그림 6.67 **원통면 절삭**

(2) 테이퍼의 절삭 가공

공작 기계의 주축에는 일정한 규격의 테이퍼 구멍이 있고, 공구의 자루에도 이와 같은 테이퍼로 되어 있는 것이 많이 있다. 이들 테이퍼는 공구의 자루 끼우는 슬리브나 소켓을 공작 기계의 주축 구멍에 끼워놓고, 회전력을 전달할 수 있어야 한다. 테이퍼의 절삭 가공은 주로 선반을 사용한다.

(a) 모오스 테이퍼용 드릴 자루

그림 6.68 **모오스 테이퍼용 샹크**

(b) 슬리브와 슬리브에 끼워진 공구

① **테이퍼의 규격** 테이퍼의 규격은 모오스 테이퍼(morse taper, MT)가 사용되며, #3∼#5번이 많이 사용된다.

■ 테이퍼 절삭 가공

　－심압대를 편위하는 방법 : 선반에서는 양 센터 사이에 공작물을 고정하고 심압대를 편위시킨다. 이 방법은 주로 원통의 테이퍼 깎기에만 이용되는데, 공작물이 길고 테이퍼가 작을 때 적합하다. 테이퍼의 양끝 지름 중에서 큰 지름을 D(mm), 작은 지름을 d(mm), 테이퍼 부분의 길이를 I(mm), 공작물 전체 길이를 L(mm)이라 하면, 심압대의 편위량 e(mm)는 다음의 식으로 구할 수 있다.

$$e = \frac{L(D-d)}{2l}\,(\text{mm})$$

　－복식 공구대를 사용하는 방법 : 테이퍼 부분의 길이가 짧고 경사각이 큰 공작물의 테이퍼 가공에는 선반의 복식 공구대를 필요한 각도만큼 돌려놓는 방법이다. 큰 지름을 D(mm), 작은 지름을 d(mm), 테이퍼의 길이를 L(mm)이라 하면, 복식 공구대의 돌리는 각도 $\alpha/2$는 다음 식으로 구할 수 있다.

$$\text{테이퍼} = \frac{D-d}{L} \qquad \tan\frac{\alpha}{2} = \frac{D-d}{2L}$$

　－테이퍼 절삭 장치를 사용하는 방법 : 그림 6.69와 같이 테이퍼 절삭 장치(taper attachment)를 사용하여 왕복대를 길이 방향으로 이송하면 안내판의 각도에 따라 바이트는 베드에 대하여 경사진 방향으로 이동하도록 되어 있다.

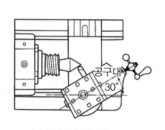
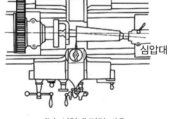

(a) 복식 공구대 이용　　　　　(b) 심압대 편위 이용　　　　　(c) 테이퍼 절삭 장치 이용

그림 6.69 **테이퍼 절삭 가공 방법**

7 나사 가공

나사 작업에서는 나사의 산수에 따른 변환 기어가 선택되어야 하고, 나사산의 규격에 따른 바이트의 각을 연삭하게 된다. 나사는 1회의 절삭으로 완성되지 않으므로, 처음에 깎은 자리를 반복하여 깎아내 완성하게 된다. 바이트의 절입 방향은 그림 6.70과 같이 바로 보내기(straight in)와 경사 보내기(angular) 방식이 있다.

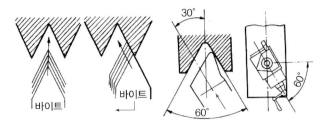

🎯 그림 6.70 나사 절삭을 위한 공구의 조정

나사 바이트를 설치할 때에는 그림 6.71과 같이 센터 게이지를 사용한다.

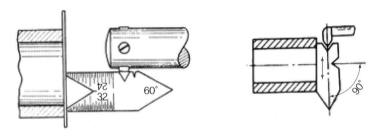

🎯 그림 6.71 나사 절삭 바이트의 설치법

선반에서 바이트에 의한 나사 절삭의 기구는 주축의 회전이 변환 기어에 의해서 리이드 스크루에 전달되면 다음에 왕복대와 연결된 하프 너트가 리드 스크루에 물리면 바이트에 자동 이송이 주어지게 된다. 그림 6.72는 선반에 의한 나사 가공의 예이다.

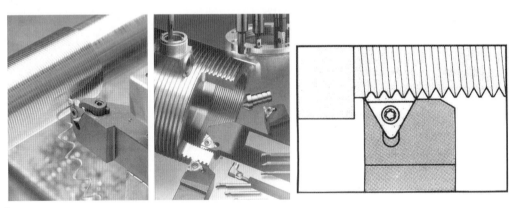

🎯 그림 6.72 나사 절삭 가공

5 선반의 종류와 특징

1 보통 선반과 터릿 선반

(1) 보통 선반

보통 선반은 공작 기계 중 가장 많이 사용되며, 이를 engine lathe라고 하는데, 이는 초기에 기관을 운전하여 회전 동력을 얻은 데서 연류된 이름이다.

초기의 보통 선반은 단차 구동 방식으로 그림 6.73(a)와 같은 벨트 단차식 선반이 사용되었다. 절삭 공구 재료의 발전과 기계를 구성하는 재료의 개선에 따라 고속화되고, 기어 전환 방식이며 강력한 중절삭이 가능하도록 개선된 그림 6.73(b)와 같은 고속 선반으로 발전하였다.

(a) 벨트 단차식 선반

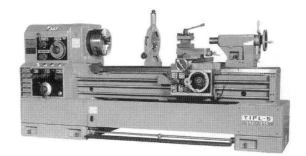
(b) 기어 구동식 선반

그림 6.73 **보통선반**

(2) 터릿 선반

터릿 선반(turret lathe)은 6각 터릿 헤드(hexagonal turret head)에 가공 순서로 공구를 조립 고정하여, 각 공정이 끝날 때마다 터릿을 돌리고, 소요의 공구가 가공 위치에 오도록 구성된 선반이다. 따라서 원통깎기, 면깎기, 구멍뚫기, 나사내기, 절단하기 등 여러 공정을 터릿의 회전으로 순서에 따라 가공을 해낼 수 있다.

터릿 선반에서 제품을 가공하려면 공작물을 척에 고정하고, 터릿 헤드에 소요의 공구를 가공 순서에 따라 고정하고, 공정에 따라 터릿 헤드를 선회시키면 6행정이 터릿 헤드의 공구에 의해 가공된다.

(a) 터릿 선반

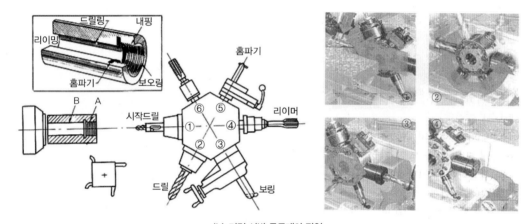

(b) 터릿 선반 공구대와 작업

🔩 그림 6.74 **터릿 선반**

2 자동 선반과 모방 선반

(1) 자동 선반

자동 선반(automatic lathe)은 선반의 조작을 캠이나 유압 기구를 이용, 자동화한 것으로 대량 생산에 적합하다. 보통 선반이나 터릿 선반은 1대에 한 사람의 작업자가 필요하지만, 자동 선반에서는 한 작업자가 여러 대의 선반을 조작·관리할 수 있다.

공작물의 고정과 제거는 수동으로 하고, 가공만을 자동으로 하는 반자동식과 모든 작업을 자동으로 하는 전자동식이 있다.

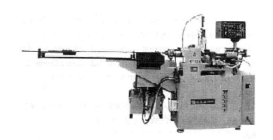

그림 6.75 **자동 선반**

(2) 모방 선반

모방 선반(copying lathe)은 자동 모방 장치를 이용하여 모형이나 형판을 따라 바이트를 안내하며, 턱붙이 부분, 테이퍼 및 곡면 등을 모방 절삭하는 선반이다. 자동 모방 장치로는 유압식, 유압 공압식, 전기식, 전기 유압식 등이 있다.

⚙ 그림 6.76 **모방 선반**

---

6 플레이너와 슬로터

1 플레이너

플레이너에서는 비교적 큰 공작물의 평면을 가공하고 공구에 이송을 준다.

공구의 이송은 귀환 행정 때 주며, 여러 가지 기준면 및 안내면이 될 평면 가공에 주로 사용된다. 이런 절삭 방법을 플레이너 가공 또는 평삭 가공(planing)이라 하며, 여기에 사용되는 공작 기계를 플레이너(planer) 또는 플레이닝 머신(planing machine)이라 한다.

플레이너 가공은 공작물을 테이블 위에 고정시키고 수평 왕복 운동을 하며, 바이트는 공작물의 운동 방향과 직각 방향으로 단속적으로 이송된다.

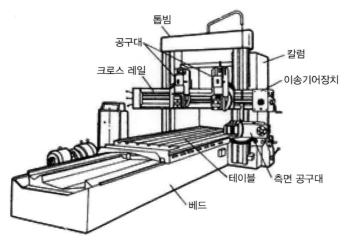

톱빔
공구대
크로스 레일
칼럼
이송기어장치
테이블
측면 공구대
베드

O 그림 6.77 **플레이너**

(1) 플레이너의 구조와 기능

그림 6.78과 같이 플레이너는 베드(bed), 테이블(table), 컬럼(column or housing), 크로스 레일(cross rail), 새들(saddle), 공구대(tool slide), 급속 귀환 기구(quick return mechanism), 이송 기구(feed mechanism) 등으로 구성되어 있다. 이들 중에서 크로스 레일은 수평으로 설치하고, 기둥의 미끄럼면을 따라 상하로 이동한다. 이 크로스 레일에는 1개 또는 2개의 정면 공구대가 장치되어 이송할 수 있게 되어 있다.

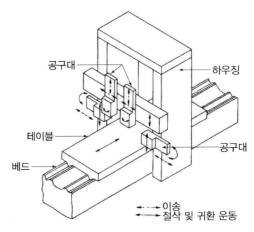

공구대
하우징
테이블
공구대
베드
이송
절삭 및 귀환 운동

O 그림 6.78 **플레이너 구조**

테이블은 긴 베드의 미끄럼 홈 위에 놓이고 그 위에 공작물을 고정하여 왕복 직선운동을 할 수 있는 구조이며, 운동 부분의 중량이 커서 미끄럼 홈에는 큰 압력이 작용한다.

플레이너의 능력과 용량은 절삭할 수 있는 공작물의 크기(길이×너비×높이), 공구대의 수평 및 위아래 이동 거리, 테이블 윗면부터 공구대까지의 최대 높이, 즉 절삭 능력과 견인력, 공작물 허용 중량으로 나타낸다.

(2) 플레이너 가공

① 절삭 속도

◈ 표 6.5 **플레이너의 절삭 속도**

바이트의 재질		고속도강				초경합금			
절삭 조건	절삭 깊이[mm]	3	3	12	25	1.5	2.5	3	10
	이송[mm]	1	1.5	2.5	3	1	1	1.5	1.5
공작물의 재질	주철(연)	30	24	20	17	100	80	65	55
	주철(경)	15	11	8	–	55	43	35	–
	보통강	23	18	13	10	100	75	58	43
	특수강	13	10	8	–	70	53	40	–
	청동	50	50	40	–	※	※	※	※
	알루미늄	70	70	50	–	※	※	※	※

※ 표는 테이블의 최대 속도를 사용한다.

② **공작물 고정법** 플레이너 작업에서 가장 중요한 일은 가공할 공작물을 테이블에 고정하는 작업이다. 테이블에는 T홈과 핀 구멍이 많이 있으므로, 그림 6.79와 같이 각종 고정구, 볼트 등을 이용하여 공작물을 테이블에 고정한다.

공작물이 크고 넓은 것, 얇은 것, 모양이 불규칙한 것 등은 체결에 의해 공작물이 변형될 수 있으므로 주의한다.

◈ 그림 6.79 **공작물 고정구**

(3) 플레이너의 종류와 특징

플레이너는 기둥의 수에 따라 쌍주식 플레이너(double housing planer)와 단주식 플레이너(open side planer), 특수 플레이너로 나뉜다.

① **쌍주식 플레이너** 그림 6.80과 같이 기둥이 베드 양쪽에 배치되고, 문 모양을 한 구조로, 이를 문형 플레이너라고도 한다. 일반적으로 3~4개의 공구대를 크로스레일과 지주에 설치한다. 쌍주형 플레이너는 기둥 사이의 거리에 따라 공작물의 크기가 제한되지만, 구조상 강력 절삭이 가능하다.

② **단주식 플레이너** 단주식 플레이너는 그림 6.81과 같이 기둥이 베드의 한쪽 옆면에 있고, 구조는 크로스레일(cross rail)이 외팔보로 되어 있어 이를 편지형 플레이너라고도 한다. 단주식 플레이너는 공작물의 폭에 제한을 받지 않으므로 폭이 넓은 공작물을 깎을 수 있으나, 강력 절삭을 할 때에는 정밀도에 주의해야 한다.

③ **특수 플레이너** 특별히 큰 공작물을 절삭하기 위하여 베드의 측면에 따라 피트(pit)를 만들어 높이가 과대하고, 테이블 위에 올려놓기가 불가능한 이형(異形)의 공작물을 가공하는 특수한 기계이다.

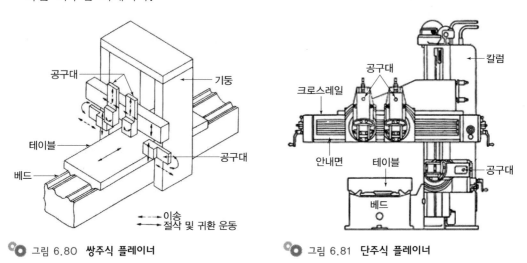

🔩 그림 6.80 **쌍주식 플레이너**　　　　🔩 그림 6.81 **단주식 플레이너**

2 슬로터

슬로터(slotter)는 수직 또는 수직에 가까운 각도의 왕복운동을 하는 램(ram)에 고정한 바이트와 전후·좌우로 이송할 수 있으면서 수직축을 중심으로 회전운동이 가능한 테이블에 고정한 여러 가지 공작물의 내면을 주로 가공하는 공작 기계이다.

(1) 슬로터의 구조와 기능

슬로터는 세이퍼의 램운동을 수평에서 수직으로 바꾸어 직립형으로 한 공작 기계이며, 그 운동 기구도 유사하다. 슬로터는 그림 6.82와 같이 베드, 컬럼, 램의 안내면이 일체로 되어 있다. 베드 위에는 이중으로 된 새들이 있으며, 그 위에 원형 테이블이 놓여 있다.

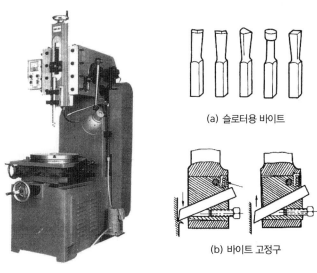

(a) 슬로터용 바이트

(b) 바이트 고정구

🌀 그림 6.82 **슬로터**

컬럼의 내부에는 원동기의 회전운동을 램의 직선 왕복운동으로 변환시키는 크랭크와 링크 등이 있으며, 컬럼의 외부에는 기어 전동 장치가 있다. 또 컬럼의 전면에는 램의 안내면이 있어서 램이 이 안내면에 따라 상하 왕복운동을 할 수 있는 구조로 되어 있다. 램의 아래쪽에 공구대가 있으며, 여기에 바이트를 고정한다. 슬로터의 크기는 램의 최대 행정, 테이블의 크기, 테이블의 이동 거리 및 테이블의 지름으로 나타낸다.

(2) 슬로터 가공의 특징

램 끝의 공구대에 고정한 바이트의 상하 왕복운동에 의해 내면의 키홈, 여러 가지 각의 구멍, 스플라인 구멍, 그 밖의 수직면 절삭이 가능하다. 또 회전테이블의 조작으로 기어 또는 특수한 원통의 절삭도 할 수 있다.

🌀 그림 6.83 **슬로터 가공 예**

(3) 슬로터의 종류

슬로터는 테이블의 구조와 기능에 따라 구분하고 있는데, 테이블이 고정된 베드형(bed type)과 테이블이 상하로 이동할 수 있는 니이형(Knee type)이 있다.

---

7 | 드릴링과 보링

1 드릴링 머신의 구조와 기능

드릴링 머신(drilling machine)은 주축의 드릴 척에 드릴을 끼워놓고, 이를 동력으로 회전 절삭운동을 시키면서 주축에 직선 이송운동을 주어 공작물에 구멍을 뚫는 공작 기계이다. 그림 6.85는 드릴 머신에서 가공할 수 있는 작업의 예를 나타낸 것이다.

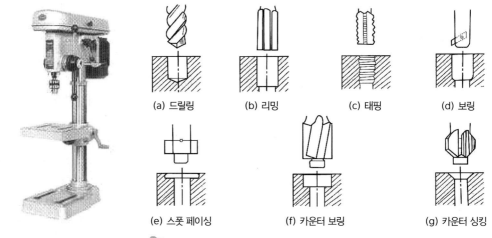

(a) 드릴링   (b) 리밍   (c) 태핑   (d) 보링

(e) 스폿 페이싱   (f) 카운터 보링   (g) 카운터 싱킹

🔩 그림 6.84 **벤치 드릴링 머신**   🔩 그림 6.85 **드릴링 작업의 종류**

(1) 드릴링 머신의 부속장치

① 드릴 척 지름이 곧은 자루(straight shank)이면서 13 mm 이하인 비교적 작은 드릴을 사용할 때에는 그림 6.87(b)와 같은 드릴 척(drill chuck)을 사용한다.

② 슬리브와 소켓 드릴의 자루부가 테이퍼 자루(taper shank)로 된 13 mm~75 mm로 비교적 큰 드릴은 자루가 모오스 테이퍼(morse taper)로 되어 있으며, 그림 6.86과 같은 슬리브(sleeve) 또는 소켓(socket)을 사용하여 스핀들의 테이퍼 구멍에 직접 꽂아서 사용한다. 그림 6.87(c)는 드릴링 기계에 의한 구멍뚫기 작업을 보여 주고 있다.

(a) scoket	(b) sleeve

🔧 그림 6.86 **소켓과 슬리브**

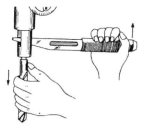  

(a) 드릴뽑개	(b) 드릴 척	(c) 드릴링

🔧 그림 6.87 **드릴**

③ **드릴 바이스와 클램프** 소형 공작물은 바이스에 고정하고 이를 테이블 위에 놓고 사용하며, 수량이 많은 경우에는 토글 클램프(toggle clamp)를 사용한다. 중형 이상일 때에는 바이스를 테이블에 고정하거나 공작물을 테이블에 직접 고정하기도 한다.

🔧 그림 6.88 **바이스와 드릴 바이스의 고정**

(2) 드릴 가공

① **드릴의 날끝각** 드릴의 날끝각은 표준 드릴에서는 118°이지만, 공작물의 재질에 따라 표 6.6과 같이 적절한 각도를 선택해야 한다.

표 6.6 **드릴 날끝의 각도**

공작물의 재질	선단각	여유각	비틀림각
주철	90~118	12~15	20~32
강(저탄소강)	118	12~15	20~32
동 및 동 합금	110~113	10~15	30~40
알루미늄 합금	90~120	12	17~20
표준 드릴	118	12~15	20~32

그림 6.89는 드릴 날의 날끝각과 여유각, 웨브각에 따른 날끝 모양을 나타낸 것으로 120~135°일 때 직선으로 된다.

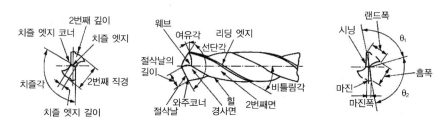

그림 6.89 **드릴의 각부 명칭**

② **절삭 속도와 이송** 절삭 속도는 드릴 바깥둘레의 속도로 나타내며, 이송은 드릴 1회전마다 드릴의 축 방향 이동 거리로 나타낸다. 절삭 속도와 이송의 크기는 드릴과 드릴의 지름, 공작물의 재질 등에 따라 다르게 결정한다.

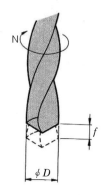

그림 6.90 **드릴 지름과 이송**

드릴 가공이 진행되어 구멍이 깊어지면 칩의 배출이 곤란하므로 절삭 속도와 이송을 줄여야 한다. 예를 들면, 구멍의 길이가 드릴 지름의 3배 정도로 되면 속도를 10% 정도 감소시킨다.

드릴의 절삭 속도와 이송은 다음의 식으로 나타낸다.

$$f = \frac{S}{N} \ (\text{mm/rev}) \qquad V = \frac{\pi \cdot D \cdot N}{1000} \ (\text{m/min})$$

(a) 이송　　　　　　　　　　(b) 절삭 속도

여기서　V : 절삭 속도(m/min)　　　N : 드릴의 회전수(rpm)

　　　　D : 드릴의 지름(mm)　　　S : 1분당 가공 깊이(mm/min)

　　　　f : 이송(mm/rev)

🔩 그림 6.91　**절삭 속도와 이송**

　연강을 드릴 가공할 때 절삭유의 수용성 절삭유 또는 불수용성 절삭유를 사용하며, 주철에는 사용하지 않는다.

③ **드릴의 연삭**　새로 연삭한 드릴도 일정 시간 사용하면 드릴날이 마멸되어 절삭 능률이 저하되므로, 적절한 때 재연삭하여 사용한다. 드릴의 절삭날이 심하게 마멸되면 생산 능률의 저하, 가공면의 정밀도 불량, 드릴의 손상 등으로 가공면을 해치는 결과를 가져온다.

　재연삭을 할 때에는 일반적으로 그림 6.92(a), (b)와 같이 연삭한다.

(a) 공구 연삭기에 의한 드릴 연삭　　　　　　　(b) 치구대에 의한 드릴 연삭

🔩 그림 6.92　**드릴연삭**

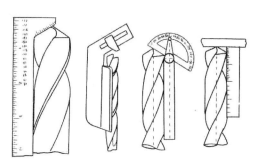

🔩 그림 6.93　**드릴 날의 검사기구**

④ **공작물의 고정** 드릴 작업에서 안전사고가 발생하는 것은 공작물을 손으로 잡고 작업하거나 바이스 또는 테이블에의 고정이 불안전할 때 생기는 데 매우 위험하다. 공작물을 테이블에 직접 고정할 때에는 그림 6.94와 같이 드릴이 테이블의 홈구멍에 일치하도록 고정한다. 구멍이 큰 것은 테이블과의 고정을 볼트로 확실하게 하는 것이 안전하다.

그림 6.94 **공작물 고정**

⑤ **특수한 드릴링** 박판에 비교적 큰 구멍을 뚫을 때에는 드릴의 원추부가 판을 관통하여 판을 눌러 주는 힘이 없어 판이 심하게 움직이며, 구멍이 불규칙하고 크게 된다. 박판의 드릴 가공에는 그림 6.95(a)와 같은 특수한 flat drill, saw cutter 또는 판을 목재 사이에 넣어 조인 다음 목재와 함께 드릴 가공을 행하는 것이 좋다.

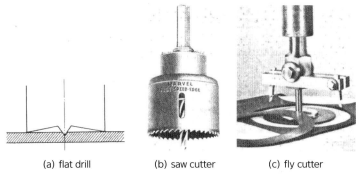

(a) flat drill   (b) saw cutter   (c) fly cutter

그림 6.95 **박판의 드릴 가공**

경사면이나 뾰족한 부분에 드릴링을 할 때에는 그림 6.96(a)와 같이 캡을 붙이거나 end mill 등으로 드릴 축에 수직되게 가공한 후 드릴링을 행한다. 겹쳐진 구멍을 뚫을 때에는 그림 6.96(b)와 같이 먼저 뚫은 구멍을 같은 종류의 재료로 메운 다음 다른 구멍을 뚫고 메운 금속을 빼낸다.

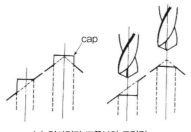
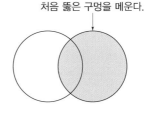

(a) 경사면과 뾰족부의 드릴링   (b) 겹친 구멍의 드릴링

처음 뚫은 구멍을 메운다.

그림 6.96 **특수한 형상의 drilling**

(3) 드릴링 머신의 종류와 특징

① **핸드 드릴** 핸드 드릴은 소형의 전기 모터를 회전시켜 척에 고정한 드릴로 구멍을 뚫는 것으로 전동 드릴이라고도 하며, 한손으로 손잡이와 스위치를 조작할 수 있게 되어 있는 휴대용이다.

② **탁상 드릴링 머신** 드릴링 머신의 작업대 위에 설치하여 사용하는 소형의 드릴링 머신이다. 드릴의 지름이 13 mm 이하로 비교적 작고 뚫는 구멍이 깊지 않은 드릴 구멍에 적합한 것으로, 드릴의 이송은 수동으로 한다.

(a) 휴대용 핸드 드릴   (b) 충전용 핸드 드릴

그림 6.97 **다목적용 핸드 드릴의 종류**

(a) 탁상 드릴링 머신   (b) 고속 드릴링 머신

그림 6.98 **탁상 드릴링 머신 종류**

③ **직립 드릴링 머신** 각종 공작물의 드릴 가공에 널리 사용된다. 동력 전달과 주축의 속도 변화는 단차식 또는 기어식이 있다. 직립 드릴링 머신에는 기어식 속도 변환 장치가 있으며, 탭 가공도 하기 위하여 주축은 역회전할 수 있도록 되어 있는 것도 있다.

④ **레이디얼 드릴링 머신** 공작물이 클 때에는 그림 6.100과 같은 레이디얼 드릴링 머신 (radial drilling machine)이 사용된다. 이것은 수직의 기둥을 중심으로 암을 선회시킬 수 있고, 주축 헤드는 암을 따라 수평으로 이동하므로, 주축은 그 범위 안에서 임의의 위치까지 도달할 수 있다.

그림 6.99 직립 드릴링 머신

그림 6.100 레이디얼 드릴링 머신

2 보링 머신

보링 머신은 뚫린 구멍을 가공하기 위하여 주축에 고정한 보링 바이트를 회전시키고, 공작물에 이송과 절삭 깊이를 주어 구멍을 넓히거나 정밀도를 높이기 위해 절삭 가공하는 공작 기계이다.

보링 머신에서 가공할 수 있는 보링 방식에는 주조 등에서 뚫린 구멍이나 드릴로 뚫은 구멍을 크게 가공하거나 정밀도를 높게 하기 위한 가공을 포함하며, 면깎기 구멍 뚫기, 엔드밀 깎기, 나사 깎기, 태핑 등 여러 가지 작업을 할 수 있다.

(1) 보링 머신의 구조와 기능

보링 머신 중에서 가장 기본이 되는 수평 보링 머신(horizontal boring machine)은 오른쪽에는 주축과 속도 변환 기구 등을 구비한 주축 헤드가 컬럼에 설치되어 있으며, 안내면에 따라 상하 이동이 가능하다. 또한 컬럼과 상대쪽에 지주(支柱, boring stay)가 있으며, 지지대에 보링바(boring bar)를 끼워 사용한다. 보링 바이트는 이 보링바에 고정하며, 주축의 회전력을 전달받아 회전 절삭운동을 하게 된다.

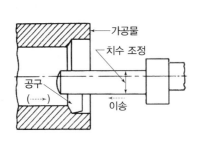
(a) 공작물 정지, 공구의 회전과 이송

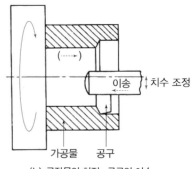
(b) 공작물의 회전, 공구의 이송

그림 6.101 보링 공구와 공작물의 상대운동

공작물은 베드 위를 이동하는 테이블의 상면에 고정하여 여기에 이송운동을 주면서 가공한다. 보링 머신에는 주축측에도 이송운동이 가능한 구조도 있다.

일반적으로 공작물의 형상이 복잡하여 이를 면판이나 회전 테이블에 고정하기가 어려운 경우 또는 부피가 크거나 무게가 많이 나가는 경우에는 수평 보링 머신이 편리하다.

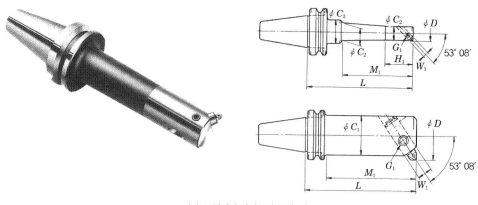

그림 6.102 **수평 보링머신**

(2) 보링 가공

① 보링 바이트와 보링바

- 보링 바이트 : 보링 머신에 사용하는 바이트는 선반용 바이트와 거의 같은 구조이나 구멍의 내면을 가공하게 되므로, 가공하는 구멍의 지름에 알맞은 충분한 여유각을 두어야 한다. 보링 바이트는 보링바(boring bar) 또는 보링 스너트(boring snut)에 고정하여 사용한다.

- 보링바(boring bar) : 바이트를 고정하고 주축의 구멍에 끼워 회전시키는 봉으로서, 일반적으로 보링 머신에서는 그림 6.103(b)와 같이 보링바에 직접 보링 바이트를 나사로 고정하여 사용한다.

(a) 보링바와 바이트의 고정

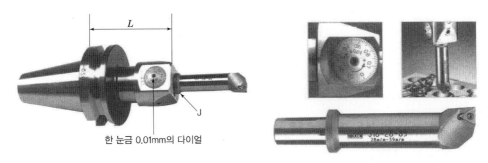

(b) 미세조정 보링바와 공작물 가공

🔩 그림 6.103 **보링바와 바이트의 고정**

② **보링 조건** 절삭 가공에서는 일반적으로 절삭 깊이와 이송량을 적게 하고, 절삭 속도를 빠르게 하면 가공면이 깨끗하게 되며, 치수의 정밀도도 높아진다. 이 원리를 구멍을 다듬질할 때에 응용하여 드릴로 뚫은 구멍이나 보링으로 거칠게 가공된 구멍을 대상으로 바이트를 고속으로 회전시키고, 이송량을 적게 하여 보링을 하면 진원이면서 매끈한 면으로 정밀 가공할 수 있다.

③ **공작물과 공구의 고정**

- 스터브 보링바의 사용 : 가공할 구멍의 위치를 주축 가까이 이동할 수 있거나 끝이 막힌 구멍 또는 정면 가공에는 길이가 짧은 스터브 보링바(stub boring bar) 또는 보링 스너트(boring snut)를 주축에 끼워놓고 사용한다.
- 선봉(line bar)의 사용 : 테이블에 고정한 공작물의 구멍에 보링 바를 끼워 넣고, 스핀들의 반대쪽은 별도의 지지부로 지지한다. 중심을 조절할 수 있는 지지대는 베어링 블록이 있어서 중심 맞추기가 편리하다.

(3) 보링 머신의 종류와 특징

보링 머신은 그 기능이나 구조에 따라 수평 보링 머신(horizontal boring machine), 정밀 보링 머신(fine boring machine), 지그 보링 머신(jig boring machine) 등이 있다.
보링 머신의 크기는 테이블의 크기, 주축의 이동 거리, 주축 머리의 상하 이동 거리 및 테이블의 이동 거리 등으로 나타낸다.

① **수평 보링 머신** 보링 이외에 구멍 뚫기, 밀링, 끝면 가공, 선삭, 리밍, 나사 깎기, 그 밖에 여러 가지 기계가공을 할 수 있도록 되어 있는 공작 기계이다.

② **정밀 보링 머신** 다이아몬드 또는 초경합금공구를 사용하여 고속도, 경절삭으로 정밀한 보링가공을 하는 기계로서 직립식과 수평식이 있다.

③ **지그 보링 머신** 회전 속도가 크고 이송의 정밀도가 높은 기구를 갖고 있으며, 바이트 재료는 초경합금 또는 다이아몬드를 사용한다. 스핀들 베어링과 공구와의 위치 관계가

일정하므로 진원도 및 진직도 등이 높다.

(a) 수평 테이블형 보링 머신

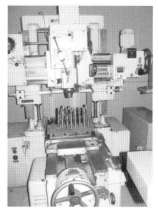

(b) 지그 보링 머신

그림 6.104 보링 머신 종류

---

8 | 밀링 머신

회전 공구에 2개 이상의 절삭 날을 가진 밀(mill)이라는 공구를 회전시키고, 테이블 위에 고정한 공작물에 이송을 주면서 절삭하는 공작법을 밀링 가공(milling)이라 하고, 여기에 사용되는 공작 기계를 밀링 머신(milling machine)이라 한다.

밀링 머신에서는 회전하는 공구로 고정된 공작물을 깎는다. 따라서 선반과는 달리 여러 가지 모양의 공작물을 가공할 수 있는 것이 특징이다.

밀링 머신에서는 밀링 커터나 부속품과 부속 장치를 사용하는 방법에 따라 여러 가지 가공을 할 수 있다. 평면은 물론 불규칙하고 복잡한 면을 깎을 수 있고, 드릴의 홈, 기어의 치형 가공 등 그 사용 범위가 매우 넓다.

밀링 머신의 크기 표시는 여러 가지 방법이 있지만 표준형 밀링 머신에서는 테이블의 이동 거리를 기준으로 호칭을 붙여 표시한다. 밀링 머신은 수평 밀링 머신(horizontal milling machine)과 수직 밀링 머신(vertical milling machine)에 따라 그 구조를 달리하고 있다.

표 6.7은 니이(knee) 컬럼형 밀링 머신의 호칭 번호와 테이블 이동 거리를 나타낸 것이다.

표 6.7 니이 컬럼형 밀링 머신의 호칭 번호

호칭 번호	No 0	No 1	No 2	No 3	No 4	No 5
테이블 좌우이동	450	550	700	850	1,050	1,250
새들의 전후이동	150	200	250	300	350	400
니이의 상하이동	300	400	400	450	450	500

그림 6.105 수평·수직 겸용 밀링 머신

1 밀링 머신의 구조와 부속장치

일반적으로 가장 많이 사용되고 있는 밀링 머신은 니이 칼럼형 밀링 머신(knee column type milling machine)이며, 기둥(column), 니이(knee), 테이블(table) 등으로 구성되어 있다. 공작물을 고정하는 테이블은 좌우, 전후, 상하 방향으로 이동할 수 있어 공작물을 입체적으로 가공할 수 있는 구조와 기능을 갖고 있다.

(1) 밀링 머신의 구조

밀링 머신의 구조는 그림 6.106과 같이 주축이 칼럼(column) 상부에 있는 오버 암(over arm)을 수평 방향으로 장치하고, 니이는 칼럼 앞면을 상하로 미끄러져 이동하며, 니이(knee) 위의 새들은 앞뒤 방향으로 이동할 수 있는 구조이다.

테이블은 새들 위에서 좌우로 이송되므로, 테이블은 칼럼의 앞면을 전후, 좌우, 상하 세 방향으로 이동할 수 있는 구조로 되어 있다. 아버(arbor)의 한쪽은 주축 구멍에, 다른 쪽 끝은 아버 지지대(arbor supporter)로 지지하여 아버에 고정한 밀링 커터를 회전시켜 가공하게 된다.

주축의 속도 변환은 기둥 내부에 있는 속도 변환 기어 장치로 하며, 테이블 이송을 위한 속도 변환은 니이 내부에 장치한 변환 기어로 한다.

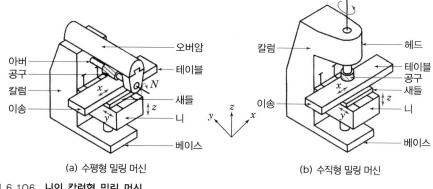

| | (a) 수평형 밀링 머신 | (b) 수직형 밀링 머신 |

그림 6.106 **니이 칼럼형 밀링 머신**

(2) 밀링 머신의 부속장치

밀링 머신에 각종 부속장치를 부착하면 작업이 능률적이면서 가공 범위도 넓어진다.

① **수직 밀링장치** vertical milling attachment　주축헤드(유니버셜 헤드)의 선회는 독특한 이중 선회식 스핀들 헤드로 수직, 수평은 물론 여러 가지 각도로 자유자재 선회시킬 수 있어 경사면 절삭이나 분할대화의 조합으로 스파이럴 가공 등 아주 폭넓은 작업이 가능하다. 또한 1 회의 공작물 셋업(set up)으로 여러 가지 복수 공정의 가공이 가능하기 때문에 멀티 기 능이 발휘할 수 있어 정면 가공(face milling), 키홈 가공(groove milling), 드릴링, 보 링, T홈 가공 등이 가능하다. 다양한 각도로 헤드를 선회시킴으로써 어떠한 밀링 작업도 가능하다.

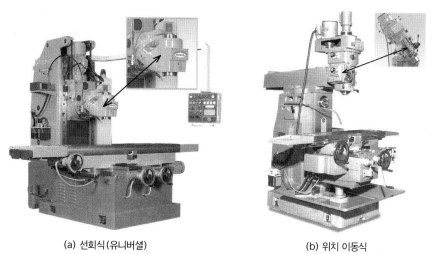

| (a) 선회식(유니버셜) | (b) 위치 이동식 |

그림 6.107 **수직형 밀링 머신**

② **만능 밀링 장치**　테이블의 선회대와 분할대 등 만능 밀링 장치(universal milling atta–

chment)를 부착하면 그림 6.108과 같이 헬리컬 홈과 래크 등을 가공할 수 있다.

(a) 헬리컬 및 베벨기어 가공

(b) 래크기어 가공

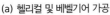 그림 6.108 **수평형 밀링 머신**

(3) 밀링 머신의 고정구

① 밀링 커터 고정구

- 수평 밀링용 : 수평 밀링 머신이나 만능 밀링 머신에서 플레인 밀링 커터 커터 등 구멍이 있는 밀링 커터를 고정시키는 데는 그림 6.109와 같은 아버가 필요하다.
- 직립 밀링용 : 직립 밀링 머신에는 주로 정면 커터, 엔드밀 등을 사용하는데, 이들 공구를 주축인 밀링 헤드에 고정할 수 있는 어댑터(adapter), 콜릿(collet) 등이 필요하다. 그림 6.110은 직립 밀링용 고정구의 예로, 그림 (a)는 엔드밀을 고정한 어댑터를, 그림 (b)는 곧은 자루의 엔드밀을 고정시킬 때 쓰이는 스프링 콜릿의 예이다.

그림 6.109 **아버에 의한 공구 고정**

(a) 어댑터　　　　　　　　　　　　　　　　(b) 콜릿

🔩 그림 6.110　엔드밀 공구의 고정구

② **밀링 바이스**　밀링 가공에서 공작물을 테이블 위에서 직접 고정할 수 있으나 일반적으로 밀링 바이스(milling vise)를 사용한다. 그림 6.111(a)와 같은 바이스(plane vice)는 조의 방향이 테이블의 이송 방향과 평행 또는 직각으로 밖에 설치할 수 없지만, 그림 6.111(b)와 같은 회전 바이스(swivel vise)는 회전대에 의하여 수평 방향으로 360° 회전시킬 수 있으므로, 조의 방향을 임의의 방향으로 돌려 고정시킬 수 있다.

　　그림 6.111(c)와 같은 만능 바이스(universal vise)는 수평면 회전과 동시에 90°까지 경사시킬 수 있어서 공작물의 가공면에 따라 임의의 방향으로 고정할 수 있다.

(a) 고정형 바이스　　　　　　　　(b) 회전형 바이스　　　　　　　　(c) 만능형 바이스

🔩 그림 6.111　**밀링 바이스**

🔩 그림 6.112　**유압형 바이스**

③ **원형 테이블**　그림 6.113과 같은 원형 테이블(circular table)은 주로 수직 밀링 가공에서 많이 사용된다. 원형 테이블을 수동 이송 또는 자동 이송에 의하여 회전시킬 수 있으므로, 공작물에 원형의 홈 또는 바깥둘레 부분을 원형으로 가공하거나 간단한 분할 작업에 사용하는 데 쓰인다.

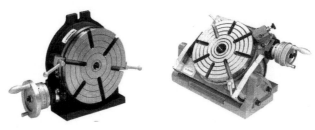

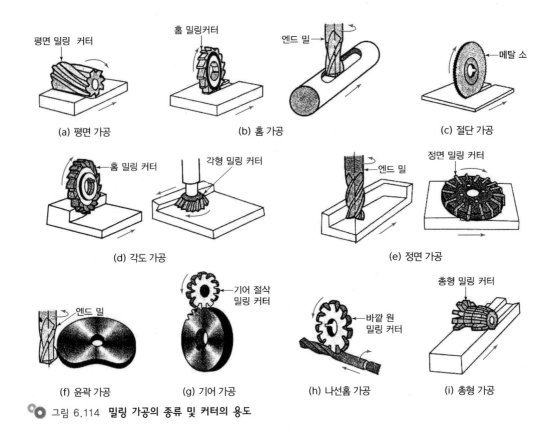

☼ 그림 6.113 **원형 테이블**

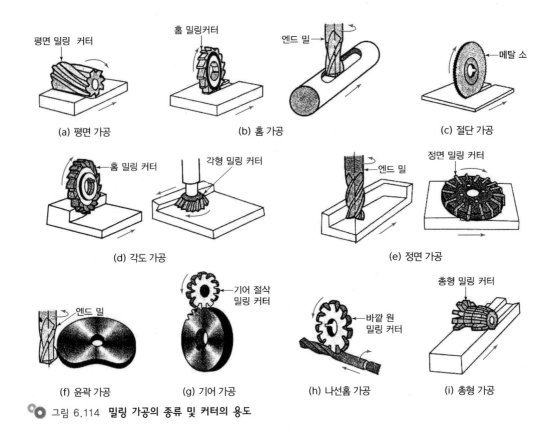

(a) 평면 가공   (b) 홈 가공   (c) 절단 가공

(d) 각도 가공   (e) 정면 가공

(f) 윤곽 가공   (g) 기어 가공   (h) 나선홈 가공   (i) 총형 가공

☼ 그림 6.114 **밀링 가공의 종류 및 커터의 용도**

2 분할대와 분할법

(1) 분할대

분할대에는 간단한 분할을 할 수 있는 그림 6.115(a)와 같은 직접 분할대(direct index head)와 준만능 분할대(semi-universal index head) 그리고 나선 기어 가공, 나선 홈 가공, 캠 가공 등의 광범위한 분할 작업에 쓰이는 그림 (b)와 같은 만능 분할대(universal index head)가 있다.

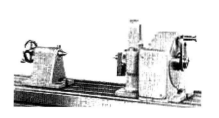

(a) 직접 분할대

분할대 주축

분할 크랭크

섹터암 분할판

(b) 만능 분할대

🔩 그림 6.115 **분할대의 종류**

(2) 분할법

① **직접 분할법** 직접 분할법(direct indexing)은 주축의 앞면에 있는 분할판으로 사용하여 직접 분할하는 방법이다. 이 방법은 웜(warm)과 웜 휠의 물림을 풀어서 주축이 자유롭게 회전할 수 있도록 한 후, 주축에 직접 고정 설치된 분할판 자체를 회전하여 분할한다. 분할판 주위에는 24개의 구멍이 있으며, 원주 분할은 24의 약수의 2, 3, 4, 6, 8, 12, 24로 모두 7등분할 수 있다. 즉, 원주를 n등분하려면 직접 분할판의 노치핀을 뺀 다음, 구멍수를 $24/n$개 만큼 회전시키면 된다. 따라서 $24/n$가 정수일 때만 가능하다.

예를 들면, 공작물의 원주를 4등분하기 위해서는 $24/n \rightarrow 24/4 = 6$이므로 6 구멍마다 하나씩 분할을 하면 원주를 4등분할 수 있다.

② **단식 분할법** 단식 분할법(simple indexing)은 직접 분할법으로 분할할 수 없는 수의 분할에 쓰인다. 분할 크랭크의 분할판을 사용하여 분할하는 방법으로, 분할 핸들을 40회 전시키면 주축은 1회전하는 구조로, 주축을 $1/n$회전시키면 된다.

분할 핸들의 회전수 n은 다음 식으로부터 구한다.

$$n = \frac{40}{N} = \frac{h}{H}$$

여기서 N : 공작물을 등분할 수 $\qquad n$: 분할 회전수
$\qquad\quad H$: 분할판에 있는 구멍수 $\qquad h$: 크랭크를 돌리는 구멍수

즉, 분할 핸들은 H구멍 중에서 h구멍 수만큼 돌리면 된다.

분할판의 구멍수는 분할대의 형식에 따라 다르나, 많이 쓰이고 있는 분할판의 구멍수는 표 6.8과 같다. 또한 공작 도면에 각도로 표시된 공작물을 분할하려면 분할 핸들 1회전에서 주축의 회전각은 $360/40 = 9°$이므로 다음 식으로부터 분할할 수 있다.

$$n = \frac{x}{9} \qquad n = \frac{y}{540}$$

여기서 n : 분할 핸들의 회전수 　　x : 분할 각도(단위 : 도)

　　　　y : 분할 각도(단위 : 분)

표 6.8 분할판의 구멍수

종류	분할판	구멍수
신시내티형	앞 면 뒷 면	24 25 28 30 34 37 38 39 41 42 43 46 47 49 51 53 54 57 58 59 62 66
브라운샤프형	No.1 No.2 No.3	15 16 17 18 19 20 21 23 27 29 31 33 37 39 41 43 47 49

실제 분할 작업을 할 때 분할판의 구멍을 각 공정마다 세어가면서 분할하는 것은 불편하므로, 그림 6.116과 같은 섹터(sector)를 사용하여 필요한 구멍수만큼 벌려 고정시켜 놓고 이를 기준으로 사용하면 편리하다.

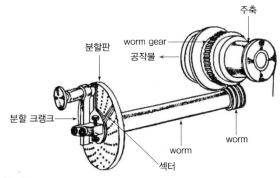

그림 6.116 단식 분할 기구

예제

원주를 37 등분하라.

$$n = \frac{40}{37} = 1\frac{6}{37}$$

즉, 신시내티형 37구멍의 분할판을 선택하여 분할대에 끼우고, 분할 핸들을 1회전하고 3구멍을 더 회전하면 원주를 37분할 수 있다.

예제

원주를 29등분 분할하여라.

$$n = \frac{40}{n} = \frac{40}{29} = 1\frac{11}{29}$$

즉, 브라운 샤프형 분할판(No.2)의 29구멍을 선택하여 분할대에 끼우고, 분할 핸들을 1회전하고 11구멍을 더 회전하면 원주를 29등분할 수 있다.

③ 분할대를 사용한 밀링 가공 밀링 가공에서 공작물의 원주를 등분 가공하거나, 곡면 또는 나선형 홈을 가공할 때에는 분할대를 사용한다.

(a) 스퍼어 기어 가공

(b) 헬릭스 가공

그림 6.117 **분할대에 의한 가공**

3 밀링 가공

(1) 밀링 조건

① 절삭 속도의 밀링 커터의 회전 속도 그림 6.118과 같은 밀링 커터를 사용할 경우의 절삭 속도는 밀링 커터의 날끝의 주속도로 나타내게 되므로, 다음 식으로 계산할 수 있다.

$$V = \frac{\pi DN}{1000} \ (\mathrm{m/min})$$

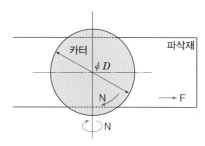

- V : 절삭 속도(m/min)
- D : 공구 외경(mm)
- N : 주축 회전수(rpm)
- π : 원주율(3.14)

그림 6.118 **절삭 속도**

여기서 V의 값은 밀링 커터의 재질, 종류, 공작물의 재질 및 가공면의 거칠기 등에 따라 정해진다. 일반적으로 연질 재료에는 크고, 경질 재료에는 작은 값이 선택된다.

② 이송 속도 밀링 가공에서는 공작물의 이송을 부여하면서 밀링 절삭을 하는 경우가 많이 있으나, 테이블의 이송 속도는 커터 날 끝 1개당의 이송을 기준으로 다음 식으로 구할 수 있다.

$$fz = \frac{F}{z \cdot N} \ (\text{mm/날})$$

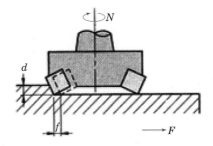

- fz : 날당이송(mm/날)
- F : 테이블이송(mm/min)
- z : 날수
- N : 회전수(rpm)

🔩 그림 6.119 이송 속도

③ **절삭 깊이** 절삭 깊이는 거친 절삭과 다듬 절삭에 따라 다르게 된다. 거친 절삭의 경우 커터의 회전 속도와 날 1매마다의 이송이 일정한 경우에는 절삭 깊이를 크게 하면 단위 시간당 절삭칩의 양이 많아져서 절삭 능률이 향상된다.

그러나 지나치면 절삭에 소요되는 동력이 밀링 머신의 기본 동력 이상이 되어 절삭 가공이 불가능해진다. 최대 절삭 깊이는 밀링 머신의 강성과 동력의 크기, 밀링 머신의 종류, 공작물의 고정 상태 등에 따라 달라질 수 있으나, 일반적으로 5 mm 이하로 하고, 이 이상의 경우에는 2회 이상으로 나누어 가공하는 것이 좋다.

4 밀링 가공 기구

(1) 상향 밀링과 하향 밀링 up & down milling

밀링 절삭은 커터의 회전 방향과 공작물의 이송 방향의 관계로부터 상향 밀링과 하향 밀링으로 나누어진다.

즉, 원주날 밀링 가공에 있어서 그림 6.120과 같이 절삭력이 수평보다 위를 향하여, 밀링 커터의 회전 방향과 반대 방향으로 공작물을 이송하는 것을 상향 밀링(up milling)이라 하고, 그림 6.121과 같이 절삭력이 수평보다 아래를 향하여 밀링 커터의 회전 방향과 같은 방향으로 공작물을 이송하는 것을 하향 밀링(down milling)이라 한다.

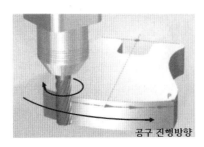

공구 진행방향

테이블

🔩 그림 6.120 상향 절삭

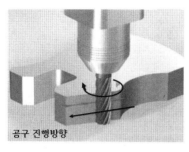

그림 6.121 **하향 절삭**

(2) 백래시와 그 제거 장치

나사 이송 기구에서는 그림 6.122와 같이 테이블 이송용 암나사와 이송 나사의 플랭크(flank)면과의 사이에 뒤틈이 생기게 된다. 이 뒤틈을 백래시(backlash)라고 하는데, 절삭력을 받았을 때 파고드는 등의 영향을 받게 된다. 밀링에는 이와 같은 백래시를 제거하는 장치가 있다.

상향 밀링에서는 그림 6.122(a)와 같이 이송 나사의 백래시가 절삭력을 받아도 절삭에 영향을 주지 않도록 되어 있다. 그러나 하향 밀링 때에는 그림 6.122(b)와 같이 절삭력을 받아 영향을 받게 되어 공작물에 절삭력을 가하며, 백래시량만큼의 이동으로 이송량이 급격하게 크게 되어, 절삭 상태가 불안정하게 된다. 이러한 경우에는 백래시를 제거해야 한다.

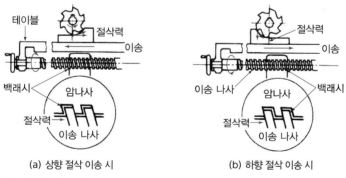

그림 6.122 **이송 나사의 백래시**

그림 6.123은 CNC 공작 기계의 백래시 제거 장치(backlash eliminator)가 있는 볼 나사이다.

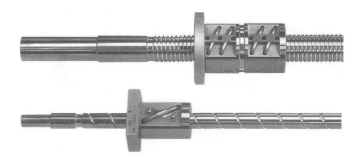

그림 6.123 **볼 나사**

5 공작물의 고정

(1) 기계 바이스의 설치 고정

밀링 머신에 사용되는 기계 바이스는 바이스의 저면과 죠(jaw)의 수직도와 저면과의 평행도가 매우 높다. 따라서 기계 바이스를 밀링 테이블에 설치 고정할 때에는 테이블과의 수평여부와 수직 여부를 다이얼 게이지를 사용하여 점검하여 정확하게 고정해야 한다.

(a) 타워 바이스

(b) 기계 바이스

그림 6.123 **기계용 바이스**

(2) 공작물의 고정 사례

공작물의 형태, 가공 목적, 가공의 특수성 등에 따라 여러 가지 방법이 이용된다. 가장 기본적인 방법은 그림 6.125와 같이 기계 바이스를 사용하는 경우이고, 테이블에 직접 고정하는 방법, 전자척을 사용하거나, 특수 보조 홀더를 사용하기도 한다.

그림 6.125 공작물의 고정 사례

9 밀링 머신의 종류와 특징

1 니이형 밀링 머신

(1) 수평 밀링 머신

수평 밀링 머신은 그림 6.126(c)와 같이 주축이 기둥인 칼럼(column)의 측면에 있고, 여기에 아버(arbor)를 수평으로 한쪽은 주축에, 다른 끝은 아버 지지대로 고정한다. 여기에 고정된 밀링 커터가 정 위치에서 회전하고, 공작물은 테이블에 고정하여 이송하면서 평면, 홈등의 절삭 가공에 사용되는 범용 공작 기계이다.

(2) 수직 밀링 머신

수직 밀링 머신은 주축이 테이블에 대하여 수직으로 되어 있는 것 외에는 주요부는 수평 밀링 머신과 같은 구조와 기능을 갖고 있다. 수직 밀링 머신은 그림 6.126(b)와 같이 주축 헤드가 수직으로 되어 있어 주로 정면 밀링 커터(face milling cutter)를 사용하여 평면 절삭을 하고, 엔드밀(end mill)로 홈 또는 외형을 등을 깎는 데 적합하다.

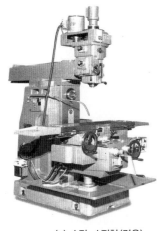

(a) 수직·수평형(겸용)　　　　　(b) 수직형　　　　　(c) 수평형

그림 6.126　**니이 밀링 머신의 종류**

(3) 직립·수평 밀링 머신

직립·수평 밀링 머신(vertical & horizontal milling machine)은 그림 6.126(a)와 같이 수평 축이 있어서, 수직 밀링과 수평 밀링을 겸할 수 있다. 또 새들 위에 회전대가 있어 수평면상에서 필요나 각도로 테이블을 선회시킬 수 있다. 따라서 테이블을 필요한 각도만큼 회전시켜 이송할 수 있으므로, 분할대나 헬리컬 절삭 장치를 사용하면 헬리컬 기어(helical gear), 트위스트 드릴(twist drill)의 비틀림 홈 등을 가공할 수 있다.

그리고 수직 헤드를 떼어내고 슬로팅 헤드를 정착하면 슬로팅 가공이 가능하는 등 여러 가지 기능을 갖고 있다. 이와 같이 여러 가지 밀링 기능을 갖고 있어 일명 만능 밀링 머신(universal milling machine) 또는 터렛 밀링 머신(turet milling machine)이라고도 한다.

2 특수 밀링 머신

(1) 모방 밀링 머신

형판 또는 모형을 사용하는 모방 장치로 프레스, 단조, 주조용 금형 등의 복잡한 모양의 것의 정밀도가 높고, 능률적으로 가공할 수 있는 구조로 되어 있으며, 최근에는 CAD/CAM 이 이를 대신하고 있어 그 이용이 줄어들고 있다.

(2) 나사 밀링 머신

나사 밀링 머신(thread milling machine)은 나사를 깎는 전용 밀링 머신이다. 작동이 간단하고, 가공 능률이 좋으며, 깨끗한 다듬질면의 나사를 가공할 수 있다. 나사를 깎는 전용 밀링 머신에 사용되는 커터에는 단산형(單山形) 나사 커터와 다산형(多山形) 나사 커터가 있다.

그림 6.127(a)는 1산 나사깎기 커터를 사용하여 비교적 큰 나사를 가공할 때 사용하며, 그림 (b)는 지름이 크고 작은 나사를 가공할 때 사용한다.

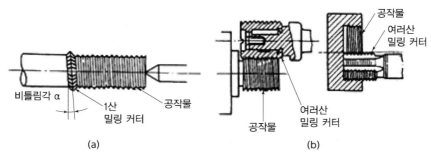

◦ 그림 6.127 **나사 가공 작업**

(3) 공구 밀링 머신

수평식 밀링 머신과 비슷하나 테이블이 임의의 자세로 고정되어 복잡한 형상의 공구인 지그(jig), 게이지(gage), 다이(die) 등 가공하는 소형 밀링 머신이다.

(4) 조각기

팬터그래프(pantagraph)를 이용하여 스핀들 커터로 하여금 모형을 확대 또는 축소시킨 상사형(相似形)을 조각하는 기계로, 주로 선, 문자 등을 조각하는 전용 공작 기계이다. 이러한 원리를 밀링 머신에 응용하여 각종 총형 공작물에 적용하고 있는데 그 예로는 다양한 NC controller를 적용한 mock-up & engraving machine이 사용되고 있다.

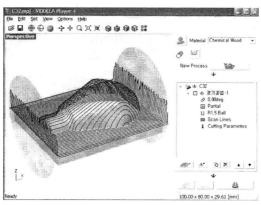

◦ 그림 6.128 **3차원 조각기 시뮬레이션**

10 기어 가공 기계

기어 휠(gear wheel)은 기계 요소로 널리 사용되고 있으며, 스퍼 기어(spur gear), 헬리컬 기어(hellical gear), 베벨 기어(bevel gear) 웜 기어(worm gear) 등 그 종류가 많다. 기어의 제작은 기계 공작 중에서 중요한 위치를 차지하고 있는데, 기어 가공은 주조나 전조에 의한 방법도 있으나, 절삭 가공에 의하면 능률적이고 정밀도가 높은 기어를 제작할 수 있다.

절삭 가공 방법으로는 밀링 머신이나 세이퍼, 선반 또는 슬로터 등을 이용하여 가공할 수도 있으나, 정밀도와 능률을 높이기 위하여 주로 전용 기어 가공 기계(gear cutting machine)를 사용한다. 절삭된 기어는 다시 기어 연삭기로 연삭하거나 래핑 또는 기어 세이빙(gear shaving) 등으로 기어의 정밀도를 높이고 있다.

기어 가공 기계는 주 절삭 운동 방식과 사용하는 절삭 공구 등에 따라 분류하고 있는데, 기어 전용 절삭기에는 호빙 머신, 기어 세이퍼, 베벨 기어 절삭기 등이 있다.

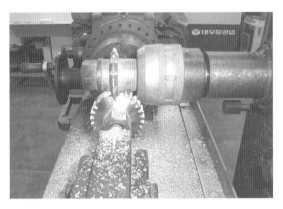

그림 6.129 밀링 머신에 의한 스퍼어 기어 가공

1 호빙 머신과 기어 가공

(1) 호빙 머신의 기본 구조

호빙 머신(hobbing machine)은 래크 커터의 변형으로 볼 수 있는 호브를 기어 잇 수에 대응하는 회전 이송을 기어 소재에 주어 창성법으로 기어의 치형을 절삭하는 기어 절삭용 전용 공작 기계이다. 호빙 머신은 베드, 테이블, 컬럼, 호브대, 베드, 아버 지지대로 구성되어 있다.

호브의 회전과 소재의 상대운동에 의하여 기어 절삭이 가능하도록 다음의 네 가지의 기본 운동 조정이 필요하다.

① 변속 장치에 따라 호브의 회전과 절삭 속도를 선택한다.
② 변환 기어로 호브의 이송량을 조절한다.

③ 분할 변환 기어를 사용하며 호브가 1회전할 때 기어 소재가 1피치 회전되도록 테이블을 회전한다.

④ 헬리컬 기어를 절삭할 때에는 차동 기어 장치를 사용하여 나선각에 적합한 테이블의 회전등이 가능한 구조로 한다.

호빙 머신에는 직립형과 수평형이 있는데, 일반적으로 대형 기어는 직립형으로, 소형 기어는 수평형으로 절삭 가공한다.

절삭한 기어의 정밀도는 호브의 정밀도에 따라 결정되며, 피치의 정밀도는 호빙 머신의 테이블을 회전시키는 웜 기어의 정밀도에 따라 결정된다.

(a) 피니언 커터   (b) 랙 커터   (c) 호브

그림 6.130 창성에 의한 기어 절삭 가공

(2) 호빙 머신에 의한 기어 가공

그림 6.131에서 호브가 회전하면 래크의 이 모양은 축 방향으로 이송되며, 호브가 1회전하면 호브가 한줄 나사일 때에는 1피치만큼, 두 줄 나사일 때에는 2피치만큼 이동하게 된다. 따라서 기어 소재에 적절한 회전을 주면 그림과 같이 호브를 기울어진 각만큼 기울이는 이외에는 마치 웜 기어와의 물림 같은 관계가 되며, 호브의 날로 인벌류트 기어가 창성된다. 호빙 머신에 의한 기어깎기는 연속적으로 절삭되므로 능률적이며, 비교적 정밀도가 좋은 기어를 가공할 수 있으므로 널리 사용된다.

(a) 헬리컬 기어   (b) 스퍼어 기어

그림 6.131 호빙 머신에 의한 기어 가공

호브 절삭법에 의한 기공 기어의 종류에는 여러 가지가 있으나 이들 기어의 모듈 또는 지름 피치와 압력각이 같으면 잇 수에 관계없이 하나의 호브로 기어를 깎을 수 있는 특징이 있다.

일반적으로 상향 호빙을 적용하고 있으나, 호빙 머신의 성능, 호브의 재질 등의 개선으로 중절삭이 가능한 하향 호빙을 적용하고 있다. 특히 경질의 소재를 가공할 때에는 하향 호빙이 호브의 마멸이 적은 이점이 있다.

(a) 조립형 호브   (b) 일체형 호브   (c) 생크형 호브

그림 6.132 **호브의 종류**

11 기어 세이퍼와 기어 가공

기어 세이퍼는 피니언 공구 또는 래크형 공구를 왕복운동시켜, 기어 소재와 공구에 적당한 이송을 주면서 기어를 가공하는 공작 기계이다. 이 기계는 단붙이 기어 및 내접 기어를 쉽게 가공할 수 있으며, 사용 커터에 따라서 피니언 커터와 매트 커터형이 있다.

(1) 피니언 커터형 기어 세이퍼의 구조

피니언 커터형 기어 세이퍼(pinion cutter type gear shaper)는 2개의 기어와 맞물고 돌아가는 것과 같이 기어형 피니언 커터와 기어의 소재가 회전 이송을 주고, 피니언 커터에는 왕복운동도 동시에 주면서 기어 절삭을 하는 방법으로 내접 기어(internal gear)도 가공할 수 있다.

(a) 기어 가공   (b) 내접 기어

그림 6.133 **기어 세이퍼에 의한 가공**

그림 6.134 **CNC 복합 가공기에 의한 기어 가공**

　대표적인 기어 절삭기에는 같은 펠로즈 기어 세이퍼(fellows gear shaper)가 있다. 펠로즈 기어 세이퍼는 피니언 커터의 회전과 왕복운동을 주는 램(ram)이 소재를 고정한 스핀들에 대하여 움직인다. 절삭할 때에는 먼저 커터를 소재에 적당한 깊이로 접근시키고, 커터와 소재를 한 쌍의 기어와 같은 회전운동을 시킨다. 커터의 가공 행정에서 절삭을 하면 귀환 행정 때 커터가 후퇴하여 소재에 닿지 않도록 한다. 커터의 왕복 속도는 소정의 절삭 속도를 낼 수 있도록 하며, 1분간 1500 왕복을 하는 것도 있다.

(2) 피니언 커터에 의한 가공

커터의 원주 이송은 커터 1회전 중에서 커터축의 행정수로 표시하며, 행정수가 적으면 이송이 작다. 이 기어 세이퍼는 본래 창성법에 의한 스퍼 기어 깎기용이나, 턱이 있는 기어, 내접 기어(internal gear), 헬리컬 기어 등도 가공할 수 있다.
헬리컬 기어를 깎기 위해서는 헬리컬 기어의 피니언 커터를 헬리컬 안내(helical guide)로 나선운동을 시키면서 상하운동을 하게 한다. 헬리컬 안내는 보통 비틀림각이 15°, 23°, 30°의 것을 깎을 수 있다. 그림 6.135는 피니언 커터형 기어 세이퍼로 대형 외접 기어를 가공하는 예이다.

그림 6.135 **기어 세이퍼에 의한 대형 헬리컬 기어 가공**

CHAPTER 7

연삭 가공

1. 연삭

기계 가공에 있어서 높은 다듬질 정도나 치수 정밀도를 필요로 하는 부분은 단인 공구나 다인 공구에 의한 절삭 가공만으로는 제품을 완성하기 어려우며, 일반적으로 이들 공구를 사용하여 절삭 가공을 한 후 입자를 이용한 가공을 하고 있다. 또한 경도가 매우 높거나 취성이 큰 재료 등도 절삭이 어렵기 때문에 입자를 이용한 가공을 하는 경우가 많이 있다.

입자에 의한 가공도 칩을 발생시키는 절삭 가공이지만 무수히 많은 입자가 절삭날 작용을 하고 발생되는 칩의 크기가 매우 작으며, 가공에 의한 치수 변화가 매우 작거나 치수 변화 없이 가공 표면의 흠집을 제거하고, 표면 거칠기를 매우 매끄럽게 하는 특징을 갖고 있다.

입자에 의한 가공은 크게 연삭 가공과 정밀 입자 가공으로 분류되며, 이 장에서는 연삭 가공 부분만 다루기로 한다.

1 연삭 가공 개요

연삭 가공은 경도가 높은 입자를 결합한 숫돌을 고속으로 회전시켜 입자에 의한 절삭으로 재료를 소량씩 제거하는 가공으로, 그림 7.1(a), (b)에 나타낸 바와 같이 단인 공구나 다인 공구를 사용하는 절삭 가공과는 달리 그림 7.2는 수천 개의 작은 입자가 절삭날 작용을 하게 된다. 입자에 의해 절삭되는 깊이는 수 μm 정도이며, 절삭 속도가 고속이기 때문에 다듬질면이 매우 우수하고, 치수를 정밀하게 가공할 수 있다.

(a) 밀링(다인 공구)　　　　　(b) 선반(단인 공구)　　　　　(c) 연삭 가공

그림 7.1 **절삭 가공 종류**

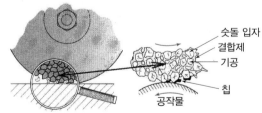

그림 7.2 **연삭칩의 발생**

연삭숫돌의 입자는 형상이 일정하지 않으며, 불규칙하게 분포되어 있다. 입자의 형상에 의해서 절삭날의 경사각과 여유각이 결정되는데 연삭 가공에서는 입자에 따라 절삭날 형상이 다르게 된다. 따라서 그림 7.3과 같이 적당한 경사각과 여유각을 갖는 입자는 절삭을 하지만, 입자 형상이 둥근 경우에는 칩을 발생시키지 못하고 쟁기질(plowing)이나 마찰(rubbing)을 하게 된다.

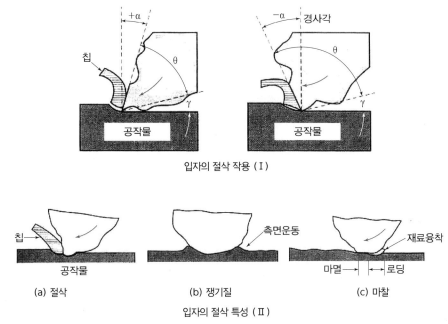

입자의 절삭 작용 (Ⅰ)

(a) 절삭   (b) 쟁기질   (c) 마찰

입자의 절삭 특성 (Ⅱ)

그림 7.3 **연삭숫돌 입자**

이에 따라 연삭 가공에서는 표 7.1과 같이 단위 체적의 재료를 제거하는데 소모되는 에너지가 일반 절삭 가공의 경우보다 많이 필요하게 된다. 그리고 절삭뿐만 아니라 쟁기질이나 마찰에 의한 열 발생으로 연삭부터 온도가 매우 높아지기 때문에 일반적으로 냉각과 윤활을 목적으로 연삭액을 공급해 주면서 작업한다.

표 7.1 **연삭에서의 비에너지(단위 동력)**

공작물 재료	경도	비에너지(specific energy)	
		$W \cdot s/mm^3$	$hp \cdot min/in^3$
알루미늄	150 H_B	7 - 27	2.5 - 10
주철	215 H_B	12 - 60	4.5 - 22
저탄소강	110 H_B	14 - 68	5 - 25
티탄합금	300 H_B	16 - 55	6 - 20
공구강	67 H_{RC}	18 - 82	6.5 - 30

2 연삭숫돌 grinding wheel

연삭숫돌은 경도가 매우 큰 입자를 결합체로 소결하여 제작한다. 숫돌에서 체적의 약 50% 정도는 입자가 차지하며, 결합제는 10%, 기공은 40% 정도에 해당된다. 그림 7.4와 같이 입자는 절삭날 작용을 하고 결합제는 입자를 지지하는 역할을 한다. 한편, 기공은 입자와 결합제 사이의 빈 공간으로 칩을 저장하였다가 배출하는 기능과 연삭열을 억제시키는 작용을 한다.

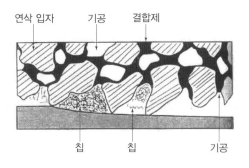

🔩 그림 7.4 숫돌의 구성

(1) 연삭숫돌의 구성요소

연삭 가공에서 연삭기의 성능도 중요하지만 연삭숫돌의 올바른 선정도 대단히 중요하다. 연삭숫돌은 잘못 선정하거나 연삭 조건이 적합하지 않으면 여러 가지 연삭 결함이 발생될 수 있다. 연삭숫돌에는 매우 다양한 형상과 종류가 있으며, 숫돌을 구성하는 요소에 따라서도 숫돌 특성이 크게 달라지게 된다.

연삭숫돌에는 숫돌의 구성 요소가 되는 입자, 입도, 결합도, 조직, 결합제의 5개 항목을 반드시 표시하도록 규정되어 있다.

연삭 숫돌
- 입 자 (절삭날)
  - 입자의 종류(절삭날의 종류)
  - 조직(숫돌 입자율)
  - 입도(절삭날의 크기)
- 결합제 (절삭날-지지)
  - 결합체의 종류(결합체의 특성)
  - 결합도(절삭날 발생 속도의 조정)
- 기 공 (칩 저장, 배출)

🔩 그림 7.5 연삭숫돌의 구성요소

숫돌 바퀴를 표시할 때에는 구성 요소를 부호에 따라 일정한 순서로 나열하여 표하는데 그 순서는 다음과 같다.

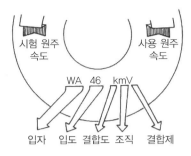

그림 7.6 숫돌 바퀴의 표시 예

① **연삭숫돌 입자** abrasive grain 연삭숫돌에 사용되는 입자로는 알루미나(산화알루미늄, Al_2O_3)와 실리콘카바이드(탄화규소, SiC)가 대표적이다.

알루미나는 전기로에서 보크사이트 등의 알루미나 함유 원료에 코크스 등의 환원재를 사용하여 불순물을 제거하고, 용해 알루미나를 만들어 이를 결정시켜 제조된다. 한편 보크사이트 등에서 화학적으로 정제한 알루미나를 사용하기도 하는데, 이는 순도가 99% 이상으로 높고, 경도가 크며, 백색을 띠고 있어서 백색 알루미나(white alumina)라고 한다.

알루미나 입자는 알런덤(Alundum)이라는 이름으로 보급되어, 이것의 머리글자를 따서 A라는 기호로 나타내고, 백색 알루미나는 WA로 기호로 표시한다.

실리콘카바이드는 규사 및 코크스 등을 원료로 전기로에서 인공적으로 제조된다. 특히 원료를 정선하여 제조하면 순도가 높아지고, 녹색 결정을 이루며, 경도가 높고, 끈기는 다소 약해지는데 이를 녹색 실리콘카바이드라고 한다.

실리콘카바이드는 카버런덤(Caborundum)이라는 명칭으로 보급되어, C로 표시하며, 녹색실리콘카바이드는 GC로 나타낸다.

표 7.2 연삭숫돌 입자의 분류

기호	종별	KS	상품명	용도
A	흑갈색 알루미나 (약 95%)	2A	알런덤 알록사이드	인장 강도가 크고(30 kg/mm^2), 인성이 큰 재료의 강력 연삭·절단 작업용
WA	흰색 알루미나 (99.5%)	4A	38 알런덤 AA 알록사이드	인장 강도가 매우 크며(50 kg/mm^2), 인성이 많은 재료로서 발열을 피하고 연삭 깊이가 얕은 정밀 연삭용
C	흑자색 탄화규소 (약 97%)	2C	37 크리스탈론 카버런덤	주철과 같이 인장 강도가 작고, 취성이 있는 재료, 절연성이 높은 비철 금속, 석재, 고무, 플라스틱, 유리, 도자기 등
GC	녹색 탄화규소 (98% 이상)	4C	39 크리스탈론 녹색 카버런덤	경도가 매우 높고, 발열하면 안되는 초경합금, 특수강 등

C계 입자가 A계보다 단단하지만, 파쇄하기 어려운 순서는 A, WA, C, GC의 순으로 A가 가장 파쇄하기 어렵다. 일반적으로 강과 같은 강인한 재료에는 A계 입자가, 인장강도가 낮은 주철이나 구리 합금 또는 알루미늄 합금 등을 연삭할 때는 경도가 높고 파쇄성이 낮은 C계 숫돌이 우수한 연삭 성능을 나타낸다.

(a) 수동 그라인더

(d) 기계용 연삭숫돌

그림 7.7 그라인더와 기계용 숫돌

② **입도** grain size   입도는 입자의 크기를 나타내는 것으로, 체의 메시(mash) 번호로 표시한다. 메시는 1인치당의 체 구멍 개수로 번호가 클수록 입자 크기가 작다. 입도의 규격은 표 7.3과 같이 정해져 있는데 입도 번호(#) 10~220까지는 체로 사용하여 선별하고, 입도 240 이상의 극세립 입자는 현미경으로 입자의 평균 지름은 구하여 판별한다. 예를 들면, 입도 번호 20은 1인치에 20개의 눈, 즉 1평방인치에 400개의 구멍이 있는 체를 통과하고, 24번 체에서는 걸러지는 입자가 된다. 연삭숫돌에는 입도를 표시하게 되어 있다.

표 7.3 연삭숫돌의 입도

호칭	거친 것	보통 것	고운 것	매우 고운 것
입도 번호	10, 12, 14, 16, 20, 24	30, 36, 46, 54, 60	70, 80, 90, 100, 120, 150, 180, 220	240, 280, 320, 400, 500, 600, 700, 800

③ **결합도** grade   결합도 그림 7.8에 나타낸 바와 같이 숫돌입자가 결합되어 있는 강도를 나타내는 것으로, 표 7.4와 같이 A에서 Z까지의 기호로 표시한다.

결합도를 숫돌의 경도라고도 하는데, 입자의 경도와는 무관하다. 결합도는 알파벳 순서가 뒤로 갈수록 단단하게 입자가 결합하고 있는 것을 나타낸다. 결합도가 높은 숫돌, 즉 단단한 숫돌은 입자 탈락이 잘 안되며, 결합도가 낮은 숫돌은 입자가 쉽게 탈락된다.

표 7.4 연삭숫돌의 결합도

호 칭	극히 연한 것	연한 것	보통 것	단단한 것	극히 단단한 것
기호	E, F, G	H, I, J, K	L, M, N, O	P, Q, R, S	T, U, V, W X, Y, Z

(a) 연한 결합도

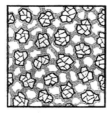
(b) 중간 결합도

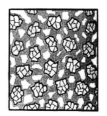
(c) 단단한 결합도

그림 7.8 **연삭숫돌의 결합도**

공작물의 재질 및 연산 조건에 따라 적당한 결합도의 숫돌을 사용하지 않고 너무 단단한 숫돌을 사용하면 눈메움이 일어나서 연삭 성능이 저하되고, 너무 연한 숫돌을 사용하면 입자의 탈락이 심해져서 숫돌의 손상을 초래하고 정상적인 연삭을 할 수 없다. 일반적으로 연한 재료의 연삭에는 결합도가 높은 단단한 숫돌, 경한 재료의 연삭에는 결합도가 낮은 연한숫돌이 사용된다.

표 7.5 **결합도에 따른 숫돌의 선택 기준**

결합도가 높은 숫돌	결합도가 낮은 숫돌
연질 재료의 연삭 숫돌차의 원주 속도가 느릴 때 연삭 깊이가 낮을 때 접촉면이 작을 때 재료 표면이 거칠 때	경질 재료의 연삭 숫돌차의 원주 속도가 빠를 때 연삭 깊이가 깊을 때 접촉면이 클 때 재료 표면이 치밀할 때

④ **조직** structure 조직은 그림 7.9에 나타낸 바와 같이 입자의 밀도에 의해 구분하며, 밀도가 가장 높은 것을 0으로 하고, 밀도가 감소할수록 번호가 커져 12까지의 번호로 표시한다.

KS규격에서는 표 7.6과 같이 조직 번호를 조·중·밀의 3종으로 나누어 입자의 체적을 숫돌의 체적에 대한 비로 표시한 입자율이 규정되어 있다.

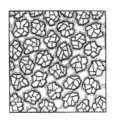
(a) 조밀한 조직

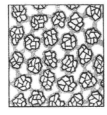
(b) 중간 조직

(c) 조대한 조직

그림 7.9 **연삭숫돌의 조직**

표 7.6 **연삭숫돌의 조직기호**

조직호칭	조밀	중간	조대
조직번호	0, 1, 2, 3	4, 5, 6	7, 8, 9, 10, 11, 12
조직기호	C	M	W
입자율(%)	50 이상	40 이상 50 미만	42 미만

조직이 조밀한 경우에는 연삭을 하는 입자의 개수는 많아지며, 기공이 적어진다. 적당한 조직의 숫돌을 사용하여 연삭하면 칩의 저장과 배출이 적절하게 이루어져 연삭성이 좋고, 공작물의 발열도 적다. 일반적으로 조직은 다음과 같이 결정한다.

- 공작물이 연하고 연성이 큰 경우에는 조대한 조직(W), 경하고 취성이 있는 경우에는 조밀한 조직(C)의 숫돌을 사용한다.
- 거친 연삭에서 숫돌과 공작물의 접촉 면적이 클 때에는 조대한 조직을, 다듬질 연삭에서 접촉면적이 작을 때에는 조밀한 조직의 숫돌을 사용한다.

⑤ **결합제** bond 결합제는 숫돌의 입자를 결합시키는데 사용되는 재료이며, 숫돌의 선정에 있어서 매우 중요한 요인이다. 결합제에 의하여 숫돌의 결합도, 강도, 탄성 특성, 내구성 등이 달라지기 때문에 연삭 조건에 적합한 결합제를 사용하여 제작한 숫돌을 선정해야 한다. 결합제의 종류 및 특징은 다음과 같다.

- 비트리파이드 결합제(vitrified bond, V) : 점토와 장석 등에 용제를 첨가하여 연삭 입자와 혼합시킨 후 성형 건조하고, 1,300℃ 전후에서 2~3일간 가열하여 결합제를 자기질화한 숫돌로 연삭 가공에 가장 많이 사용되고 있다.
  비트리파이드 숫돌은 강성이 높고 정밀도를 내기 쉬우며, 드레싱이 용이하기 때문에 정밀연삭에 적합하다. 탄성 특성은 그다지 좋지 않기 때문에 절단용 등의 얇은 숫돌로 제작하기는 어렵고, 압축에는 강하나 인장에는 약하기 때문에 인장과 압축이 반복적으로 작용하거나 충격적 연삭 저항이 작용하는 작업에는 적합하지 않다.
- 실리케이트 결합제(silicate bond, S) : 결합제의 주성분은 규산나트륨(물유리)이며, 입자와 혼합하여 주형에 다져넣고 260℃에서 1~3일간 가열한다. 비트리파이드 숫돌보다 결합도는 약하나 비트리파이드 숫돌로 제작하기 어려운 대형 숫돌을 제작하는데 적합하다. 연삭 시의 발열이 작기 때문에 얇은 판상의 공작물이나 고속도강 등과 같이 열에 의하여 표면이 변질하거나 균열이 생기기 쉬운 재료의 연삭이나 절삭 공구들의 연삭에 적합하다.
- 레지노이드 결합제(resinoid bond, B) : 페놀수지를 결합제로 사용한 숫돌로 각종 용제에도 안정하며, 열에 의한 연화가 잘 되지 않는다. 강인하고 탄성이 커서 절단용 숫돌에 적합하다. 그리고 기계적 강도, 특히 회전 강도가 우수하여 고속 회전에도 잘 견딘다. 큰 연삭 압력과 연삭열에 의하여 결합제가 적당히 연소하여 날의 자생작용을 돕기 때문에 눈메움이 잘 발생되지 않아서 드레싱 간격이 길다. 레지노이드 숫돌은 절단이나 거친 연삭에 적합하다.
- 고무 결합제(rubber bond, R) : 결합제의 주성분은 생고무이며, 유황 등을 첨가한 고무와 숫돌 입자와 혼합하여 제작한 것으로, 마찰 계수가 가장 큰 숫돌이다. 절삭용이나 센터리스 연삭기의 조정숫돌로 사용된다.
- 메탈 결합제(metal bond, M) : 금속을 결합제로 사용한 숫돌로 다이아몬드나 CBN 입자를 분말 야금법으로 황동, 구리, 니켈, 철 입자 등에 지지시킨 것이다. 결합도가 커서 입자

가 거의 탈락되지 않기 때문에 형상 드레싱을 위한 드레서나 숫돌을 드레싱하여 사용하기 곤란한 작업에서 연삭숫돌로 사용된다.

- ▪ 기타 결합제 : 셸락(shellac) 수지를 사용한 셸락숫돌(E), 폴리비닐을 사용한 비닐 결합제의 숫돌(PVA), 탄화마그네슘과 염화마그네슘을 복합한 결합제를 사용한 옥시클로라이드 숫돌(O) 등이 있다.

3 연삭숫돌의 종류

(1) 연삭숫돌의 형상

연삭숫돌은 사용 목적에 따라 여러 가지 형상으로 제조되고 있다. 숫돌의 형상은 그림 7.10과 같이 13종의 표준 형태가 있으며, 연삭숫돌 가장자리의 형상은 그림 7.11과 같이 12종의 표준이 정해져 있다.

표준형 이외의 숫돌도 많이 사용되고 있다. 대형의 수직형 평면 연삭기에는 그림 7.12와 같이 여러 개의 숫돌을 홀더에 붙인 세그멘트 숫돌이 사용되고 있다. 그림 7.13, 7.14는 다양한 형태의 축붙이 숫돌차(mounted wheel)도 금형이나 다이의 버제거(deburring) 및 다듬질에 많이 사용되고 있다.

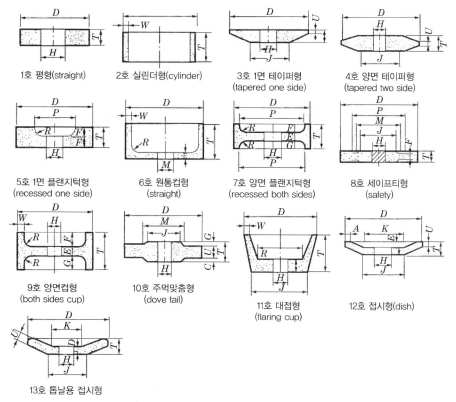

1호 평형(straight)
2호 실린더형(cylinder)
3호 1면 테이퍼형 (tapered one side)
4호 양면 테이퍼형 (tapered two side)

5호 1면 플랜지턱형 (recessed one side)
6호 원통컵형 (straight)
7호 양면 플랜지턱형 (recessed both sides)
8호 세이프티형 (safety)

9호 양면컵형 (both sides cup)
10호 주먹맞춤형 (dove tail)
11호 대접형 (flaring cup)
12호 접시형(dish)

13호 톱날용 접시형

🔩 그림 7.10 **연삭숫돌의 표준 형상과 윤곽**

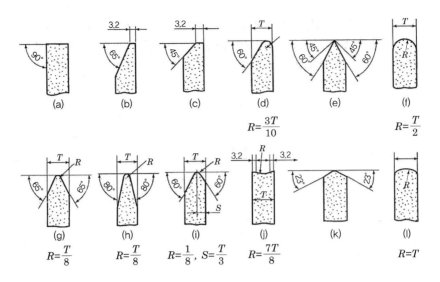

$$R=\frac{3T}{10} \qquad\qquad R=\frac{T}{2}$$

$$R=\frac{T}{8} \qquad R=\frac{T}{8} \qquad R=\frac{1}{8},\ S=\frac{T}{3} \qquad R=\frac{7T}{8} \qquad\qquad R=T$$

🔩 그림 7.11 **연삭숫돌의 모서리 형상**

(2) 연삭숫돌의 표시 방법

숫돌의 특성을 표시하는데도 일반적으로 ① 입자, ② 입도, ③ 결합도, ④ 조직, ⑤ 결합제, ⑥ 형상, ⑦ 치수, ⑧ 회전 시험 원주속도 및 상용원주속도 범위, ⑨ 제조자명, ⑩ 제조 번호 및 제조년월일 등이 명시되는데, ①에서 ⑤까지는 반드시 빠뜨리지 않고 순서대로 기입되어야 한다.

예를 들어, 다음과 같이 숫돌에 표기되어 있을 때 $WA-46-H-M-V(No.1\ D \times t \times d)$는 이 숫돌의 입자는 백색알루미나이고, 입도는 46으로 중립이며, 결합도는 H로 연한 숫돌이고, 조직은 중간으로 정한 조직이며, 비트리파이드 결합제를 사용하여 제작한 숫돌임을 알 수 있다.

또한 $(No.1\ D(외경) \times t(두께) \times d(내경))$으로 명기된다.

4 연삭기

연삭은 공작물과 숫돌과의 상대운동에 의해서 이루어지는데 기계 부품에서 연삭을 필요로 하는 부분은 형상이 매우 다양하며, 이에 따라 여러 방식의 연삭기가 사용되고 있다. 연삭 공정은 공작물의 형상과 크기, 생산률, 고정의 간편성 등을 고려하여 적당한 방법을 선택한다. 기본 연삭 작업에서 연삭기의 종류는 연삭하는 표면의 종류에 따라서 구분된다.

(1) 원통 연삭기 Cylindrical grinding machine

원통형 공작물의 원통면과 단차면을 연삭하는데 사용되는 연삭기로서, 공작물과 숫돌의 운동은 그림 7.12와 같으며, 축의 베어링 지지부, 스핀들, 베어링의 링, 각종 롤러 등의 외경 연삭에 사용된다. 원통 연삭기에서 숫돌의 원주 속도가 연삭 속도이며, 공작물은 숫돌과 반대방향으로 저속 회전시킨다. 연삭 깊이는 숫돌을 공작물 반경방향으로 이송하는데 따라 결정되는데, 거친 연삭에서는 0.05 mm, 다듬질 연삭에서는 0.005 mm 이내로 연삭 깊이를 준다.

(a) 원통 연삭기

그림 7.12 **원통 연삭기**

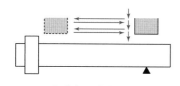 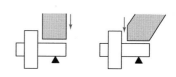

(b) 공작물 형상에 따른 숫돌대의 구조

원통 연삭에는 그림 7.12에 나타낸 바와 같이 두 가지 방식이 있다.

그림 7.13과 같이 공작물 또는 연삭숫돌을 공작물의 축 방향으로 이동시키면서 작업하는 것을 트래버스 연삭(traverse grinding)이라 하며, 7.14와 같이 축 방향 이동 없이 전후이송(infeed)만 주면서 작업하는 것을 플런저 연삭(plunge grinding)이라 한다. 플런저 연삭에서는 공작물의 형상과 일치하는 숫돌을 사용하여 형상 연삭 가공을 할 수 있다.

그림 7.13 **트래버스 연삭**

그림 7.14 **플런저 연삭**

그림 7.15 **트래버스 연삭(좌)과 플런저 가공(우)**

🌀 그림 7.16 원통연삭 방법과 가공품

(2) 내면 연삭기 Internal grinding machine

공작물의 내면을 연삭하기 위한 것으로 연삭숫돌이 공작물 내에서 회전하기 때문에 숫돌의 크기에 제약이 있고, 숫돌 크기가 작을 경우 필요한 연삭 속도는 25∼30 m/sec를 얻기 위하여 고속으로 회전시켜야 한다.

내면 연삭에는 그림 7.18과 같이 두 가지 방법이 있다.

① 보통형 공작물을 회전시키면서 연삭하는 방식
② 유성형 공작물은 고정시키고 숫돌축이 회전하는 동시에 내면 중심을 기준으로 공전운동을 하면서 연삭하는 방식

(a) 내면 원통 연삭기 　　　　　　　　　(b) 수평축 내면 연삭기용 숫돌

🌀 그림 7.17 내면 연삭기와 숫돌

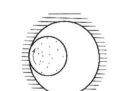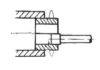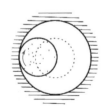

(a) 보통형(공작물 회전형) 　　　　　　　　　(b) 유성형(공작물 고정형)

🌀 그림 7.18 내면 연삭 작업의 방식

두 방식 모두 길이 방향 이송은 숫돌대 또는 주축대를 왕복운동시켜 작업한다. 그리고 이러한 트래버스 연삭뿐만 아니라 플런지 연삭도 할 수 있도록 되어 있다. 일반적으로 보통형이 많이 사용되고 있으나, 공작물을 회전시키기 어렵거나 대형 공작물의 내면 연삭에는 유성형이 사용된다.

내면 연삭은 외경 연삭에 비하여 크기가 작은 숫돌이 사용되기 때문에 숫돌축이 고속 회전하며, 숫돌축의 강성이 저하되고 숫돌의 마멸이 심해진다. 따라서 내면 연삭부의 다듬질면 정도와 표면거칠기는 원통 연삭의 다듬질면에 비해 다소 저하되는 경우가 많이 있다.

그림 7.19 **내면 연삭 작업의 가공**

(3) 평면 연삭기 Surface grinding machine

평면 연삭은 그림 7.20과 같이 숫돌의 원통면을 사용하는 방법과 숫돌의 단면을 사용하는 방법 두 가지가 있다. 숫돌의 원통면을 사용하는 연삭기는 숫돌 회전축과 연삭면이 평행하기 때문에 수평식이라 하며, 단면을 사용하는 경우에는 숫돌 회전축과 연삭면이 직각으로 수직식이라 한다. 수평식은 숫돌과 공작물의 접촉 면적이 작아 연삭량이 적기 때문에 소형 가공물이나 다듬질면의 거칠기와 치수 정도에 대한 요구가 높은 정밀 연삭에 적합하다.

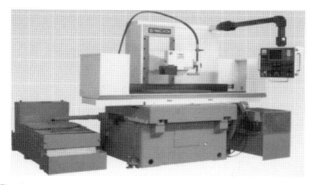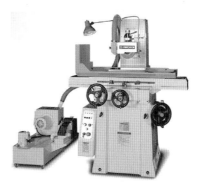

그림 7.20 **평면 연삭기**

수직식은 연삭량이 많기 때문에 대형 가공물의 연삭에 적당하다. 수직식은 연삭량이 많기 때문에 대형 가공물의 연삭에 적당하나 열이 많이 발생되어 정밀도가 저하되기 쉽다.

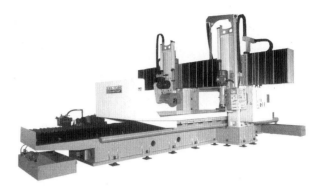

(a) 보통형(공작물 회전형)   (b) 더블 컬럼(수직) 그라인더

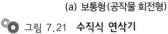 그림 7.21 **수직식 연삭기**

평면 연삭기에서 공작물이 고정되는 테이블은 직선 왕복운동을 하는 방식과 회전운동을 하는 두 가지가 사용되고 있다. 일반적으로 왕복운동 테이블이 많이 사용되고 있으며, 회전 테이블은 소형 공작물의 대량 생산이나 중심이 고정 가능한 비교적 대형의 공작물에 사용된다. 공작물의 고정에는 마그네틱 척과 고정구(fixture)가 사용되고 있는데, 마그네틱 척은 두께가 얇은 공작물이나 다수 개의 소형 공작물을 동시에 가공하는 경우에 편리하다.

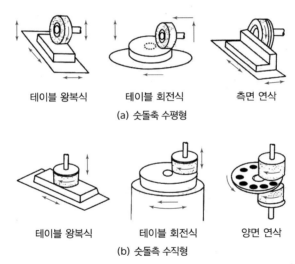

테이블 왕복식   테이블 회전식   측면 연삭
(a) 숫돌축 수평형

테이블 왕복식   테이블 회전식   양면 연삭
(b) 숫돌축 수직형

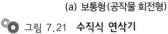 그림 7.22 **평면 연삭의 방법**

(4) 센터리스 연삭기 Centerless grinding machine

센터리스 연삭은 그림 7.23과 같이 공작물을 고정시키지 않고 연삭숫돌과 조정숫돌 사이에 공작물을 삽입하고, 받침대로 지지하여 공작물을 연삭한다.

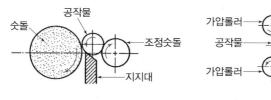

(a) 외면용 센터리스 연삭　　　　(b) 내면용 센터리스 연삭

그림 7.23　센터리스의 연삭 방법

연삭 깊이는 두 숫돌의 중심거리를 조절해 준다. 공작물은 연삭 저항에 의하여 회전되며, 조정숫돌과는 마찰이 있기 때문에 약 2% 정도의 미끄럼이 있지만, 공작물과 조정숫돌의 원주 속도는 거의 같다고 볼 수 있다.

센터리스 연삭은 원형 단면의 각종 핀과 로울러 및 테이퍼 부 또는 단이 있는 부분을 다량 연삭하는데 자동화를 도모할 수 있어 매우 능률적이다. 일반 원통 연삭에 비하여 각종 조정이 복잡하고 특별한 보조장치가 필요한 경우도 있으나, 한 번 조정을 하면 작업은 매우 간단하여 미숙련자도 용이하게 기계를 사용할 수 있다.

그림 7.24　센터리스 연삭기

센터리스 연삭에는 통과이송(through feed)과 전후이송(infeed) 방식이 있다. 통과이송 방식에서는 조정숫돌을 연삭숫돌에 대해서 약간 경사시켜 장착하는데, 조정숫돌과 공작물이 거의 미끄럼이 발생되지 않고 회전되기 때문에 조정숫돌의 회전에 따라 공작물이 축방향으로 자동이송하게 된다. 조정숫돌과 연삭숫돌의 경사각이 α이고, 조정숫돌의 직경과 회전수가 D, N이라 하면 조정숫돌의 원주 속도의 수평방향 성분에 의하여 공작물의 이동속도 f가 결정된다.

$$f = \pi \times D \times N \times \sin\alpha \,(\mathrm{mm/min})$$

이동 속도를 빠르게 하면 공작물의 진직도가 향상되고, 느리게 하면 진원도가 향상되는 경향이 있다.

센터리스 연삭기에서 조정숫돌차의 바깥지름이 300 mm, 회전수가 45 rpm, 경사각이 4°일 때 공작물의
1분간 이송속도를 구하여라.

$$f = \pi \times D \times N \times \sin\alpha$$

$$\pi \times 300 \times 454 \times 0.007 = 2967\ \mathrm{mm/min}$$

한편 전후이송 방식에서는 공작물을 두 숫돌 사이에 삽입하고 플런저 연삭으로 공작물이
목표지수가 될 때까지 숫돌의 중심거리를 변화시켜 연삭하고, 연삭이 완료되면 숫돌이 후퇴
하고 공작물을 수동 또는 자동으로 밀어낸다.

그림 7.25 **센터리스 연삭시리즈 샘플**

센터리스 연삭의 특징은

① 공작물의 자동이송으로 연속적인 작업이 가능하고, 전후이송 방식에서도 공작물 공급
　 장치를 자동화하여 공작물의 설치 및 제거 시간을 단축할 수 있다.

② 공작물의 연삭숫돌, 조정숫돌과 받침대에 의해 지지되기 때문에 설치 오차가 작고, 연삭
　 여유를 작게 할 수 있으며, 공작물에 굽힘이 생기지 않아 연삭 깊이를 크게 할 수 있다.

③ 가늘고 긴 공작물의 연삭이 용이하며, 센터나 척으로 고정하기 어려운 공작물도 연삭
　 할 수 있다.

④ 연삭 작업에 숙련을 필요로 하지 않는다.

센터리스 연삭은 그림 7.26과 같이 내면 연삭 및 그림 7.27과 같이 볼 등의 구면 연삭에
도 활용된다.

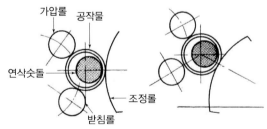

그림 7.26 **센터리스 내면 연삭**

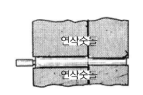
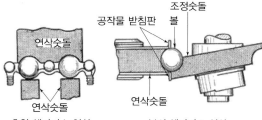

지름이 다른 공작물 센터리스 연삭   총형 센터리스 연삭   볼의 센터리스 연삭

그림 7.27 **센터리스 연삭의 특수한 예**

(5) 총형 연삭기 form grinding machine

총형 연삭은 그림 7.28과 같이 연삭숫돌의 형상을 공작물의 형상과 요철을 반대로 가공하여 전후이송으로 공작물을 연삭하는 방법이다. 총형 연삭에서는 숫돌을 주어진 형상으로 유지하는 것이 핵심으로, 연삭기에 숫돌의 형상 보정을 위한 드레서가 대부분 장착되어 있으며, 드레싱에 의해 연삭숫돌의 직경이 감소되는 것을 자동으로 보정하여 숫돌 중심과 공작물 중심의 거리를 조정한다.

그림 7.28 **총형 숫돌차에 의한 기어 가공과 샘플**

(a) 성형 연삭   (b) 창성 연삭

그림 7.29 **기어 연삭**

(6) 공구 연삭기 tool grinding machine

절삭 공구를 연삭하는데 사용되는 연삭기를 총칭하여 공구 연삭기라고 하며, 다음과 같은 종류들이 있다.

① 만능공구 연삭기
② 바이트 연삭기
③ 커터 연삭기
④ 드릴 연삭기

그림 7.30은 밀링커터, 리머, 호브 등의 공구를 연삭할 수 있는 만능공구 연삭기이며, 그림 7.31은 부속장치를 사용하여 스파이럴 밀링 커터를 연삭하는 것을 보여 준다. 커터의 재연삭은 랜드만을 연삭하고 경사면은 연삭하지 않는 것이 일반적이다.

커터의 연삭에는 컵형 또는 평형 숫돌이 사용되는데 평형 숫돌의 경우에는 숫돌의 원통면을 사용하기 때문에 작업 시 겉보기 여유각에 비해 실제 여유각이 커져 절삭날의 강도가 약해지고, 연삭면이 곡면으로 되지만 컵형 숫돌에서는 이와 같은 문제가 발생되지 않는다. 평형 숫돌의 경우에는 숫돌의 지름이 200 mm 이상 되어야 평면에 가까운 연삭을 할 수 있으며, 핸드의 폭이 큰 경우에는 컵형 숫돌을 사용한다.

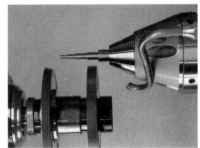

(a) 만능공구 연삭기와 엔드밀 공구 연삭(Ⅰ)

(b) 만능공구 연삭기와 공구 연삭(Ⅱ)

(c) 만능공구 연삭기와 공구 연삭(Ⅲ)

🔩 그림 7.30 **만능공구 연삭기와 공구 연삭**

🔩 그림 7.31 **스파이럴 밀링 커터 연삭**

(7) 특수 연삭기

특정한 기계요소 부품을 연삭하기 위한 연삭기로서 다음과 같은 종류들이 사용되고 있다.

　① 나사 연삭기　　② 스플라인 연삭기　　③ 크랭크축 연삭기
　④ 롤러 연삭기　　⑤ 기어 연삭기　　　　⑥ 캠 연삭기

(a) 다산형 숫돌에 의한 나사 연삭

(b) 캠 연삭 가공(Ⅰ)　　　　　　　(c) 캠 연삭 가공(Ⅱ)

(d) 기어(헬리컬)와 워엄 연삭 가공

(e) 베벨기어 연삭 가공   (f) 호브 가공

(g) 크랭크축 연삭 가공

그림 7.32 **특수 연삭기와 가공**

5 연삭 작업

(1) 연삭 조건

연삭은 치수 정밀도를 높이고 표면 거칠기를 향상시키는 것이 주목적으로 이를 효과적으로 달성하기 위해서는 연삭 속도, 연삭 깊이, 이송 등은 서로 관계를 가지고, 연삭 작업에 영향을 끼치므로 공작물의 재질이나 연삭 방법에 따라 이들의 연삭 조건이 적절하게 설정되어야 한다.

① **연삭숫돌의 원주 속도** 비트리파이드 숫돌을 사용하여 연삭하는 경우 숫돌의 원주 속도 범위는 표 7.7과 같다. 연삭숫돌의 원주 속도는 연삭 능률에 크게 영향을 주는 인자로 작용한다. 따라서 원주 속도가 너무 빠르면 숫돌이 경하게 되어 연삭 작용이 심하게 되고, 원심력에 의하여 숫돌이 파괴될 위험성이 있다. 한편 너무 느린 경우에는 연삭량에 비하여 숫돌의 마멸이 심하게 되어 에너지 소모가 많게 된다.
숫돌 바퀴의 회전수 n은 다음의 식으로 구할 수 있다.

$$n = \frac{1000v}{\pi d}$$

v : 원주 속도(m/min) d : 숫돌 바퀴의 바깥지름(mm)

표 7.7 연삭숫돌의 원주 속도(KS B 0431)

가공방법	원주 속도 (m/min)
외경 연삭	1,700 - 2,000
내면 연삭	600 - 1,800
평면 연삭	1,200 - 1,800
공구 연삭	1,400 - 1,800
절단	2,700 - 5,000
초경합금 연삭	900 - 1,400

② **공작물의 원주 속도** 보통 공작물의 원주 속도는 숫돌 원주 속도의 1/100 정도로 연삭 속도와 관계가 있으나 재질에 따라서 달라지게 된다. 일반적으로 연삭숫돌의 마멸과 다듬질면의 상태 측면에서는 속도가 느린 것이 좋고, 연삭 능률 측면에서는 큰 쪽이 유리하다. 표 7.8은 공작물의 재질에 따른 공작물의 원주 속도 범위이다.

표 7.8 **공작물의 원주 속도(m/min)**

공작물의 재질	외경 연삭		내경 연삭
	다듬질 연삭	거친 연삭	
담금질강	6 - 12	15 - 18	20 - 25
합금강	6 - 10	9 - 12	15 - 30
강	8 - 12	12 - 15	15 - 20
주철	6 - 10	10 - 15	18 - 35
황동 및 청동	14 - 18	18 - 21	25 - 30
알루미늄	30 - 40	40 - 60	30 - 50

③ **이송** 이송을 작게 해주면 공작물의 단위 면적당 많은 숫돌 입자가 연삭을 하게 되어 다듬질면의 정도가 좋아진다. 원통 연삭에서 공작물 1회전당 축방향 이송 f(mm/rev)은 숫돌의 폭을 기준으로 정한다.

④ **연삭 깊이** 연삭 깊이는 거친 연삭의 경우 0.01~0.08 mm, 다듬질 연삭에서는 0.002 ~0.005 mm 정도이나 강의 거친 원통 연삭에서는 0.01~0.04 mm, 주철의 경우는 연삭 깊이를 크게 하여 작업하지만 0.15 mm 이내로 하는 것이 좋다.

평면 연삭에서는 0.01~0.07 mm, 내면 연삭에서는 0.02~0.04 mm 정도를 사용한다. 공구의 건식 연삭에서 거친 연삭은 0.07 mm, 다듬질 연삭은 0.02 mm 정도이나 연삭액을 충분히 공급하여 작업하면 연삭 깊이를 크게 할 수 있다.

(2) 연삭숫돌의 수정

① **연삭숫돌의 자생 작용** 연삭 가공기 숫돌 입자의 날 끝이 마멸됨에 따라 입자에 작용하는 연삭저항이 커지게 되고, 한계에 이르면 입자가 부분적으로 파쇄되고, 날카롭게 되어 연삭을 하게 된다. 또 입자가 어느 정도 마멸되어 크기가 작아지면 결합제가 입자를 지지

하지 못하고 입자가 숫돌에서 탈락하게 되고, 인접해 있는 새로운 입자가 절삭을 담당하게 된다. 이와 같이 연삭에서는 숫돌 입자가 마멸, 파쇄, 탈락, 새로운 입자 대체의 과정을 반복하면서 연삭을 계속하게 되는데 이를 연삭숫돌의 자생 작용이라 한다.

② **눈메움과 글레이징** 연삭 시 발생된 연삭칩이 밖으로 배출되지 못하고, 숫돌의 기공에 메워지는 현상을 눈메움(loading)이라 한다. 눈메움은 연한 재료의 연삭, 연삭숫돌의 잘못된 선정, 연삭 조건이 부적당한 경우에 생길 수 있는데 눈메움이 생긴 숫돌로 연삭을 계속할 경우 과도한 마찰열이 발생하여 표면이 손상되고 치수정밀도가 저하된다.

글레이징(glazing)은 결합도가 강하고 입자의 경도가 커서 자생 작용이 되지 않아 입자가 납작해지는 현상을 말하며, 이 현상은 입자 표면이 매끈하여 마찰열의 발생이 커서 공작물의 정밀도가 나빠질 뿐만 아니라 공작물이 타거나 균열이 생기는 원인이 된다.

이 현상은 다음과 같은 경우에 발생한다.

- 숫돌의 결합도가 큰 경우
- 숫돌차의 원주 속도가 클 경우
- 숫돌 재료가 공작물의 재질에 맞지 않을 경우

칩의 용착   마모

🔩 그림 7.33 **눈메움과 글레이징**

③ **드레싱과 트루잉** 드레싱(dressing)은 눈메움이나 글레이징(무딤)이 생겨 연삭 능력이 저하된 숫돌의 표면을 깎아서 예리한 새 입자를 표면에 노출시켜 주는 작업이다. 트루잉(truing)은 입자의 탈락 등에 의해 숫돌의 단면 현상이 변한 경우 단면 형상을 보정해 주는 작업으로, 트루잉을 하게 되면 드레싱도 동시에 된다.

드레싱이나 트루잉에 사용되는 공구를 드레서(dresser)라 하는데, 다이아몬드 팁을 사용하거나 형상이 있는 드레서는 다이아몬드를 전착하여 사용한다.

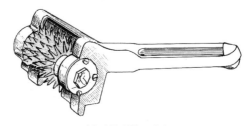

(a) 수동 성형 드레서

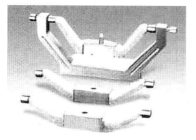

(b) R-드레서   (c) Radius and Angle 드레서

그림 7.34 **각종 드레서 및 기구**

그림 7.35 **기계에 부착된 드레싱 장치**

그림 7.36은 각종 드레서이며, 그림 7.39는 숫돌의 원통면을 드레싱하는 과정을 보여준다. 숫돌의 단면 현상이 있는 경우에는 수치 제어를 이용하여 연삭숫돌을 트루잉한다. 그림 7.35와 같이 최근의 연삭기는 대부분 드레싱을 위한 장치가 기계 내에 장착되어 있어 연삭을 하면서 숫돌을 계속 드레싱하던가 또는 간헐적으로 드레싱하여 숫돌을 최적의 상태로 유지시킨다.

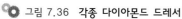
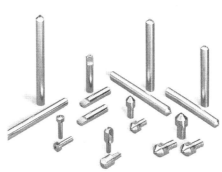

그림 7.36 **각종 다이아몬드 드레서**

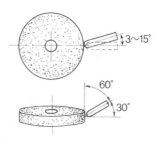

그림 7.37 연삭숫돌의 드레싱

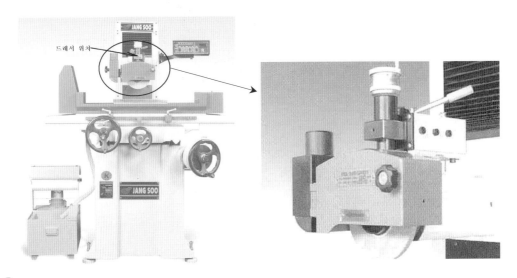

그림 7.38 연삭기의 드레서 위치

(3) 연삭액

연삭은 에너지 소모가 많은 가공으로 열이 많이 발생된다. 숫돌은 열전도성이 불량하여 공작물 쪽에 열이 많이 전달되고, 이에 따라 연삭열에 의한 표면 균열과 변질이 생기기 쉽다. 연삭액은 연삭부의 과도한 온도 상승을 방지하기 위하여 사용된다. 또한 연삭액은 연삭칩 및 숫돌의 파쇄칩을 씻어내고, 가공면을 양호하게 하고, 숫돌의 마멸을 감소시키고, 눈메움을 방지하는 등의 효과가 있다.

일반적으로 연삭액은 물에 여러 가지 성분을 첨가해준 것으로, 물의 냉각성이 큰 특징을 이용하고 있다. 첨가 성분은 방수제로서 탄산염, 붕사, 인산염, 알카리 등을 수용액으로 한 것, 유화유로 하여 윤활성을 준 것, 광유에 동식물유를 혼합하고 유황을 첨가하여 윤활성을 강화시킨 것 등이 사용된다.

그림 7.39 **연삭액 사용**

(4) 연삭 가공면의 결함

연삭숫돌의 선정이나 연삭 조건이 적절치 않으면 가공면에 여러 가지 결함이 발생할 수 있다.

① **연삭 균열** crack   연삭에 의한 발열로 공작물 표면이 고온이 되어 열팽창 또는 재질 변화에 의하여 균열이 발생될 수 있다. 이러한 균열은 그물 모양으로 나타나며, 아주 미세한 경우에는 육안으로 식별하기 어렵다. 심할 때에는 균열에 의해서 공작물 표면층이 벗겨져 나갈 때도 있다. 균열을 방지하려면 연한 숫돌을 사용하고, 연삭 깊이를 작게 하고, 이송을 크게 하여 발열량을 적게 해주어야 하고, 연삭액을 사용하여 충분히 냉각시키는 것이 필요하다.

② **연삭 번** grinding burn   연삭숫돌이 부적당하거나 연삭 조건이 불량할 경우 연삭에 의한 발열이 심해져서 공작물 표면의 경도가 저하되는 현상을 말한다. 연삭표면이 연삭 온도에 때문에 산화하여 그 정도에 따라 엷은 황색에서부터 적갈색, 자색, 청색을 띠게 된다. 때로는 육안으로 표면의 변색을 식별할 수 없을 때가 있으며, 이런 경우는 표면 경도를 측정하여 정량적으로 판단하는 것이 좋다.

 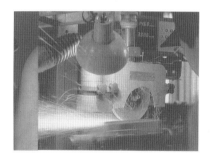

🔩 그림 7.40   **연삭 번**

③ **채터링** chattering   연삭에서의 떨림 현상으로 공작물의 중심 또는 공작물을 설치한 테이블과 숫돌의 회전 중심 사이의 상대적인 진동에 기인하여 가공면에 미세한 파형의 무늬가 생긴다. 채터링이 발생되면 가공면의 정밀도가 나쁘게 된다.

(5) 연삭숫돌의 검사 및 설치

최근의 숫돌은 고속 회전에서도 강성을 유지할 수 있지만, 숫돌은 취성이 크고, 비교적 여린 특성이 있기 때문에 관리에 주의를 요한다.

① **숫돌의 검사**   숫돌의 검사는 숫돌 내부의 균열 여부를 판단하고, 숫돌의 균형을 잡기 위해 실시한다. 검사 방법으로는 다음의 세 가지가 주로 사용된다.

- **음향 검사** : 해머(hammer)로 숫돌을 가볍게 두드려 울리는 소리에 의하여 떨림 및 균열 여부를 판단한다.

- 회전 검사 : 숫돌을 사용속도의 1.5배로 3~5분간 회전시켜 원심력에 의한 파괴 여부를 검사한다.
- 균형 검사 : 숫돌이 불균형 상태일 때는 연삭 중에 발생하는 진동으로 다듬질면의 정도를 저하시킬 뿐만 아니라 베어링이나 숫돌 그리고 드레서의 수명에도 나쁜 영향을 미치기 때문에 균형 검사를 실시해야 한다. 균형 검사는 그림 7.41과 같은 장비를 사용하여 불평형 위치를 찾아내고, 숫돌 플런지에 있는 평형추를 이동시켜 평형을 잡는다.

(a) 휠 밸런싱 장치

(b) 숫돌 밸런싱 맨드렐

(c) 숫돌과 밸런싱 웨이트

그림 7.41 **숫돌의 부속품**

검사표
제조번호
입자WA 입도60
결합도J 조직7
결합체V 형상1
치수 180×13×31.75
최고 사용주속도 1700
(m/min)
○○○○회사

상표
(패킹의 역할을 하므로
떼지 않고 그대로 사용)
(a) 연삭숫돌의 패킹 및 검사표

(b) 연삭숫돌의 음향 검사

그림 7.42 **숫돌의 부속품**

숫돌을 보관할 때에는 목제 선반 위에 올려놓아 진동이나 충격을 받지 않도록 하는 것이 좋으며, 여러 개의 숫돌을 포개거나 무거운 물건을 올려놓지 않도록 해야 한다. 또한 숫돌을 운반할 때는 숫돌면이 상하지 않도록 보호하고 충격을 받지 않도록 해야 한다.

② **숫돌의 설치** 숫돌은 취약하기 때문에 중심축으로 지지하는 것은 위험하며, 그림 7.43과 같이 숫돌 직경의 1/2~1/3 정도의 플랜지로 숫돌 측면을 지지해 준다. 그리고 그림 7.45와 같이 작업 중 숫돌이 파괴되는 경우를 대비하여 연삭기의 종류, 숫돌의 형상 및 크기에 따라 적당한 덮개를 씌워야 한다.

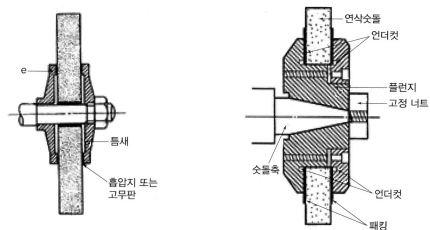

%O 그림 7.43 **연삭숫돌의 고정**

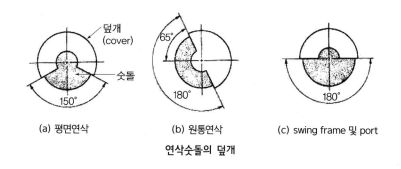

(a) 평면연삭　　(b) 원통연삭　　(c) swing frame 및 port

연삭숫돌의 덮개

원통 연삭 경우의 안전 덮개

%O 그림 7.44 **숫돌 덮게의 종류 및 설치 예**

CHAPTER 8

정밀 입자 가공

1. 정밀 입자 가공의 개요
2. 래핑
3. 호닝
4. 슈퍼 피니싱
5. 폴리싱과 버핑
6. 기타 가공
7. 특수 가공

1 정밀 입자 가공의 개요

절삭 가공이나 연삭 가공에 의해 가공된 면을 연삭 입자 또는 숫돌편을 사용하여 더욱 고정 밀도의 치수 및 다듬질면으로 가공하는 방법을 정밀 입자 가공이라 한다.

정밀 입자 가공의 특징은 공구를 일정한 깊이까지 강제적으로 절삭하는 것이 아니고, 일정한 힘 또는 압력으로서 절삭 가공이 이루어지는 압력 제어형의 가공으로서, 미세한 가공량의 조절을 쉽게 할 수 있다.

1 정밀 입자 가공의 종류

정밀 입자 가공에는 래핑, 호닝, 액체 호닝, 슈퍼 피니싱 등이 있다.

2 래핑

1 래핑 개요

래핑(lapping)은 마모 현상을 기계 가공에 응용한 것으로 ,그 기본은 마모이며, 래핑에 사용되는 공구는 공작물과 상대운동을 하도록 설계되어 있으며, 이를 랩(lap)이라 한다.

그림 8.1은 래핑에 의한 표면 다듬질 과정으로 랩과 공작물 사이에 고운 분말의 랩제(lapping powder)와 래핑유를 넣고, 랩과 공작물을 상대운동시켜 랩제로 표면의 돌출된 돌기를 마멸시켜 표면을 매끈하게 가공한다.

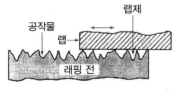

(a) 래핑 가공 전   (b) 래핑 가공 후

그림 8.1 **래핑**

래핑도 재료를 제거하는 가공이지만 가공 깊이는 0.02 mm 이하로 매우 작으므로 재료 제거 측면에서는 비경제적이나 치수 정밀도는 ±0.0004 mm, 표면 거칠기는 0.02~0.05 μm 로 경면의 다듬질면 가공, 접촉부의 정밀 끼워맞춤 가공 등에 활용된다. 또한 연삭이나 호닝 가공 시 표면에 가공 방향으로 스크래치가 생기게 되는데, 이를 래핑하면 가공 자국을 깨끗하게 제거할 수 있다.

래핑은 표면의 미소돌기를 가공대상으로 하기 때문에 공작물의 경도와 무관하게 사용할 수 있는 가공이다. 그리고 다른 가공과는 달리 경도가 낮은 재료의 래핑이 어려운데, 그 이유는 랩제와 표면에서 이탈된 입자가 공작물에 파묻히려는 경향 때문이다.

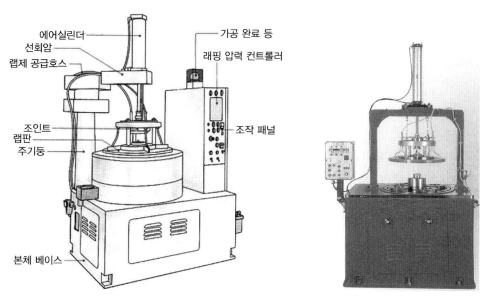

🔩 그림 8.2 **래핑 머신**

2 랩 및 래핑유 lapping powder and lap oil

랩은 공작물의 형상에 따라 여러 가지로 제작된다. 그림 8.3은 평면, 구멍, 원통면을 가공하기 위한 랩의 형상이다. 랩에는 그림과 같이 윤활제와 랩제가 표면에 고르게 퍼지게 하고, 나머지는 빠져나가도록 홈이 파여 있다.

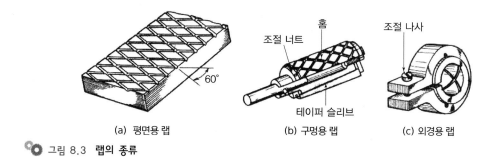

(a) 평면용 랩   (b) 구멍용 랩   (c) 외경용 랩

🔩 그림 8.3 **랩의 종류**

랩의 재료로는 주철, 황동 및 동과 같이 연한 재료가 사용되는데 주의해야 할 것은 반드시 공작물보다 연한 재료로 랩을 제작해야 한다.

그 이유는 래핑 시 랩제와 공작물에서 이탈된 입자는 일부 주위 재료에 파묻히게 되는데, 공작물이 랩보다 연하면 공작물에 입자들이 파묻히기 때문이다.

랩제로는 A계 및 C계의 입자, 탄화붕소, 산화크롬, 산화철, 다이아몬드, CBN 등 여러 종류의 입자가 사용된다. 비교적 연한 금속이나 유리, 수정 등에 대해서는 C 입자나 산화철이 적합하고, 강재에는 A, WA 입자와 산화크롬 등이 사용된다. 일반적으로 입도는 240~1,000번 정도의 것이 사용되며, 가공면의 표면 거칠기를 작게 하기 위해서는 세립의 입자를 사용한다.

래핑유는 랩제와 혼합해서 사용하는데 래핑유의 역할은 입자를 지지하며, 동시에 분리시키고 윤활 작용으로 표면이 긁히는 것을 방지한다. 주철 랩으로 경화강을 래핑할 때는 유류를 래핑유로 사용한다. 보통은 석유와 기계유를 혼합한 것이 많이 사용되며, 올리브유, 경유, 벤졸 등을 사용하기도 한다.

3 래핑 방식

랩제를 사용하는 방식에 따라서 습식과 건식 2종류로 나눌 수 있다.

(1) 습식 래핑법 wet method

습식 래핑에서는 랩제와 윤활제를 혼합하여 가공물에 주입하면서 작업하는 방법으로, 주로 거친 래핑에 사용하며, 비교적 고압, 고속으로 가공이 이루어진다. 절삭량이 크고 다듬질면에서는 래핑에 의해 미세하고, 불규칙적인 자국이 남아 순한 광택을 낸다.

스플라인 홈부, 초경질합금, 보석 및 유리 등의 특수 재료에 사용한다.

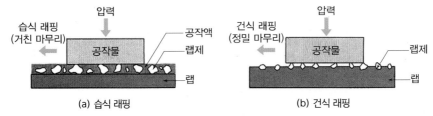

(a) 습식 래핑　　　　　(b) 건식 래핑

그림 8.4 **래핑 방식**

(2) 건식 래핑법 dry method

건식 래핑은 랩을 랩제에 파묻었다가 랩 표면을 충분히 닦아내고, 랩에 파묻혀 있는 랩제만으로 주로 건조 상태에서 래핑하는 방식, 습식래핑 후에 표면을 더욱 매끈하게 가공하기 위해 사용된다. 이 방식은 블록 게이지 제작에 사용된다. 보통 가공 표면의 거칠기는 0.025~0.0125 μm 정도이다.

4 래핑 작업과 래핑 머신

(1) 래핑 작업

래핑에는 손작업으로 하는 핸드 래핑과 래핑 머신을 사용하는 기계 래핑이 있다. 핸드 래핑은 선반이나 드릴링 머신을 이용하기도 한다.

또 수량이 적거나 적합한 전용 기계가 없을 때에는 손 래핑을 할 수밖에 없다. 그림 8.5는 핸드 래핑의 한 예이다.

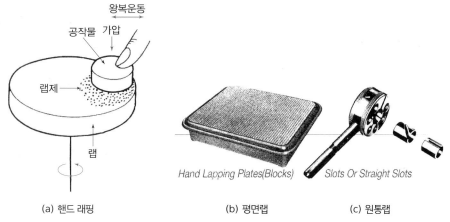

(a) 핸드 래핑   (b) 평면랩   (c) 원통랩

그림 8.5 **핸드 래핑 작업의 예**

그림 8.6 **핸드 래핑**

그림 8.7 **기계 래핑**

(2) 래핑 머신 lapping machine

대량 생산의 경우는 래핑 머신을 사용하여 작업을 한다. 그림 8.8은 수직형 래핑 머신으로 작업하는 예로서, 평면 및 원통 외경의 래핑에 많이 사용되고 있다. 래핑 머신에서 랩의 속도가 반지름 위치에 따라 다르므로 공작물이 균일하게 래핑되도록 하기 위하여, 홀더에 공작물을 설치하는 위치나 홀더를 움직이는 방법에 여러 가지 고안이 있다. 그림 8.8은 평면 래핑 공작물의 홀더로 홀더가 자전하면서 공전하는 구조로 되어 있어 공작물을 그물눈

모양으로 래핑하게 된다.

그림 8.8 **수직·수평형 래핑 머신**

그림 8.9 **가공 제품**

3 호닝

1 호닝 개요

호닝(honing)을 비롯하여 래핑, 슈퍼 피니싱, 버핑, 폴리핑 등의 정밀 입자 가공은 마무리 다듬질 가공으로 주목적은 표면 거칠기를 향상시키기 위한 것이다.

표 8.1은 가공 방법에 따른 표면 거칠기를 나타낸 것으로 입자 가공을 통하여 가공면을 매우 매끄럽게 만들 수 있다.

표 8.1 **면거칠기**

구분	주대상 공작물	표면 거칠기(nm)
연삭(중립 입자)	평면, 원통면, 구멍	0.4 – 1.6
연삭(세립 입자)	평면, 원통면, 구멍	0.2 – 0.4
호닝	구멍	0.1 – 0.8
래핑	평면, 구면(렌즈)	0.025 – 0.4
슈퍼 피니싱	평면, 원통면	0.013 – 0.2
폴리싱	다양한 형상	0.025 – 0.8
버핑	다양한 형상	0.013 – 0.4

호닝은 직사각형의 긴 숫돌이 외주부에 붙어있는 혼(hone)이라는 공구를 사용해서 혼에 회전 운동과 직선운동을 동시에 주어 구멍 내면을 정밀하게 다듬질하는 가공이다. 호닝은 보링, 리밍 또는 내면 연삭을 한 구멍의 진원도, 진직도, 표면 거칠기를 향상시키기 위한 가공으로 엔진이나 유압장치의 실린더 등의 내면 다듬질에 널리 사용되고 있다. 호닝은 구멍 내면 뿐만 아니라 원통면, 평면 등에 대해서도 적용 가능하나 주로 구멍 내면을 대상으로 하고 있다.

호닝은 연삭과 마찬가지로 숫돌을 사용하지만 절삭 속도가 연삭에 비해 매우 느리기 때문에 공작물에서 재료를 아주 소량씩 제거하고 발생되는 열이 적다. 따라서 호닝은 구멍의 절삭이나 연삭 가공 시 발생되는 각종 오차를 바로잡을 수 있다. 또한 다른 절삭과는 달리 절삭 깊이를 주어서 가공하는 것이 아니라 숫돌에 압력을 가해서 가공하는 방식으로 압력을 조정함으로써 가공량을 미세하게 조절할 수 있다.

호닝에 의해 가공되는 깊이는 거친 호닝은 0.025~0.5 mm, 다듬질 호닝은 0.005~0.025 mm 정도이고, 치수 정밀도는 3~10 μm, 표면 거칠기는 0.1~0.8 μm 정도의 고정밀 가공이 가능하다.

2 혼 hone

호닝에 사용되는 공구를 혼이라 하며, 그 구조는 그림 8.10과 같다. 호닝숫돌은 직사각형의 형태로 여러 개가 동일한 간격으로 원주상에 배열되어 있어 구멍 내면을 다듬질한다. 호닝숫돌과 연삭숫돌에 사용되는 입자는 같은 종류이나 호닝숫돌에는 유황, 레진, 왁스 등이 결합제에 첨가되어 있어 절삭 작용을 부드럽게 해준다.

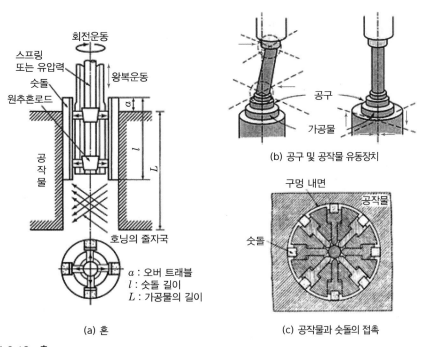

(a) 혼

(b) 공구 및 공작물 유동장치

(c) 공작물과 숫돌의 접촉

🔩 그림 8.10 **혼**

호닝숫돌은 숫돌 홀더에 장착되는데 홀더는 유압이나 스프링으로 지지되어 있어 숫돌에 압력을 가해 구멍 내면과 접촉시킨다. 숫돌의 압력은 절삭률과 다듬질 정도에 큰 영향을 미치는데, 숫돌의 압력을 크게 하면 절삭률이 증가되며, 숫돌의 마멸이 빨라진다. 숫돌의 압력은 보통 10~30 kgf/cm² 이며, 다듬호닝에서는 7~14 kgf/cm² 정도로 한다.

숫돌의 크기는 구멍의 크기에 따라 결정되는데 숫돌의 길이는 가공할 구멍 깊이의 1/2보다 작게 하고, 왕복운동의 양단에서는 숫돌의 1/4 정도가 구멍에서 나오게 하여 숫돌이 균일하게 마멸되도록 한다.

③ 호닝 머신

호닝 머신은 혼을 주축에 고정하고 혼을 회전과 왕복운동시킬 수 있는 기구로 구성되어 있다. 그리고 혼을 자유롭게 구멍 안에서 운동시켜 정확한 구멍으로 다듬기 위하여 혼을 유니버설 조인트를 통해 주축에 연결하거나, 혼은 고정시키고 공작물이 자유롭게 이동할 수 있게 하여 구멍의 반경방향으로 하중이 작용하지 않도록 하는 부동 기구를 채택하고 있다.

호닝 머신의 종류로는 혼이 수직방향으로 장착되는 수직형과 여기에 단축 및 한 번에 여러 개의 구멍을 동시에 호닝할 수 있는 다축 호닝 머신이 있다.

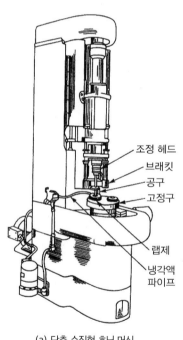

조정 헤드
브래킷
공구
고정구
랩제
냉각액
파이프

(a) 단축 수직형 호닝 머신

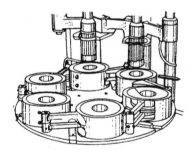

(b) 다축 호닝 머신

🔧 그림 8.11 **호닝 머신 종류**

그림 8.12는 단축 수직 호닝 머신으로 엔진 실린더를 가공하는 예이다. 단부품의 경우에는 그림 8.14와 같이 혼은 회전운동만 시키고 부품을 손으로 왕복운동 시키면서 가공하는 경우도 많이 볼 수 있다.

호닝 가공에서는 회전운동과 왕복운동의 조합에 의해서 절삭 경로가 결정되는데, 숫돌의 입자가 동일한 경로를 반복하지 않도록 해야 한다. 호닝 시 숫돌의 원주 속도는 40～70 m/min 정도이며, 왕복운동 속도는 원주 속도의 1/2～1/5 정도로 한다.

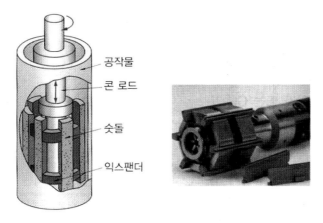

🔧 그림 8.12 **혼의 구조와 형상**

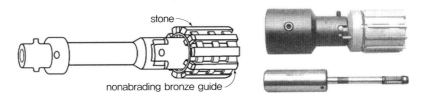

🔧 그림 8.13 **자동차 엔진블록 호닝용 공구**

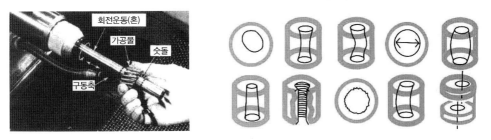

🔧 그림 8.14 **호닝 수정 가공 대상**

4 액체 호닝 liquid honing

공작물 표면에 공작액과 미세한 연마 입자의 혼합물을 압축 공기로 노즐을 통해 공작물에 분사시켜 표면을 다듬질하는 가공방법이다.

액체 호닝에서는 연마 입자를 공작물 표면에 충돌시켜 표면에서 돌출부를 제거하며, 복잡한 형상의 공작물 표면 다듬질이 가능하고, 짧은 시간에 작업이 이루어지며, 가공 방향성이 없다. 또한 연마 입자가 공작물 표면에 충격을 가하게 되어 피닝 효과(peening effect)가 생기며, 이에 따라 표면의 피로 강도가 10% 정도 향상되는 장점이 있다. 단점으로는 연마제가 표면에 남아있으면 어브래시브 마모(abrasive wear)를 발생시켜 내마모성을 저해할 우려가 있고, 다듬질면의 정도는 그다지 좋지 않다.

액체 호닝은 베어링 접촉 표면의 내마모성 향상, 볼트 인장피로 한계 증가 및 절삭 공구의 수명 증가, 공작물 표면의 산화막 및 버(burr) 제거 등에 이용된다. 연마제의 농도는 50%일 때가 절삭 능률이 가장 좋고, 공기 압력은 보통 $3.5 \sim 7.0\,\mathrm{kgf/cm^2}$이며, 압력이 높을수록 가공 능률이 좋다.

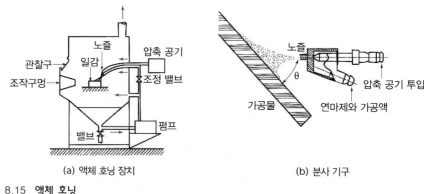

(a) 액체 호닝 장치　　　　　(b) 분사 기구

🔩 그림 8.15 **액체 호닝**

4 슈퍼 피니싱

1 슈퍼 피니싱 개요

슈퍼 피니싱(super finishing)은 치수 변화가 목적이 아니고 공작물 표면을 고정도로 다듬질하기 위해 사용되는 가공으로, 호닝과 유사하게 숫돌을 사용하지만, 숫돌에 가하는 압력이 매우 작으며, 공작물과 숫돌의 접촉 면적이 크고, 숫돌에 진동을 주어 표면의 돌출 돌기를 제거시킨다. 그리고 가공액을 충분히 보급한 상태에서 작업이 이루어진다. 슈퍼 피니싱은 다른 방법으로 표면을 다듬질한 후 추가적으로 실시하는 것이 보통이며, 다듬질면은 매우 매끈하게 가공되고, 방향성이 없으며, 가공부가 거의 변질되지 않는다.

슈퍼 피니싱은 호닝과 마찬가지로 숫돌을 사용하여 표면을 다듬질하는 가공을 마이크로 호닝(micro honing)이라 한다.

2 숫돌 압력 및 가공액

숫돌 재료로는 연삭숫돌과 마찬가지로 A계와 C계가 사용되는데, 인장 강도가 낮은 공작물에는 C계, 인장 강도와 경도가 큰 경우에는 A계를 사용한다. 입자의 입도는 $400 \sim$

1,000번, 결합도는 H~M으로 연한 것을 사용하며, 결합제는 비트리파이드, 실리케이트 또는 레지노이드가 사용된다.

슈퍼 피니싱에서는 가공액의 역할이 매우 중요하다. 가공액은 숫돌과 공작물 사이에 윤활막을 형성하여 두 표면을 분리시켜 지지하게 되므로, 공작물 표면에서 돌출되어 있는 부분만 숫돌 입자와의 접촉으로 제거된다. 이러한 가공 과정에서는 숫돌에 가하는 압력과 가공액의 점도가 중요한 역할을 하고, 숫돌에 가하는 압력을 조절함에 따라 표면의 매끄러운 정도가 달라지게 된다.

3 슈퍼 피니싱 방법

원통면과 평면에 대한 슈퍼 피니싱은 그림 8.16과 같은 방법으로 실시한다. 원통 외경의 슈퍼 피니싱에 사용되는 숫돌은 그림 8.16(a)와 같이 공작물과의 접촉 면적이 크며, 공작물의 길이가 긴 경우에는 숫돌을 축 방향으로 이송시키면서 작업한다.

숫돌에는 진동을 주는데 진폭은 1~4 mm, 진동수는 분당 약 450사이클 정도로 하며, 공작물은 원주 속도 0.25 m/s 정도의 속도로 회전을 시킨다. 숫돌 입자의 경로는 진동과 공작물의 원주 속도에 의해서 결정되는데, 호닝과 마찬가지로 숫돌의 입자가 동일한 경로를 반복하지 않도록 해야 한다. 숫돌에 가하는 압력은 작업 조건에 따라 1.0~2.0 kg/cm^2 정도의 범위이다.

그림 8.16(b)는 평면의 슈퍼 피니싱으로 컵 형상의 숫돌을 사용하여 숫돌과 공작물을 동시에 회전시키면서 작업한다. 마찬가지로 숫돌에는 진동을 주지만 이 경우는 숫돌과 공작물이 동시에 회전하기 때문에 진동이 숫돌 입자의 경로 변화에 미치는 영향은 그리 중요하지 않다.

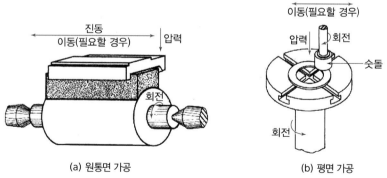

(a) 원통면 가공

(b) 평면 가공

그림 8.16 **슈퍼 피니싱**

5 폴리싱과 버핑

1 폴리싱

폴리싱(polishing)은 연마라고도 하며, 매끄럽고 광택이 나게 표면을 다듬질하는 가공이다. 폴리싱에서는 입자에 의한 미세한 절삭과 스미어링(smearing) 작용이 수반되는데, 입자에 의한 미세한 절삭은 표면의 스크래치 제거 및 미세한 결함을 충분히 수정할 수 있으며, 스미어링 작용은 표면을 문지르는 것으로 광택을 생기게 한다. 폴리싱은 직물, 가죽 등으로 제작한 휠이나 벨트에 미세한 연마 입자를 부착시켜 공작물 표면을 다듬질한다. 그림 8.17은 금형의 폴리싱하는 과정을 보여 준다.

그림 8.17 **금형의 폴리싱 작업과 폴리싱 공구**

2 버핑

버핑(buffing)도 폴리싱과 거의 유사한 방법으로 그림 8.18에 나타낸 바와 같이 직물이나 가죽으로 제작한 휠에 아주 미세한 연마 입자를 부착하여 공작물 표면을 다듬질한다. 휠에 대한 연마제 공급은 연마 입자를 접착하여 만든 스틱을 회전하는 휠에 갖다 대는 방식을 사용한다. 버핑은 종종 도금하기 전에 표면을 다듬질하는 데 사용된다.

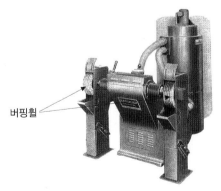
버핑휠

그림 8.18 **버핑 기계와 버프**

6 기타 가공

1 분사 가공 blasting

공작물 표면에 미세 입자를 분사하여 모래나 스케일을 제거하는 가공으로, 주물 제품에 붙어있는 모래, 절삭 가공 제품의 버, 가공물 표면의 산화막이나 도료 등을 벗겨내는 데 사용된다. 분사 입자로 모래를 사용하는 것을 샌드 블라스팅(sand blasting)이라 하고, 강구를 파쇄한 그릿을 사용하는 것을 그릿 블라스팅(grit blasting)이라 한다.

샌드 블라스팅에서는 모래가 파괴되어 입자가 일정하지 않으며, 먼지가 심하게 발생되어 작업자에게 유해하기 때문에 최근에는 그릿 블라스팅이 많이 사용되고 있다.

분사 방법에는 압축 공기를 이용하는 방법과 원심력을 이용하여 분사하는 방법이 사용된다.

(a) 그릿 블라스트 머신　　　　　　　　(b) 샌드 블라스팅 머신

그림 8.19 **분사 가공기**

2 쇼트 피닝 shot peening

크기가 작은 강구를 쇼트라 하는데 이를 공작물의 표면에 분사하여 표면 특성을 향상시키는 가공을 쇼트 피닝이라 한다. 강구로 표면에 타격을 가하면 표면 조직이 치밀하게 되고, 표면에 소성 변형에 의한 잔류 압력 응력이 생기게 하여 내마모성과 피로 특성이 향상된다. 이와 같은 효과를 피닝 효과(peening effect)라 한다.

쇼트 피닝은 반복 하중을 받는 기계 요소의 피로 특성을 향상시킬 수 있기 때문에 각종 스프링, 축 등의 마무리 가공에 활용된다. 그림 8.20은 스프링을 쇼트 피닝하는 것을 보여주는데, 쇼트 피닝 기계는 그림에서와 같이 압축 공기식과 원심식 두 종류가 있다. 대량 생산에는 원심식이 좋고, 크기가 작거나 복잡한 부품은 압축 공기식이 적합하다. 두께가 큰 부품은 쇼트 피닝 효과가 작고, 부적당한 쇼트 피닝은 재료의 연성을 감소시켜 균열의 원인이 된다.

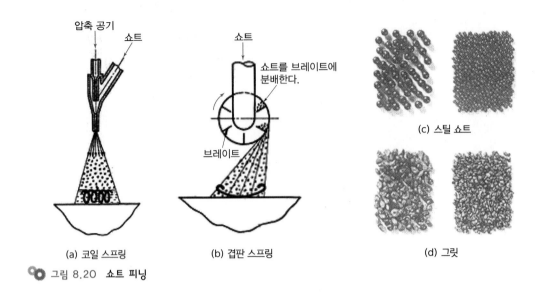

(a) 코일 스프링   (b) 겹판 스프링   (c) 스틸 쇼트

(d) 그릿

그림 8.20 **쇼트 피닝**

3 버니싱 burnishing

그림 8.21과 같이 가공되어 있는 구멍에 구멍의 직경보다 약간 큰 강구를 압입하여 내면을
다듬질하는 가공을 버니싱이라 한다.

버니싱을 하면 구멍의 치수 정밀도를 높일 수 있고, 절삭 시의 스크래치 등이 제거되어
표면이 매끄럽게 되며, 구멍 내면에 잔류 압축응력이 생기게 하여 피로 강도가 향상된다.

연질 재료의 버니싱에는 강구를 사용하며, 강재에는 초경합금으로 제작한 강구를 사용한
다. 공작물의 두께가 얇으면 변형은 거의 탄성적으로 이루어지기 때문에 버니싱 효과가 작
아지며, 두께가 증가하면 버니싱 효과도 커지게 된다.

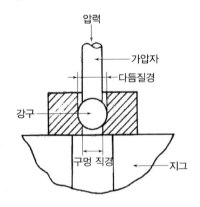

그림 8.21 **버니싱**

4 배럴 다듬질 barrel finishing

8각형이나 6각형의 배럴에 공작물, 미디어, 공작액을 넣고 배럴을 회전이나 진동시켜 공작물과 미디어의 상대운동으로 공작물 표면을 다듬질하는 가공이다. 크기가 작은 부품을 대량으로 다듬질하는 데 유용하다.

미디어(media)는 공작물과 상대운동을 하면서 공작물 표면을 다듬질하는데 공작물의 크기, 성질 및 가공 정도에 따라 알맞은 것을 선정해야 한다.

거친 다듬질에는 숫돌 입자, 석영, 모래 등이 사용되고, 광택 내기에는 나무, 가죽, 톱밥 등이 사용된다. 특히 버(burr) 제거가 주목적일 때는 연강이나 아연 같은 금속제 미디어를 사용하여 가공 효율을 높일 수 있다.

배럴 다듬질에는 회전형과 진동형 두 방식이 주로 사용된다. 회전형 배럴은 그림 8.22와 같이 배럴에 공작물과 미디어의 체적비를 1 : 2 정도로, 배럴은 1/2 정도를 채운 후 공작액을 넣고 배럴을 회전시킨다. 배럴의 회전에 따라 공작물과 미디어가 회전하다가 중력에 의해서 흘러내리면서 서로 간의 상대운동으로 공작물이 다듬질된다.

진동형 배럴의 진동 조건은 진폭 3~9 mm, 진동수 20~60사이클이 일반적이며, 공작물과 미디어를 상대운동시켜 가공하는 방법으로, 회전형에 비해 10배 정도로서 거친 다듬질에 적합하다.

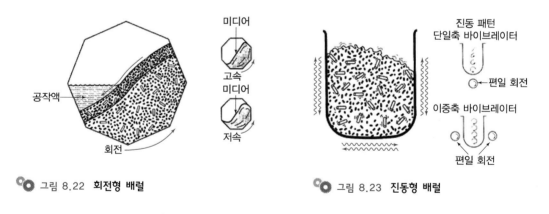

그림 8.22 **회전형 배럴**

그림 8.23 **진동형 배럴**

7 특수 가공

기계 부품이 복잡해지고 고정밀화되고 내열, 고강도의 새로운 재료가 기계 부품에 사용됨에 따라 기존의 가공 방법으로는 가공하기 어렵거나 불가능한 경우가 많이 있다. 이에 따라 효과적이고 능률적인 가공을 위하여 특수가공 기술이 산업 현장에서 널리 사용되고 있다. 특수 가공은 각종 물리적인 현상을 이용하여 가공하는 것으로, 그 원리에 따라 기계적인 방법, 전기적인 방법, 열적인 방법 및 화학적인 방법으로 구분할 수 있다.

1 기계적 특수 가공

(1) 초음파 가공 ultrasonic machining

초음파 가공은 공구와 공작물 사이에 연삭 입자가 함유되어 있는 가공액을 채우고, 공구에 초음파 진동을 가하여 연삭 입자를 공작물에 충돌시켜 가공하는 방법으로, 충격 연삭(impact grinding)이라고 한다. 가공액은 일반적으로 물에 연삭 입자가 20~60% 정도 포함된 것을 사용하는데, 이를 슬러리(slurry)라고 한다. 연삭 입자로는 질화붕소, 탄화붕소, 산화알루미늄, 탄화규소, 등이 사용되고 있으며, 입도는 100~2,000 정도이다.

그림 8.24(a)는 초음파 가공 기계의 구성을 나타낸 것으로, 초음파 발진기로 구동되는 진동자의 진동을 혼에서 기계적으로 증폭하여 공구를 초음파 진동시킨다. 초음파 가공에서 진동수는 20,000~30,000 Hz, 진폭은 0.013~0.1 mm 정도를 사용한다.

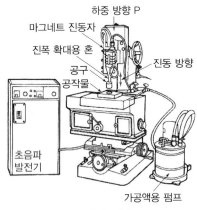
(a) 초음파 가공기계

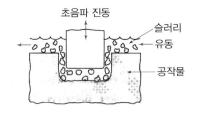
(b) 초음파 가공원리

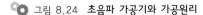
그림 8.24 **초음파 가공기와 가공원리**

그림 8.25 **초음파 가공 제품**

공구가 진동을 하면 그림 8.24(b)에 나타낸 바와 같이 슬러리에 있는 연삭 입자가 고속으로 가속되고, 입자가 공작물에 충돌하여 충격력을 가하며, 공작물 표면을 깎아내게 된다. 입자의 1회 충돌에 의한 가공량은 미세하지만 입자수가 많고 초음파 진동으로 충격 횟수가 매우 많기 때문에 가공 능률은 연삭의 경우와 비슷하다.

초음파 가공은 연삭 입자의 충격을 이용하여 국부적으로 침식하여 가공하기 때문에 재료의 종류와 특성과는 무관하게 적용 가능하다. 즉, 경도가 높거나, 취성이 커서 절삭이 어려운 재료들도 초음파 가공으로는 용이하게 가공할 수 있다.

초음파 가공은 다이아몬드, 루비, 수정 등의 보석류, 유리, 실리콘, 게르마늄, 초경합금, 담금질강 등의 경질 취성 재료의 구멍 가공, 절단, 형상 가공 등에 널리 활용되고 있다.

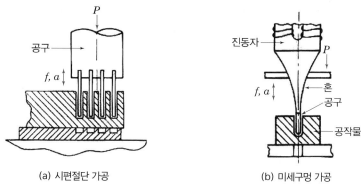

(a) 시편절단 가공　　　　(b) 미세구멍 가공

그림 8.26　**초음파 가공의 종류**

또한 초음파 커터(ultrasonic cutter)는 발진기로부터 공급되는 고주파의 전기 에너지를 같은 주파수의 기계 진동으로 변환하여 공구의 날 부분에 전후방향으로 초음파 진동을 전한다. 이때 진동 횟수는 20,000∼40,000회가 되며, 진폭은 30∼70미크론으로 초고속으로 운동하게 되어 힘들이지 않고, 자른면이 깨끗하고 부스러기의 발생이 없다.

각종 신소재, 방탄재, 플라스틱, 유리섬유, 알루미늄 자동차 내장재 등 절단이 가능하다.

(a) 초음파 절단작업

(b) 적용 예　　　　　　　　　　　　　　　　(c) 커터 날

🌀 그림 8.27 **초음파 절단**

(2) 워터 제트 가공 water jet machining

초고압의 물을 아주 작은 노즐 구멍을 통해서 고속으로 분출시키면 국부적으로 공작물에 힘이 가해지며, 공작물을 절단할 수 있다. 이와 같은 가공 방법을 워터 제트 가공이라 한다. 그림 8.28은 워터 제트 가공기의 구성을 나타낸 것이다. 중압기는 물을 고압으로 만들어 주는 장치로 왕복운동형 플런저 펌프가 주로 사용되고 있다. 가압된 물은 축압기로 보내지는데 축압기는 물이 노즐에서 분출되기 전에 저장되는 곳으로 압력이 일정하게 유지되어야 하며, 물이 분출되는 과정 중에도 압력 변동이 작아야 한다. 축압기는 초고압 튜브로 노즐에 연결되어 있으며, 노즐을 열어주면 고속으로 물줄기가 분출하게 된다.

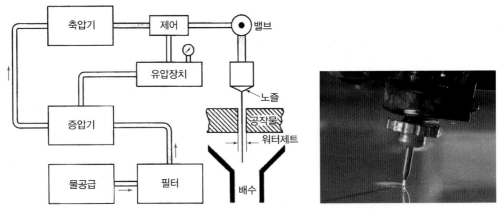

🌀 그림 8.28 **워터 제트**

워터 제트 가공에서 물은 약 4,000기압 정도의 고압으로 압축하는 것이 일반적이나 1만 기압 이상으로 가압하는 경우도 있다. 노즐의 직경은 0.05~0.5 mm 정도가 사용되고 있으며, 분출되는 물의 속도는 600~900 m/s로 음속의 2배 이상이 된다. 노즐의 구멍부는 수명을 길게 하기 위하여 사파이어를 많이 사용하고 있다. 최근에는 다이아몬드 노즐이 개발되어 실용화되어 있지만, 사파이어 노즐보다 수명이 긴 대신 가격이 매우 고가이다. 노즐의 파손은 외부의 오물 입자나 물에 있는 광물질이 노즐을 깎아내기 때문으로 워터 제트 가공기에 사용되는 물은 필터를 거쳐 작은 입자들을 걸러내야 한다.

워터 제트 가공은 물을 고속으로 분출시켜 가공하기 때문에 다음과 같은 장점이 있다.

① 절단 시작 위치에 대한 구속이 없으며, 절단부의 연속 여부와 무관하다.
② 열이 발생되지 않는다.
③ 공작물의 변형이 작아 유연한 재료의 절단이 용이하다.
④ 절단부 부근에만 약간 물이 침투된다.
⑤ 버 및 분진 발생이 거의 없다.
⑥ 환경친화적인 가공이다.
⑦ NC화로 자유 곡선을 쉽게 가공할 수 있다.

단점으로는 소음이 매우 크고, 절단 두께에 제한이 있으며, 물만의 분사로는 금속 재료를 절단하기 어렵다. 절단 두께는 재료의 종류에 따라 달라지며, 물줄기가 퍼지는 특성이 있기 때문에 하부 쪽으로 갈수록 절단부가 넓어지고 절단된 표면이 거칠어진다.

워터 제트 가공은 각종 기판, 복합 재료, 플라스틱, 직물, 고무, 나무, 종이, 가죽 등 비금속 재료의 절단에 우수한 특성을 발휘하고 있다.

(a) 대리석 절단 가공

(b) 면섬유 절단 가공

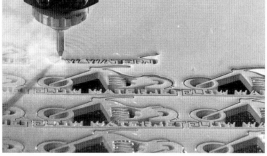

(c) 기어 가공 및 조각 가공

그림 8.29 **워터 제트 가공 예**

| 파스칼의 원리 |

그림 8.30 **워터 제트의 원리**

2 전기적 특수 가공

(1) 방전 가공 EDM–Electrical Discharge Machining

방전 가공은 스파크 방전에 의한 열적 침식을 가공에 이용한 것이다. 전류가 흐르는 두 선을 부딪쳐 보면 아크가 발생되고, 접촉되었던 부분은 움푹 파인 작은 크레이터(crater)가 생기고, 소량의 금속이 침식되어 제거된 것을 관찰할 수 있다.

가공원리는 두 전극을 가깝게 접근시키고 전압을 가하면 전극 사이의 기체가 전리되어 미세한 전류가 흐르게 되며, 이를 누설 전류라 한다. 이때 전압을 더 상승시키면 국부적인 절연 파괴에 의하여 전극 표면에 방전이 발생한다.

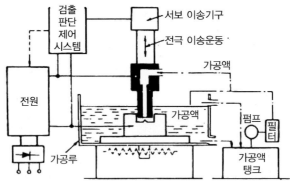

그림 8.31 **방전 가공기의 구조**

불꽃 방전의 시간은 $10^{-8} \sim 10^{-6}\,\text{sec}$로 매우 짧으며, 전류 밀도는 $10^{6} \sim 10^{9}\,\text{A/cm}^2$ 정도이고, 이때 발생되는 열은 $10,000\,\text{℃}$ 이상의 고온이 된다. 따라서 방전 시 발생된 열은 국부적으로 공작물을 용융시키게 되며, 용융된 재료는 방전의 충격에 의해 제거된다.

그림 8.31은 CNC 방전 가공기의 구성을 나타낸 것으로 공구와 공작물은 절연유(물) 속에서 $0.01 \sim 0.5\,\text{mm}$ 정도의 간극을 유지하고 있으며, 이 간극은 가공이 진행되어도 일정하게 유지되도록 서보 기구로 제어된다. 방전 가공에 사용되는 전류는 $50 \sim 300\,\text{V}$, 전압은 $0.1 \sim 500\,\text{A}$ 정도이며, 방전 시간은 매우 짧지만 $50 \sim 500\,\text{KHz}$의 빠르기로 반복된다.

🔩 그림 8.32 **방전 가공기의 ATC**

   방전 가공 시 공구와 공작물은 전극에 해당되기 때문에 공작물은 전도체여야 하며, 방전에 의해 공작물에서만 재료가 제거되는 것이 아니라 공구 쪽도 소모되기 때문에 경우에 따라 여러 개의 동일한 공구를 미리 제작해 두어야 한다. 방전 가공 시 동일한 재료를 전극에 사용하면 양극이 음극보다 소모가 빨리되기 때문에 방전 가공기에서 공작물은 양극, 공구는 음극에 연결된다.

   공구는 방전에 의한 간극을 고려하여 가공 치수보다 약간 작게 설계되며, 공구의 형상은 가공물과는 요철이 반대인 형상이 된다. 공구 재료로는 가공이 용이한 흑연, 황동, 구리, 구리 − 텅스텐 합금 등이 사용된다. 공구 제작에는 성형, 주조, 분말 야금, 기계 가공 등 각종 가공법이 사용되며, 부분적으로 제작해서 접합해도 상관없다. 공구는 소모가 작아야 하는데 용융 온도가 높을수록 잘 소모되지 않는다. 흑연으로 제작한 방전 공구의 공구 마멸 특성은 흑연이 가장 우수하다.

🔩 그림 8.33 **방전 가공용 전극과 가공 예**

(2) 와이어 방전 가공

방전 가공에서 공구를 별도로 제작하지 않고 와이어를 전극으로 사용하여 와이어와 공작물

사이에 절연액을 분사시키면서 불꽃 방전을 발생시켜 가공하는 방법을 와이어 방전 가공이라한다. 와이어 재료로는 텅스텐, 황동, 구리 등을 사용하며, 와이어 직경은 0.05~0.3 mm 정도가 사용된다. 와이어는 인장을 주며 0.15~9 m/min의 속도로 감아주고 방전으로 와이어도 일부 소모되기 때문에 재사용할 수 없다.

⚙ 그림 8.34 **와이어 방전 가공기와 구조**

⚙ 그림 8.35 **와이어 방전 가공과 제품 예**

공작물이 고정되어 있는 테이블은 두 축방향으로 제어되기 때문에 임의의 단면 형상을 갖는 제품을 용이하게 가공할 수 있다. 와이어 상부 가이드부를 NC로 2축 제어하면 와이어가 경사진 상태에서 가공할 수 있으므로, 테이퍼진 공작물도 가공이 가능하다. 공작물의 두께는 300 mm까지 가공이 가능하다.

가공 속도는 공작물의 재질과 두께, 와이어의 종류에 따라 달라지지만 일반적으로 5 mm 두께의 강을 가공하는 경우 최대 가공 속도는 약 10 mm/min 정도이고, 80 mm 두께인 경우에는 1 mm/min 정도이다. 와이어 방전 가공의 가공 속도는 빠르지 않지만 가공 정도가 매우 높고, 프레스 금형 등과 같이 두꺼운 공작물을 고정도로 가공하는 데 매우 효과적이다.

(3) 전해 가공 ECM-Electrochemical Machining

전해는 도금의 원리를 반대로 이용한 것으로 공작물은 양극으로 하고, 공구는 음극으로 한다. 공작물과 공구 사이에는 전해액을 순환시켜 주는데 전해 작용에 의해 공작물에서 금속이온이 제거되면서 공구에 부착되지 않고 전해액에 의해서 씻겨나가게 해야 한다.

그림 8.36은 전해 가공의 개략도이다. 전해 가공에 사용되는 공구는 구리, 황동, 청동또는 스테인리스강으로 제작하며, 공구의 다듬질 정도가 공작물의 표면에 그대로 나타나기때문에 공구는 정밀하게 제작해야 한다. 공구는 거의 소모되지 않으며, 가공에 따른 열이나 휨이 발생하지 않기 때문에 공작물 표면에 가공 변질층이 생기지 않는다. 전해액은 통전성이 우수해야 하며, 염화나트륨에 물 또는 질산나트륨을 혼합한 것이 많이 사용되고 있다. 전해액은 공구에서 분사되는데 분사 노즐의 형태나 배열에 주의를 요하며, 다량으로순환 사용하기 때문에 처리장치가 필요하다.

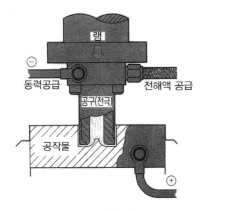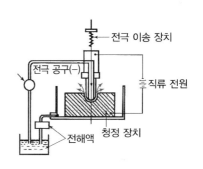

그림 8.36 **전해 가공과 전해 원리**

공구를 전극으로 사용하고 공작물이 전도체여야 하며, 가공액을 사용하여 작업하는 것은 방전 가공과 유사하지만, 가공액이 전기를 통해야 하며, 직류를 그대로 사용하는 것이 방전 가공과 차이가 있다. 또한 방전 가공에서는 공구의 형상을 판에 박은 듯이 가공되지만 전해 가공에서는 전해에 의한 침식을 이용하기 때문에 날카로운 모서리 부분 등은 가공하기 어렵다.

전해 가공은 고강도 재료를 가공할 목적으로 개발된 기술로 재료가 전도체이면 경도, 인성, 취성 등의 재료 특성과는 무관하게 가공이 가능하다. 우주 항공용에 사용되는 기계 부품은 대부분 내열, 고강성 재료이기 때문에 전해 가공을 많이 활용하고 있는데, 터빈 블레이드, 제트엔진의 부품 등이 대표적인 예이다.

(4) 전해 연삭 및 전해 연마

전해 연삭은 전해 가공과 연삭 가공을 혼합한 가공 방법으로, 공구는 전도성이 있어야 하기 때문에 금속 결합제에 다이아몬드 또는 산화알루미늄 입자의 숫돌을 사용한다. 전해 연삭은 일반 연삭과 마찬가지로 숫돌을 회전시키는데 원주 속도의 범위는 1,200~2,000 m/min를 사용한다.

전해 연삭에서 그림 8.37에 나타낸 바와 같이 공구는 회전을 하지만 전해 가공과 마찬가지로 공구와 공작물과의 전해 작용으로 공작물에서 재료가 제거된다. 한편, 연삭숫돌의 입자는 두 가지 역할을 하는데, 첫 번째는 절연체로 공작물과 숫돌의 금속 결합제 사이에 개재되며, 두 번째는 공작물에 생긴 산화 피막을 기계적으로 제거한다.

전해 연삭은 원래 초경합금의 연삭 시 고가의 다이아몬드 숫돌 수명을 길게 하기 위한 목적으로 개발되었으나, 가공 능률이 좋고 숫돌 수명이 길어지며, 연삭열이나 기계적인 부하가 수반되지 않기 때문에 초경합금뿐만 아니라 일반 난연삭 재료의 가공에도 많이 이용되고 있다.

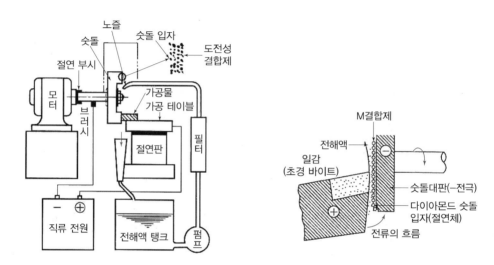

🔩 그림 8.37 **전해 연삭기의 구조와 전해 연삭 원리**

전해 연마에는 전해 현상을 이용한 연마 가공으로 그림 8.38과 같이 가공된 공작물을 양극으로 전해액에 담그고, 전극을 설치한 후 직류 전류를 흘려서 공작물 표면에서 미소 돌기를 용출시켜 광택면을 얻는 가공법이다.

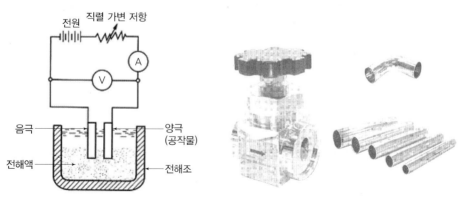

🔩 그림 8.38 **전해 연마 원리 및 가공 제품**

전해연마의 목적은 광택성, 평활성, 내식성 등이 우수한 표면을 얻는 것이며, 공작물에 열발생이나 기계적인 부하를 가하지 않기 때문에 얇은 기계 부품의 다듬질, 기계적인 연마가 어려운 형상의 공작물 연마에 적합하고, 다량의 부품을 연마하는 데도 효과적이다.

3 열적 특수 가공

(1) 레이저 빔 가공 LBM - Laser Beam Machining

레이저는 Light Amplification by Stimulated Emission and Radiation의 머리글자로, 유도체에 의한 빛의 증폭이란 뜻이다. 가시광선이나 적외선 영역의 파장을 가진 전자파를 공명하여 빛을 발하게 한다. 레이저는 렌즈로 집점을 하면 높은 밀도의 에너지를 얻을 수 있으며, 이를 기계 가공에 이용하는 것을 레이저빔 가공이라 한다.

기계 가공에 이용되는 레이저의 종류는 다음과 같다.

① CO_2 레이저
② ND - YAG 레이저
③ ND - Glass 레이저
④ 엑시머(Excimer) 레이저

레이저는 절단, 구멍 가공, 마킹, 용접 등에 사용되며, 기계 가공에서는 CO_2와 ND - YAG 레이저가 출력이 좋기 때문에 가장 많이 사용된다. 플라스틱이나 세라믹의 마킹에는 엑시머 레이저가 사용된다.

그리고 금속 용접과 구멍 가공에는 CO_2와 ND - YAG 레이저와 더불어 ND - 유리 레이저나 루비 레이저가 사용된다.

레이저 집점부의 에너지 밀도는 1평방인치당 $10^5 \sim 10^{10}$ W의 크기로 매우 높기 때문에 재료가 국부적으로 용융 증발되면서 가공이 이루어진다. 따라서 금속, 비금속, 세라믹, 복합 재료 등 모든 종류의 재료를 가공할 수 있다. 레이저 빔 가공에는 재료의 반사율, 열전도율, 용융 및 증발 비열과 잠열이 중요한 물리적 인자가 되는데, 이 값들이 작을수록 효과적인 가공이 된다.

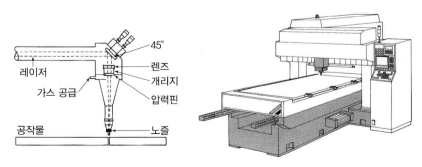

그림 8.39 **레이저빔과 절단기의 헤드**

레이저 빔 가공은 구멍 가공이나 절단에 광범위하게 사용되고 있다. 가공 가능한 구멍의 최소 직경은 0.005 mm이나 실용적인 한계는 0.025 mm 정도이며, 깊이대 직경비는 50 : 1로 깊은 구멍을 가공할 수 있다. 절단은 강판의 경우 두께 32 mm 정도를 가공할 수 있다. 절단 가공 시에는 산소, 질소나 알곤 가스를 같이 분출시켜 가스 분위기에서 사용하는 경우가 많이 있는데, 가스는 가공을 촉진시키며 용융이나 증발된 재료를 표면에서 제거하는 역할을 한다. 레이저 가공도 NC제어로 3차원 형상이나 자유 곡선 가공에 많이 활용되고 있다. 그림 8.40에 레이저 빔 절단기의 헤드와 강판을 절단하는 가공 예를 나타내었다.

그림 8.40 레이저빔 절단 가공

(2) 전자 빔 가공

진공 중에서 텅스텐 필라멘트의 음극을 고온으로 하면 전자가 방출되는데, 방출된 전자를 마그네틱 렌즈로 집점시키면 고속의 전자가 공작물 표면과 충돌하면서 열에너지로 변환되어 6,000℃ 이상의 고온이 되므로, 전자빔 집점부의 재료가 용융 증발되면서 가공된다. 그림 8.41은 전자빔 가공의 개략도로 진공 중에서 가공이 이루어지며, 공작물과 전자가 충돌하면서 X-ray를 방출하기 때문에 주의를 요한다.

전자 빔 가공에 의한 재료 제거율은 0.002 cm^3/min로 매우 작지만 집점부 직경이 0.0013 mm에 불과하기 때문에 마이크로 머시닝에 적합하다. 그리고 진직도가 매우 우수하여 구멍의 경우 깊이대 직경을 100 : 1로 가공이 가능하다. 전자빔 가공은 레이저빔 가공과 유사한 방법으로 모든 재료를 가공할 수 있다. 그리고 레이저빔 가공보다 열영향 부위가 작고 정밀도 측면에서는 우수하나 전자 빔 가공 장비의 가격이 비싸고, 진공 내에서 가공이 이루어지기 때문에 공작물 크기에 대한 제한이 있다.

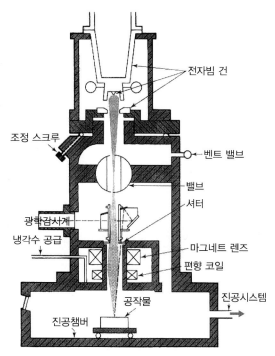

그림 8.41 **전자빔 가공**

(3) 플라스마 가공

그림 8.42는 플라스마 가공의 원리를 나타낸 것이다. 고온 고열 용량, 고속 다량의 활성 입자를 갖는 열 플라즈마 특성을 이용하는 가공법이다.

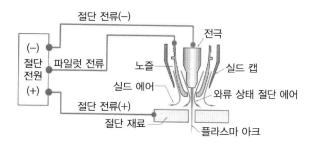

그림 8.42 **플라스마 가공원리**

플라즈마는 직류 또는 교류 아크 방전에 의해 발생시킨 전자 이온, 중성 입자로 구성된 기체이다. 플라즈마에서 발생하는 1,000~20,000℃의 고온과 100~2,000m/s의 고속 제트 불꽃을 이용하여 공작물을 가공한다.

플라즈마 가공의 특징은 열 변형 없이 고속 절단이 가능하고, 스테인리스강, 알루ㅣ늄, 철, 구리, 황동 등의 금속을 깨끗하게 절단할 수 있다.

4 화학적 특수 가공

(1) 화학 밀링 chemical milling

화학밀링은 그림 8.43과 같이 공작물을 용액에 담가서 불필요한 부분을 에칭시켜 제거하는 가공 방법으로, 오래 전부터 사용해오고 있는 방법이다. 이 가공법의 발달은 항공산업에서 시작되었다. 항공기에서는 무게를 줄이기 위해서 필요없는 부분을 제거해야 하는데, 일반 기계 가공 방법으로는 여러 가지 문제점이 있기 때문에 화학 밀링 방법을 적극 활용하고 있다.

화학 밀링의 공정은 비교적 간단하다. 우선 준비단계로 표면을 깨끗하게 세척하여 에칭이 균일하게 발생되도록 한다. 그리고 가공하지 않을 부분은 용액과 반응하지 않도록 코팅을 하여 보호해 주는데 이 작업을 마스킹이라 한다. 공작물을 용액에 담가두면 마스크로 보호하지 않은 부분은 부식되어 두께가 감소하게 된다. 두께 감소는 시간이 주요 인자가 되며, 그림에서 나타낸 바와 같이 가공이 진행되면서 마스크 부분 아래의 측면에서도 재료가 제거되는데, 이를 언더컷이라 한다. 마무리 작업으로 공작물을 꺼내서 세척을 하고 마스크를 제거하면 가공이 완료된다.

화학 밀링의 장점은 공정이 간단하고 복잡한 형상의 밀링이 용이하며, 큰 공작물을 가공할 수 있고 여러 부분이 동시에 가공된다. 그리고 모든 금속은 적당한 용액을 사용하면 화학 밀링으로 가공이 가능하다. 단점은 가공 시간이 매우 길고, 엣칭 전에 표면 결함을 제거해야 하며, 가공 깊이가 큰 경우에는 적용하기 어렵다는 점이다.

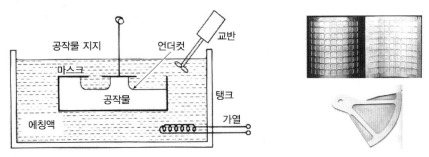

🔩 그림 8.43 **화학 밀링 가공과 샘플**

(2) 화학 블랭킹 chemical blanking

화학 블랭킹은 그림 8.44와 같이 복잡한 형상의 얇은 부품 가공에 사용되는 가공법이다. 화학 밀링에서 비보호 부분 아래의 재료가 완전히 제거되게 하면 화학 블랭킹이 된다. 한편 얇은 부품은 사진엣칭(photoetching) 기법으로 블랭킹을 하며, 이를 광화학 블랭킹(photochemical blanking)이라 한다.

⚙ 그림 8.44 **광화학 블래킹 제품**

광화학 블랭킹은 포토에칭(photoetching)이라고도 하며, 정밀사진 기술과 에칭을 응용한 금속 표면의 정밀가공 기술이다. 작업 공정은 그림 8.45와 같으며, 각 공정별 과정은 다음과 같다.

① 표면을 세척한다.
② 감광 물질(photosensitive material)을 코팅한다.
③ 음화를 인쇄하고 자외선에 노출시킨다.
④ 현상하면 비노출 부분의 보호막이 제거된다.
⑤ 엣칭을 한다.
⑥ 마스크를 제거한다.

포토에칭은 얇은 판막의 소형제품이나 정밀도를 요하는 카메라 부품, 인쇄 회로기판 (PCB) 제조 및 반도체용 초정밀 가공분야, 포토 마스크 제작 등 광범위하게 이용할 수 있다. 그림 8.45는 포토에칭을 이용한 제품의 제작 과정을 나타낸 것이다.

준비
에폭시 수지판에 동판을 붙이고 감광성 내식 피막을 바름

마스크 작업
가공할 도면을 라미네이트 필름으로 현상하여 내식 피막 위에 붙임

가공부 마스크 제거
노광을 하여 마스크 이외 부분을 제거함

에칭
부식액 용기에 넣고 마스킹 외의 부분을 부식시킴

마스크 제격
마스크를 제거하고 세척하여 완성함

⚙ 그림 8.45 **광화학 블랭킹 공정**

CHAPTER 9

CNC 가공

1. CNC 공작기계
2. 다축 가공

1 CNC 공작기계

1 CNC 공작기계의 개요

NC란 Numerical Control의 약자로, 수치(Numerical)로 제어(Control)한다는 의미이다. 재래식 공작기계에 수치 제어를 적용한 기계를 NC 공작기계(수치 제어 공작기계)라 한다.

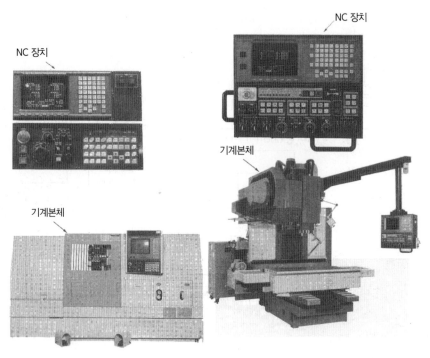

NC 장치

NC 장치

기계본체

기계본체

🔩 그림 9.1 CNC 공작기계

　미니컴퓨터의 출현으로 이를 조립해 넣은 NC가 출현하였는데, 컴퓨터를 내장한 NC이므로 Computerized NC 혹은 Computer NC라 하고, 이것을 간략하게 CNC라 한다. 오늘날 NC 공작기계는 모두가 CNC 공작기계이다. CNC 공작기계는 프로그램을 번역하여 기계 본체를 제어하는 NC 장치와 NC 장치의 지령에 의해 공작물을 가공하는 기계 본체로 구성되어 있다.

(1) CNC 공작기계의 작업

CNC 공작기계가 등장하면서 작업자의 작업 내용이 어떻게 변하였는지 범용 공작 기계와 CNC 공작기계의 작업 내용을 비교해 보자.

　범용 공작기계의 작업에서 작업자는 도면을 보면서 수동 이송 핸들을 돌려 공구를 공작물에 접근시켜서 원하는 절삭 깊이를 주고, 수동 및 자동 이송으로 공작물을 가공하고 작업 도중에 측정기로 측정하여 가공 정밀도를 높이고 있다.

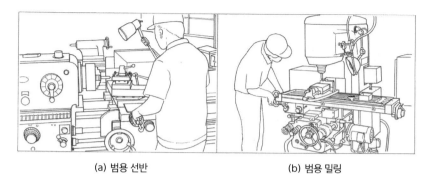

(a) 범용 선반   (b) 범용 밀링

🔩 그림 9.2 **범용 공작기계**

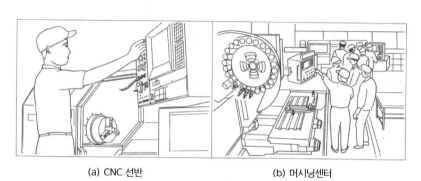

(a) CNC 선반   (b) 머시닝센터

🔩 그림 9.3 **CNC 공작기계**

CNC 공작기계는 공구나 공작물의 위치 결정, 절삭 깊이, 이송 등의 동작은 CNC 장치의 전자회로에 의하여 자동적으로 제어된다. 이 때문에 작업자는 작업 순서나 가공 방법 등을 미리 프로그래밍해 놓아야 한다.

그래서 작성한 프로그램을 CNC 장치에 기억시키고, 가공 개시(Cycle Start) 버튼을 누르면 기계는 자동적으로 공작물을 원하는 형상으로 가공하게 된다.

그림 9.4는 CNC 공작기계의 작업 순서이다.

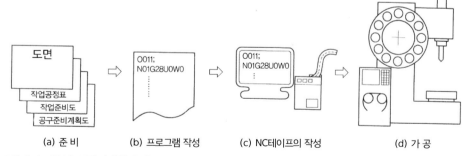

(a) 준비   (b) 프로그램 작성   (c) NC테이프의 작성   (d) 가공

🔩 그림 9.4 **CNC 공작기계의 순서**

(2) CNC화 되는 이유

생산 현장에서는 원가 절감을 위해 재료비나 기계의 감가상각비, 인건비 등 여러 가지로 연구, 노력하고 있다. 이러한 연구 중에서 특히 중요시되는 것이 자동화, 성력화, 무인화를 위한 생산 기술이다. 범용 공작기계에서 작업자는 경험과 훈련에 따라 보다 나은 고능률, 고정밀한 가공기술 및 기능을 얻게 된다. 숙련자가 되려면 오랜 시간과 비용이 필요하다. 반면에 CNC 공작기계에서는 비교적 단기간에 고정밀 도면이나 능률면에서도 보통 요구되는 수준까지의 기술이나 기능을 습득할 수가 있다.

CNC 공작기계와 범용 공작기계의 특징을 비교하면 표 9.1과 같다.

☼ 표 9.1 CNC 공작기계와 범용 공작기계의 특징

CNC 공작기계	범용 공작기계
• 비교적 단기간에, 기계 조작이나 가공이 가능하다. • 가공 정밀도에 안정성이 있고, 숙련도에 따른 가공 정밀도의 실수가 적다. • 프로그래밍 등 작업 전 준비에 시간이 걸리므로 중량 이상의 생산에 적합하다. • 복잡한 형상의 부품, 다공정 부품의 가공에 뛰어난 성능을 발휘한다. • 공정관리, 공구관리 등 작업의 표준화를 기할 수 있다. • 장시간 자동운전이 가능하므로 성력화, 무인화 등에 대응이 용이하다. • 설계변경, 재고의 감소 등 컴퓨터에 의해 생산관리가 용이 하게 되어 시스템화가 가능하다.	• 작업에 정통하고, 숙련자라 불리우기까지는 오랜 경험이 필요하다. • 고품질, 고정밀도를 요구하는 부품가공에서는 고도의 숙련이 필요하다. • 도면을 보면서 작업할 수가 있으므로, 단품 가공에 적합하다. • 특수 가공에 의한 가공 등 요령이 필요한 작업에 적합하다. • 작업이 개성적으로 되기 쉬워 표준화가 어렵다. • 소재의 전 가공, 치구, 고정구의 제작 등 자동화를 위한 준비가 필요하다. • 가공 노하우의 축적과 전승시키기가 어렵다.

(3) CNC 공작기계의 이용

① 일반 기계 기구 제조업 공작기계를 포함한 산업기계의 제조업 분야에서는 기계·장치 등의 구성 부품이나 터빈 블레이드, 스크류, 볼나사, 압연롤 등 복잡한 형상의 부품 가공에 CNC 공작기계를 이용하고 있다.

(a) 동시 5축 제어에 의한 스크류 가공　　　(b) 공기압축용의 스크류 모터

☼ 그림 9.5 CNC 공작기계의 이용 분야

② **자동차 제조업** 자동차 부품 가공에서 CNC 공작 기계를 이용하고, 가전 제조업과 시제품 가공에 이용되고 있다. 각종 금형의 제조에 CNC 공작기계를 사용하고 있다. 그림 9.6은 CNC 공작기계의 가공 부품의 예이다.

　　대기업은 물론 중소 영세기업에서는 납기의 단축, 정밀도의 향상, 원가절감 등 주문회사로부터 엄격한 요청과 동시에 숙련자는 물론 일손부족의 해결책으로서, CNC 공작기계의 도입에 적극적으로 나서고 있다.

(a) 선반 가공　　　　　　　　　　　　(b) 머시닝센터 가공

(c) 프로그래시브 금형　　　　　　　　(d) 금형 부품

　그림 9.6　**CNC 공작기계의 이용 분야**

(4) 생산 시스템화

대기업을 중심으로 CNC 공작기계와 로봇, 자동 반송장치 등을 조합시켜서, 공구나 공작물을 착탈하는 작업 준비를 자동화하고, 컴퓨터에 의해 장기간 연속 운전을 가능하게 한 FMC가 보급되고 있다. FMC는 Flexible Manufacturing Cell의 약자로서, 문자 그대로 가공 부품의 다양화에 대응하는 생산 시스템이다.

　그림 9.7은 CNC 선반과 머시닝센터와 로봇을 조합시킨 예이다. 이 FMC는 공작물의 가공 순서를 컴퓨터에 입력시켜서, 로봇은 그 순서에 따라 공작물의 착탈을 행한다. CNC 선반이나 머시닝센터는 각각의 NC 프로그램에 의하여 공작물을 가공한다.

　한편 FMC를 기본적인 단위로서 그것을 조합시키고, 자동 반송차, 공구나 공작물의 자동 창고, 사고 등을 감시하는 보전장치 등을 준비하고, 그것들 전체를 제어·관리하는 컴퓨터를 가진 생산 시스템을 FMS(Flexible Manufacturing System)라고 한다.

그림 9.7 CNC 선반과 로봇 및 머시닝센터로 구성된 FMC의 예

FMS는 제품의 개성화, 다양화에 대응하기 위해 생산이 다품종 소량생산으로 변화되는 추세에 따라 고안된 자동생산 시스템이다. 그림 9.8은 FMS의 예이다.

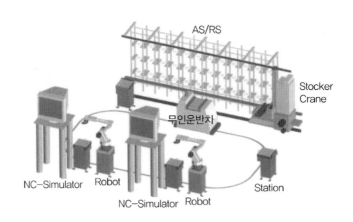

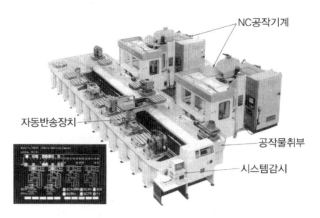

그림 9.8 FMS의 예

(5) CNC 공작기계의 발전 단계

① 제1단계 NC 공작기계 1대에 NC장치 1대로 단순 제어하는 단계이다.

② 제2단계 CNC Computer Numerical Control 1대의 공작기계가 ATC에 의하여 몇 종류의 가공을 행하는 기계, 즉 머시닝센터라 칭하는 공작기계로 복합 기능을 수행하는 단계이다.

③ 제3단계 DNC Direct Numerical Control 1대의 컴퓨터로 몇 대의 공작기계를 자동적으로 제어하는 시스템이다.

④ 제4단계 FMS Flexible Manufacturing System 여러 종류의 다른 NC 공작기계를 제어함과 동시에 생산관리도 같은 컴퓨터로 실시하여 기계 공장 전체를 자동화한 시스템이다.

⑤ 제5단계 CIM Computer Integrated Manufacturing 공장 내 분산되어 있는 여러 단위 공장의 FMS와 기술 및 경영관리 시스템까지 모두 통합하여 종합적으로 관리하는 생산 시스템이다.

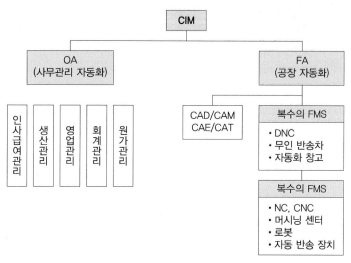

그림 9.9 **자동화의 각 시스템 단계**

2 CNC 공작기계의 메커니즘과 제어 방법

CNC 공작기계의 이송 기구를 간단히 표시하면 그림 9.10과 같이 된다.

CNC 장치로부터 X, Y, Z 각 축의 이동 지령에 의하여 구동 모터는 회전한다.

그래서 기계 본체의 이송 나사의 회전과 함께 테이블이나 주축 헤드가 이동하게 된다. 테이블에는 공작물이, 주축 헤드에는 공구가 부착되어 있어, 이 공작물과 공구의 상대 위치를 제어해가면서 가공이 이루어진다.

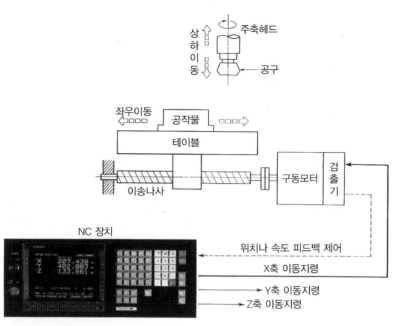

그림 9.10 CNC 공작기계의 이송 기구

(1) 서보 기구 Servo Mechanism

구동 모터의 회전에 따라 기계 본체의 테이블이나 주축 헤드가 동작하는 기구(메커니즘)를 서보기구라 한다.

요즈음 CNC 공작기계의 구동 모터는 AC 서보 모터를 사용한다. 현재 CNC 공작기계의 서보 기구의 제어 방식은 다음의 4가지로 분류할 수 있다.

① 개방회로 방식(Open Loop System)
② 반폐쇄회로 방식(Semi Closed Loop System)
③ 폐쇄회로 방식(Closed Loop System)
④ 복합회로 방식(Hybrid Servo System)

이러한 제어 방식들은 피드백 장치의 유(有), 무(無)에 따라 개방 및 폐쇄회로 방식으로 구분된다.

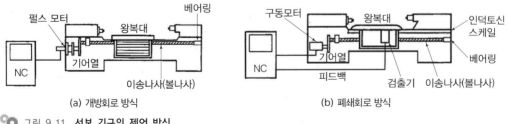

(a) 개방회로 방식   (b) 폐쇄회로 방식

그림 9.11 서보 기구의 제어 방식

(2) 볼 나사 ball screw

CNC 공작기계의 이송 나사는 그림 9.12와 같은 볼 나사(Ball screw)를 채용하고 있다. 기구적으로는 복잡해지지만 점접촉에 의한 이송에 의해 테이블이나 주축의 이동이 부드럽게 되고, 백래쉬(Backlash)도 적어지며, 높은 정밀도로 이송량이나 이송속도를 제어할 수가 있다.

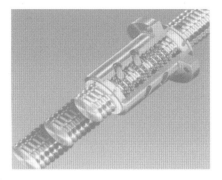

🛠 그림 9.12 **볼 나사**

🛠 그림 9.13 **볼 나사와 이송 기구**

볼 나사를 사용해도 백래쉬는 발생한다. 그래서 볼 나사에서는 예압을 걸어줘 백래쉬를 제거하고 있다.

그림 9.14는 볼 나사에 예압을 거는 방법이다. 또 테이블이나 주축의 (+), (−) 방향 위치 결정 오차로부터 백래쉬의 크기를 측정하고, 그것을 CNC 장치의 파라미터에 기억시켜 백래쉬를 제거하는 것을 백래쉬 보정 기능이라 한다.

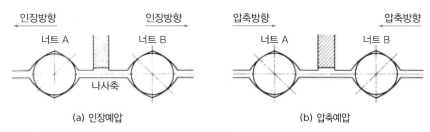

🛠 그림 9.14 **볼 나사의 백래쉬 제거를 위한 예압거는 법**

(3) 위치 결정 제어와 윤곽 제어

서보 기구에 의한 테이블이나 주축 제어는 구동 모터의 회전각에 따라 최소 단위의 이동량이 결정된다. 이것을 최소 설정 단위(BLU)라 하며, 일반적으로는 $10 \mu m$(0.01 mm) 또는 $1 \mu m$(0.001 mm)로 설정되어 있다.

일반적인 CNC 공작기계의 최소 설정 단위(BLU)는 0.001 mm이다.

즉, 구동 모터에 의한 이동량의 설정 단위가 테이블이나 주축의 최소 이동량이 된다.

그래서 2축 제어 CNC 공작기계에서는 그림 9.15처럼 평면상의 격자점에 위치만 위치 결정이 가능하게 되고, 3축 제어 CNC 공작기계에서는 그림 9.15(b)처럼 입체상의 격자점 위치에 위치 결정이 가능하게 된다.

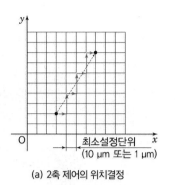

(a) 2축 제어의 위치결정   (b) 3축 제어의 위치결정

그림 9.15 **공작기계의 2축과 3축의 위치 결정**

공구의 두 점간의 이동은 그림 9.16처럼 위치 결정 제어와 윤곽 제어 두 가지 경우로 생각할 수 있다.

그림 9.16(a)의 경우는 시작점부터 종점까지의 이동 지령은 공구의 이동 경로 지정을 특별히 필요로 하지 않는 급속 동작이다. 일반적으로 이것을 위치 결정 제어라 한다.

그림 9.16(b)의 경우는 시작점부터 종점까지 공구가 지정 형상을 이탈하지 않고, 단층 형상의 경로로 종점까지 이동하는 것이므로, 윤곽 제어라 한다.

윤곽 제어는 동시에 제어할 수 있는 축수에 따라 직선 형상, 원 형상, 자유 곡면 형상 등 여러 가지 가공이 가능하다.

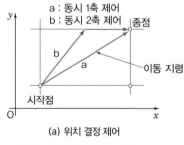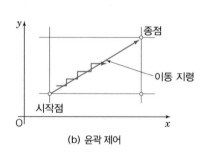

(a) 위치 결정 제어   (b) 윤곽 제어

그림 9.16 **CNC 공작기계의 동작 제어**

그림 9.17은 윤곽 제어에 의한 가공 예이다.

동시에 제어 가능한 축수가 많으면 많을수록 복잡한 형상 가공이 가능하게 된다. 선박의 스크류나 비행기의 프로펠러 또는 항공기의 엔진 터빈 블레이드 등은 동시에 5축 제어가 필요하게 된다.

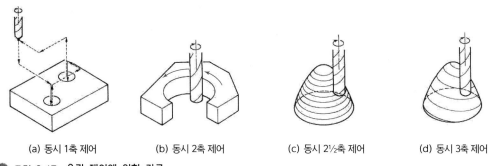

(a) 동시 1축 제어　　　　(b) 동시 2축 제어　　　　(c) 동시 2½축 제어　　　　(d) 동시 3축 제어

🦾 그림 9.17　**윤곽 제어에 의한 가공**

　보간 회로에 따른 윤곽 제어의 대표적인 예가 그림 9.18에서 보는 것처럼 직선 형상 가공을 하는 직선 보간과 원호 형상 가공을 하는 원호 보간이 있다.

　윤곽 제어에서의 펄스 분배에는 MIT 방식, DDA 방식(Digital Differential Analyzer) 및 대수 연산 방식 등 3가지가 있다.

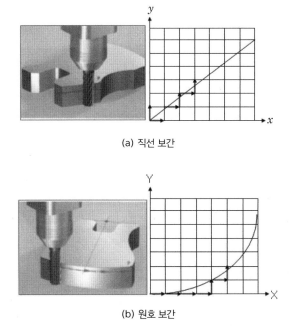

(a) 직선 보간

(b) 원호 보간

🦾 그림 9.18　**직선 보간과 원호 보간**

(4) CNC 공작기계의 좌표계

좌표계란 공작물을 가공하는 경우에는 공구나 공작물의 기계상의 위치 관계를 분명히 해둘 필요가 있으며, 이 위치 관계를 분명하게 해주는 것이 좌표계이다.

　그런데 수학적으로 보면 1축으로는 직선상의 위치를, 2축으로는 평면상의 위치를, 3축으로는 입체상의 위치를 각각 지정할 수가 있다.

그래서 CNC 공작기계의 좌표계도 이것들을 기초로 해서 설정할 수가 있다.

그림 9.19는 오른손에 의한 3축 직교좌표계를 정의한 것인데, 엄지손가락을 X축, 인지가 Y축, 중지가 Z축으로 된다.

각각의 축은 원점을 지나고 서로 직교해서 좌표계를 설정하는 것이 좋다. 이것을 오른손 직교좌표계(Cartesian Coordinate System)라 한다. CNC 공작기계도 오른손 직교좌표계를 이용하여 좌표계를 설정한다.

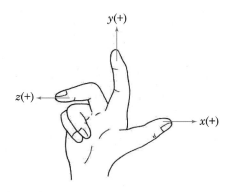

그림 9.19 **오른손 직교좌표계**

그림 9.20은 각종 CNC 공작기계의 좌표축과 운동의 기호는 KSB0126으로 규정되어 있다.

오른손가락을 그림에 맞추어 봄으로써 CNC 공작기계의 좌표계가 오른손 직교좌표계를 기초로 해서 되어 있다는 것을 쉽게 알 수 있다.

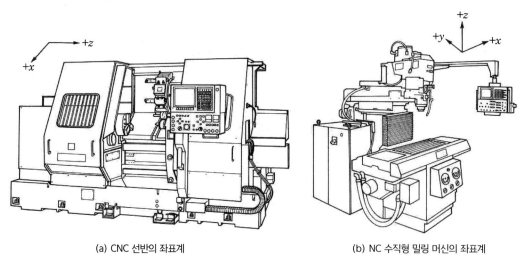

(a) CNC 선반의 좌표계   (b) NC 수직형 밀링 머신의 좌표계

그림 9.20 **각종 CNC 공작기계의 좌표축과 운동의 기호-1**

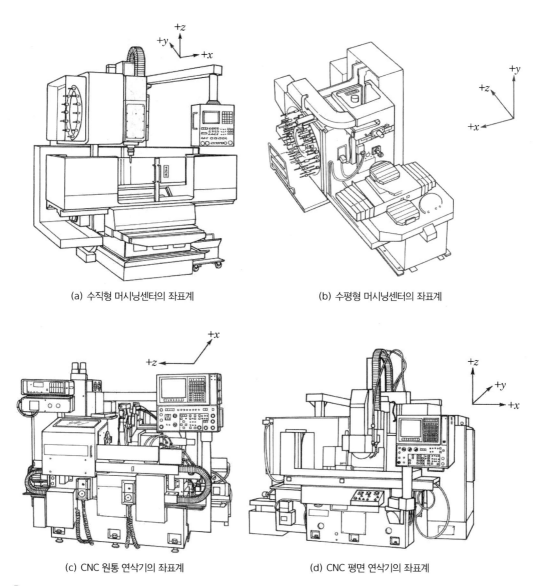

(a) 수직형 머시닝센터의 좌표계

(b) 수평형 머시닝센터의 좌표계

(c) CNC 원통 연삭기의 좌표계

(d) CNC 평면 연삭기의 좌표계

그림 9.21 각종 CNC 공작기계의 좌표축과 운동의 기호-2

(5) 각종 CNC 공작기계의 개요

범용 공작기계를 기초로 한 CNC 공작기계 외에 머시닝센터, 와이어 커트 방전 가공기 등 범용 공작기계에 없는 여러 종류의 CNC 공작기계도 등장하였다.

최근의 CNC 공작기계는 CNC 기술의 발전에 의해 다기능화, 가공 기능의 복합화, 고속, 고 정밀도화되어 있으며 이후 더 새로운 CNC 공작기계(고속가공기, 하드터닝 등)가 등장하여 보급되고 있는 실정이다.

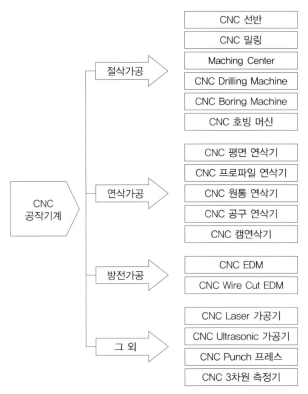

	CNC 선반
	CNC 밀링
	Maching Center
절삭가공	CNC Drilling Machine
	CNC Boring Machine
	CNC 호빙 머신

	CNC 평면 연삭기
	CNC 프로파일 연삭기
연삭가공	CNC 원통 연삭기
	CNC 공구 연삭기
	CNC 캠연삭기

방전가공	CNC EDM
	CNC Wire Cut EDM

	CNC Laser 가공기
그 외	CNC Ultrasonic 가공기
	CNC Punch 프레스
	CNC 3차원 측정기

CNC 공작기계

그림 9.22 **각종 CNC 공작기계**

① CNC 선반 Lathe 1957년 동경공대와 池具鐵工이 유압 모방 선반의 NC화(동시 2축 제어)에 성공하였다. 이것이 일본에서 최초로 개발된 NC 선반이다.

그 후 서보 기구나 NC 장치의 발전에 의해 신뢰성, 조작성 또는 기능성이 향상되어 현재는 선반에서 밀링 가공도 가능하게 되었고, 가공을 복합적으로 하는 터닝 센터(Turning Center)도 등장하여 빠르게 보급되고 있다.

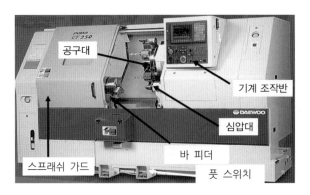

그림 9.23 **CNC 선반**

그림 9.23은 CNC 선반의 외관이다. 기계 본체는 주축, 왕복대, 공구대 등으로 구성되고, CNC 장치는 CRT(Cathode Ray Tube) 조작반, 기계 조작반, 전기 제어 장치 등으로 구성되어 있다.

그림 9.24는 CNC 선반의 공구대와 터닝 센터의 공구대 외관이다.

🔩 그림 9.24 CNC 선반 공구대와 터닝 센터의 공구대

주축은 파이프 구조로 되어 있고, 공구대(Turret)는 육각의 터릿형으로부터 그림처럼 십수각형의 드럼형이 주축으로 되고, 다공정의 가공도 가능하게 된다. 또 작업자의 맞은편 위치에 공구대에 장착된 바이트의 절삭날이 밑으로 향해 있기 때문에 절삭칩의 제거가 용이하게 되는 구조로 되어 있다.

■ **볼트 온 공구대(Bolt On Tools)** : 외경 및 내경 바이트를 매우 견고하고, 안정되게 고정시켜 준다. 이 공구대의 외면에는 볼트 온 홀더를 장착하여 좌우측 방향의 외경 바이트를 설치할 수 있으며, 같은 수의 주축 방향으로 내경, 홈, 단면 등을 가공할 수 있는 볼트 온 홀더를 설치하여 사용할 수 있다.

	단면 홈가공 홀더 (FACE GROOVING)		내경 공구 홀더 (BORING BAR)
	절반 바이트 홀더 (PARTING TOOL)		절삭유 블록 (COOLANT BLOCK)

🔩 그림 9.25 볼트 온 공구 홀더의 종류

■ **라이브 공구대** : 별도의 공구 홀더를 필요로 하지 않으면서 주축 방향이나 단면 방향의 표면상에 2차적인 복합 가공이 가능하여 드릴링, 탭핑, 엔드밀 작업 등을 실행할 수 있다. 회전수는 3000 rpm까지 가능하다.

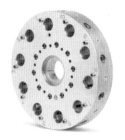

⚙ 그림 9.26 라이브 공구대와 공구 홀더

■ 하이브리드 공구대 : 12포지션 공구대를 사용하며, 6개의 라이브 공구 홀더와 6개의 볼트
온 공구 홀더를 장착하여 외경, 내경, 단면 등의 공구를 사용할 수 있다.

⚙ 그림 9.27 하이브리드 공구 홀더

제어축은 주축방향(Z축)과 주축 직각방향(X축)의 동시 2축 제어이다.

터닝 센터(Turning center)에서는 공작물의 회전 분할용으로서 부가축(C축)이 있
다. 그림 9.28(c)는 엔드밀을 공구대에 장착시켜 밀링 가공도 가능하게 되어 있다.

기능으로서는 공작물의 직경 변화에 관계없이 절삭 속도를 일정하게 유지하는 주속
일정제어, 인선 반경 R에 의해 발생하는 형상 오차를 자동적으로 보정하는 인선 반경
R 보정 기능, 내·외경 절삭, 단차 절삭, 홈 절삭, 나사 절삭 등의 각종 선삭 패턴의
고정 사이클이 있다. 그림 9.28에서의 NC 장치는 CRT 디스플레이에 표시된 지시에
따라 입력하면 자동적으로 프로그램이 작성되는 대화형 형식이 있다.

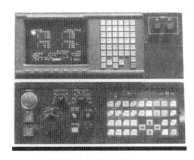

(a) CNC 선반의 조작부   (b) 대화형 NC 기능   (c) 터닝 센터

⚙ 그림 9.28 CNC 선반의 조작성과 기능

② 머시닝센터 Machining Center　Kearney & Trecker사가 개발한 자동공구 교환장치가 붙은 NC 공작기계 'MilwauKee Matic'이 세계 최초의 머시닝센터로 되어 있다. 머시닝센터는 다음과 같이 정의할 수 있다.

「공작물의 교환없이 두 개 이상의 면에 여러 종류의 가공을 할 수 있는 수 치제어 공작기계, 공구의 자동 교환장치 또는 자동 선택 기능을 갖고 있는 수치제어 공작기계」

그림 9.29는 주축이 수직축과 수평축으로 된 머시닝센터의 예이다.

공구의 자동 교환 장치를 ATC(Automatic Tool Changer)라 한다. 주축이 수평이면 수평형 머시닝센터이고 주축이 수직이면 수직형 머시닝센터이다.

머시닝센터는 ATC를 가지고 있고, 테이블에 분할 기능을 부가시켜 밀링 가공, 드릴링 가공, 보링 가공들을 할 수 있는 CNC 공작기계이다.

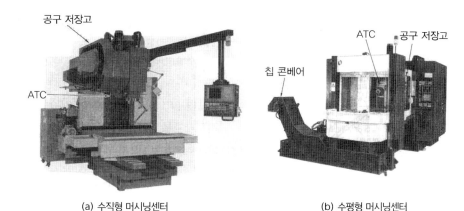

(a) 수직형 머시닝센터　　　　(b) 수평형 머시닝센터

☼ 그림 9.29　**머시닝센터**

그림 9.30은 기계 본체의 주요한 구성은 테이블, 주축대, ATC 등이다. 공작물은 테이블상의 파렛트에 붙은 고정구나 치구를 이용해서 탈착시킨다. 파렛트(pallet)를 회전시킴으로써 공작물의 다면 가공이 가능하게 된다. 주축 헤드의 (+)방향 스트로크 끝이 ATC 동작에 의한 공구교환 위치로 된다. ATC는 수십 개의 공구 격납고이고, 지정한 공구를 임의로 호출할 수 있고, ATC 아암(arm)에 의해 자동적으로 공구를 주축에 장착하는 동작을 한다.

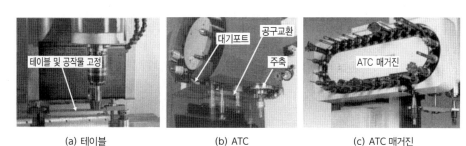

(a) 테이블　　　　(b) ATC　　　　(c) ATC 매거진

☼ 그림 9.30　**머시닝센터의 기계본체 구성 요소**

테이블 분할 기능에 의하여 공작물의 다면 가공, ATC에 의한 공구의 자동교환, 그림 9.30처럼 APC(Automatic Pallet Changer)라 하는 파렛트의 자동 교환 장치 등에 의해 장시간 무인 운전이 가능하다.

머시닝센터에서 특징적인 기능은 공구 보정 기능이다.

공구 보정 기능은 공구 교환에 의한 공구 길이나 공구경 변화를 자동적으로 보정하는 기능으로, 이것에 의하여 사용하는 공구의 길이나 직경의 대·소를 의식하지 않고, 공작물의 형상 프로그래밍을 할 수 있어 편리하다.

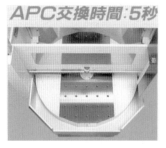

그림 9.31 APC(공작물 자동교환장치)

그림 9.32 및 9.33은 공구경 보정과 공구 길이 보정 방법이다.

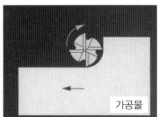

그림 9.32 엔드밀 사용 시의 공구경 보정 위치

〈공구 길이 보정 예〉

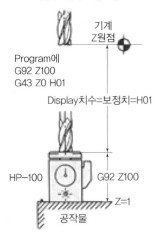

그림 9.33 공구 길이 보정과 툴 프리세터

③ CNC 밀링 머신   CNC 밀링 머신은 3차원의 복잡한 형상을 한 항공기 부품이나 캠, 금형 가공에 적합하다. CNC 밀링 머신은 머시닝센터화되는 경향이고, 순수한 CNC 밀링 머신은 CNC 공작기계에서 차지하는 비율이 점차 감소해가는 경향에 있다.

그러나 머시닝센터에 비하여 가격이 저렴하고, 작업 준비가 용이하며, 조작성이 좋기 때문에 CNC 밀링 머신은 아직도 중요시 되고 있다. 특히 머시닝센터를 필요로 하지 않는 부품 가공을 하고 있는 중소기업에서는 ATC를 장착시켜 소위 소형 머시닝센터라고 하는 CNC 밀링 머신을 사용하고 있다.

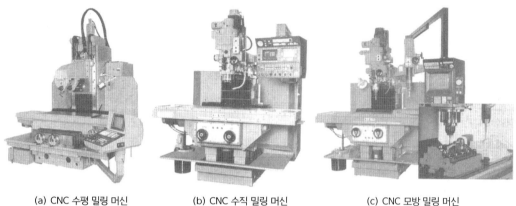

| (a) CNC 수평 밀링 머신 | (b) CNC 수직 밀링 머신 | (c) CNC 모방 밀링 머신 |

그림 9.34 **각종 CNC 밀링 머신**

④ CNC 드릴링 머신   드릴 가공이나 탭 가공을 주로 하고 간단한 밀링 가공도 가능하다. 터렛식의 주축헤드에 여러 개의 공구를 장착시킬 수 있고, 최대 가공 직경은 $\phi 20\,mm$ 정도이다.

수직형과 수평형이 있고 가격이 머시닝센터에 비하여 저렴하기 때문에 비철합금 고속 정삭 가공 등 소형 공작물 가공에 많이 이용되고 있다.

 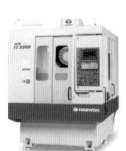  

| (a) 수평형 | (b) 수직형 | (c) 터렛식 헤드 | (d) 가공품의 예 |

그림 9.35 **CNC 드릴링 머신**

⑤ CNC 연삭기   CNC 연삭기는 사용 목적이 공작물의 최종 정삭 가공이기 때문에 고정밀 가공이 요구되고, 구조 기능이 있는 면에서의 신뢰성이 불안하여 다른 CNC 공작기계에

비하여 보급이 늦었다. 그림은 9.36은 연삭기를 나타낸다. 그러나 숫돌의 이송 기구, 숫돌의 자동 정치수 장치, 숫돌의 자동 보정 기능, 연삭 패턴의 고정 사이클화 등 구조, 기능 등이 개선되고 있어 CNC 연삭기는 보급이 급격히 확대되고 있다.

(a) CNC 평면 연삭기

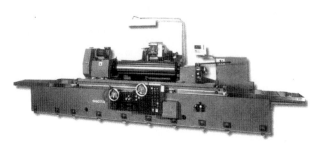

(b) CNC 원통 연삭기

그림 9.36 CNC 평면과 원통 연삭기

그림은 9.37과 그림 9.38은 연삭가공 방법과 가공품의 예이다.

(a) 트래버스 연삭   (b) 플런저 연삭   (c) 숫돌헤드 앵귤러형

그림 9.37 연삭 가공 방법

그림 9.38 연삭 가공품

그림 9.39는 숫돌의 자동 치수 장치의 예를 나타내었다.

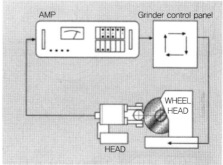

그림 9.39 **숫돌작업시의 자동치수장치**

⑥ **CNC 방전 가공기** EDM CNC 방전 가공기는 구리, 텅스텐, 그라파이트 등의 전도성 재료를 전극으로 해서, 전극을 소요 형상으로 가공하여 전극과 공작물 사이에 전압(60~300 V)을 걸어 간헐적인 불꽃 방전에 의하여 공작물의 소모 현상을 이용한 공작기계이다. 그림 9.40은 방전 가공기의 원리를 나타낸 것이며, 자동차 관련 및 전화기 가공용 그라파이트 전극의 예이다.

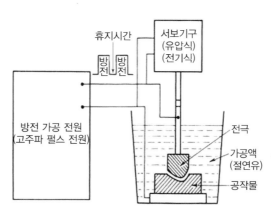

(a) 방전 가공의 원리

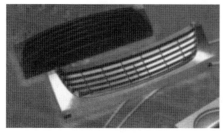

(b) 그라파이트 전극

그림 9.40 **방전 가공기와 전극**

공작물이 전도체이면 절삭이 곤란한 열처리강, 초경합금 등 경도에 관계없이 가공이 가능하고, 최근에는 파인세라믹 등 각종 신소재 가공에도 이용되고 있다.

그림 9.41은 방전 가공용 전극과 ATC이다.

(a) 구리 전극

(b) 텅스텐 전극

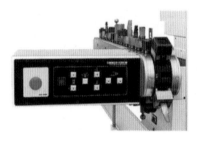

(c) 전극 자동 교환장치(ATC)

그림 9.41 **방전 가공기와 전극과 ATC**

⑦ **와이어 커트 방전 가공기** 와이어 커트 방전 가공기는 처음부터 CNC 장치가 붙어서 개발된 CNC 공작기계이다. 가공 원리는 CNC 방전 가공기와 같고 전극으로 가느다란 와이어를 사용해 와이어 전극과 공작물간의 방전 현상에 의하여 공작물을 가공한다. 그림 9.42는 와이어 커트 방전 가공기이며, 와이어 공급장치와 와이어 릴, 공작물을 고정하는 X·Y테이블 등의 장치 및 CNC 장치, 가공 전원장치, 가공액 공급장치 등으로 구성되어 있다.

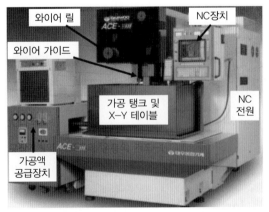

그림 9.42 **와이어 컷트 방전 가공기**

방전 가공기와 다른 점은 전극으로 황동선이나 텅스텐 등의 가느다란 와이어(0.03~0.33 mm 정도)를 사용하기 때문에, 미세하고 복잡한 형상의 가공이나 클리어런스가 일정한 펀치다이 세트 금형 가공에 매우 뛰어나다.

상부 가이드
(Upper Guide)

하부 가이드
(Lower Guide)

그림 9.43 **와이어 공급장치와 상·하 가이드**

와이어 커트 방전 가공기는 IC 부품 등의 고정밀 타발 금형을 시작으로 정밀 금형과 고정밀 금형, 플라스틱 몰드 금형, 타이핑 블레이드 등에 이용된다.

와이어 공급장치에는 가공 단면에 경사를 주는 와이어 경사 구동장치가 준비되어 있고, 프레스 타발형이나 타이핑 블레이드처럼 테이퍼가 필요한 부품의 가공의 가능하다.

그림 9.44는 와이어 가공 시 상부 가이드의 이동을 주는 가공의 예이다.

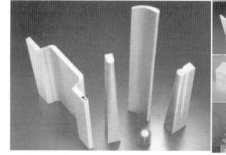

■상하 이형상 가공 장면

그림 9.44 **상하 이형상 가공 장면 및 가공 제품**

가공 조건에는 와이어 조건과 전기 조건이 필요하고, 와이어 조건으로는 재질, 와이어 지름, 장력, 이송 속도, 지지점간 거리 등 전기 조건으로서는 무부하 전압, 피치 전류, 콘덴서 용량, 펄스 폭, 휴지 시간, 평균 가공전압 등의 설정이 필요하다.

와이어 커트 방전 가공기에서는 와이어 단락 부분의 방전 마크의 제거, 가공 변질층의 제거, 코너부나 가공 형상 등 가공 정밀도의 향상을 목적으로 세컨드 커트법(Second cut method)을 이용하고 있다.

이 세컨드 커트법은 다듬질 여유를 남기고 1차 가공을 한 다음, 다듬질 가공 조건으로 다시 변경하면서 2차 가공을 하는 것이다.

작업으로는 전기 조건의 변경과 와이어의 보정량을 서서히 작게 하는 것이다.

일반적으로 2~8회의 세컨드 커트를 한다. 그림 9.45는 가공 예이다.

그림 9.45 **와이어와 가공 예**

그림 9.46은 가공 조건의 설정 화면과 가공제품이다.

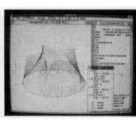

다수개 형상 　　　　　상하 이형상 　　　　　Involute Gear

가공제품

그림 9.46 **와이어 가공 조건의 설정 화면과 가공 제품**

3 자동화를 위한 주변 기술

CNC 공작기계의 자동화를 추진하는 기술에는 CAD/CAM 등 프로그래밍의 자동화에 관한 기술 외에 기기장치와 그것을 제어하는 프로그램으로 구성된 여러 가지 주변 기술이 있다. 이러한 기술과 CNC 공작기계를 고도로 시스템화함으로써 CNC 공작기계를 성력화시켜 생산 효율을 높이는 것은 물론 FMC나 FMS 등 생산시스템의 무인화에도 중요한 역할을 한다.

그림 9.47은 자동화 생산시스템을 갖춘 CNC 공작기계이다.

① 가공 상태나 가공 정밀도의 감시, 보정 기능의 자동화
② 작업 준비, 반송의 자동화
③ 고장 진단 기능의 자동화

그림 9.47 **자동화된 CNC 공작기계**

(1) 가공 정밀도를 유지하는 제어 기술

CNC 공작기계는 자동 제어되는 공작기계이지만, 프로그램으로 지시한 대로의 형상, 정밀도의 가공이 꼭 이루어지지는 않고 언제나 오차를 가진 가공을 한다.

이 오차를 방지하기 위해서 CNC 공작기계는 위치나 속도의 피드백 제어를 실시하는데 주변의 온도 변화, 재료나 공구의 교환 시 착탈 위치, 절삭에 의한 변형이나 마모 등에 의해 발생하는 오차는 위치나 속도의 피드백 제어만으로는 방지할 수가 없다.

작업자가 있는 경우 그러한 원인에 의한 오차 발생은 필요에 따라 측정하고, 오차량을 보정해 올바른 형상 정밀도를 얻을 수 있지만, 무인화를 할 경우에는 오차 발생을 자동적으로 방지하는 방안을 고려하지 않으면 안 된다.

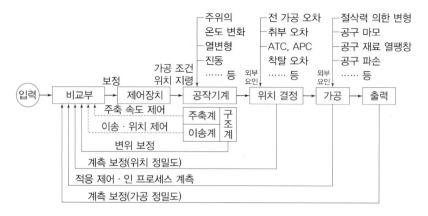

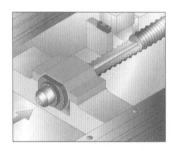

제어장치
공작기계
위치 결정
가공
출력

주위의
온도 변화
열변형
진동
...... 등

전 가공 오차
취부 오차
ATC, APC
착탈 오차
...... 등

절삭력 의한 변형
공구 마모
공구 재료 열팽창
공구 파손
...... 등

외부
요인

외부
요인

가공 조건
위치 지령

입력
비교부
제어장치
공작기계
위치 결정
가공
출력

보정

주축 속도 제어

이송 · 위치 제어

변위 보정

주축계
이송계

구
조
계

계측 보정(위치 정밀도)

적응 제어 · 인 프로세스 계측

계측 보정(가공 정밀도)

그림 9.48 **가공정 밀도를 유지하는 제어 기술**

그림 9.49 **내부쿨링 프리로드 볼 스크루**

그림 9.48은 오차 발생을 방지하고 가공 정밀도를 유지하기 위한 각종 제어 기술이다. 예컨대, 공작기계의 열변형은 열변위량을 센서 등으로 검출해서 그것을 CNC 장치에 피드백시켜 열변위량만큼 자동 보정해 가공 정밀도를 유지한다.

(2) 열변위 보정 기능

실온 변화, 절삭열, 베어링 발열 등에 의하여 발생하는 기계의 열변위를 자동적으로 보정하고, 장기간 연속 운전 시 가공 정밀도를 유지하는 기능이 열변위 보정이다.

그림 9.50과 같이 기능 각 부에 부착된 온도나 빛을 감지하는 센서로부터 전송되는 정보에 의해 변위량을 측정하고, 보정하는 방법, 그림처럼 기계 본체 온도, 주축 회전수 등의 정보로부터 변위량을 측정하고, 냉각유의 온도 유량을 제어해서 보정하는 방법 등이 있다.

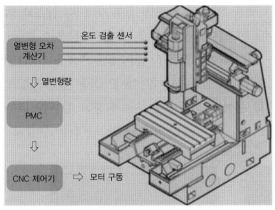

열변위 보정 Board

열변형 보정장치를 부착하여 장시간의 고속운전 시의 열변위를 최소화함으로써 보다 안정적인 고정밀도의 가공을 구현

⚙ 그림 9.50 **열변위 보정 기능**

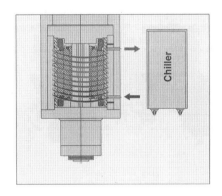

⚙ 그림 9.51 **주축의 스핀들 칠러**

(3) 자동 계측 보정 기능

자동 계측의 종류에는 공구 길이나 공구 지름을 계측하는 공구 자동 계측과 가공 치수나 구멍 위치 등을 계측하는 공작물 자동 계측 두 가지가 있다.

그림 9.52는 공구와 공작물 자동 계측이다.

양쪽 다 계측용 센서로, 공작물이나 공구와의 접촉 위치를 검출하고, 설정치와 비교로부터 오차량을 계산해 오차량을 자동적으로 보정하는 기능이다.

| 툴 세터 | 워크 세터 | 이지 세터 | 안심 가드 |

터치 세터　　　　　　　워크 게이징　　　　　유니버설 터치센서　　　　자동계측장치

그림 9.52　공구와 공작물 자동 계측

(4) 이송 속도의 적응 제어

적응 제어(AC : Adaptive Control)란 가공 상태를 최적의 조건으로 제어하는 것을 말한다. 절삭 조건의 최적화에 의해 공구 수명 연장이나 절삭력 부하를 일정하게 해서 가공 기간을 단축하는 등에 이용된다.

이송 속도의 제어는 절삭량 변화에 따른 절삭력의 변동을 주축 전동기의 부하 전류로부터 검출하고, 절삭 조건이 설정치 이내로 되면 자동적으로 이송 속도를 오버라이드(override)시키는 기능이다. 그림 9.53에 그 원리를 표시하였다.

오버라이드란 프로그램에서 설정한 이송 속도를 자동으로 가감속하는 것을 말한다.

이송 속도의 적응 제어는 절삭량이 적어지면 이송 속도를 빠르게 하고, 절삭량이 커지면 이송 속도를 적게 해서 절삭 시간의 단축을 꾀한다. 또 절삭력의 변동은 공구 마모를 빠르게 하고, 공구 수명을 짧게 하는 원인이 되므로 이것을 방지하는 효과도 있다.

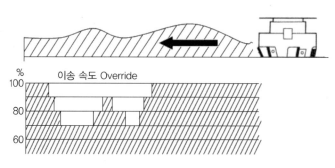

그림 9.53　이송 속도 적응 제어

(5) 다기능화, 복합화와 작업 준비의 자동화

오늘날 CNC 공작기계에서 활발히 개발되고 있는 자동화 기술도 커다란 의미에서 다기능화, 복합화와 작업 준비의 자동화로 집약할 수 있다.

생산 공정의 합리화 요구가 증대되면서 그림 9.54처럼 다기능 복합화된 공작기계 기술이 필요하게 되었다.

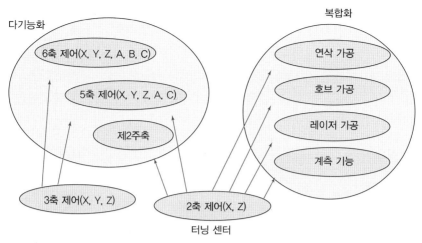

그림 9.54 **다기능 복합화**

다기능화란 동일 기계에서 작업 방법을 변화시키지 않고 머시닝센터와 같이 밀링, 드릴링, 보링, 탭핑 등 공구를 교환하면서 다양한 가공을 할 수 있는 것이다. 복합화란 가공법을 변화시켜 이종(異種) 가공을 가능하게 하는 것으로, 본질적으로 가공 원리가 다른 절삭 가공과 연삭 가공 및 열처리 등을 복수로 조합하여 동일 기계에서 할 수 있도록 한 것이다. 다기능의 복합화 기술은 기본적으로 한 대의 기계로 여러 종류의 가공을 하고, 작업 준비의 성력화를 꾀하는 것이 그 목적이라 말할 수 있다.

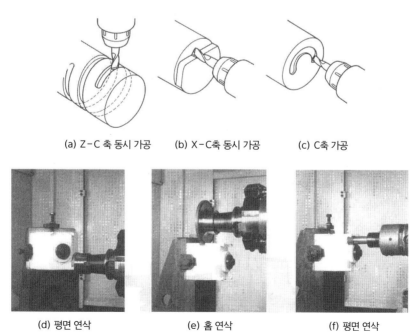

(a) Z-C 축 동시 가공   (b) X-C축 동시 가공   (c) C축 가공

(d) 평면 연삭   (e) 홈 연삭   (f) 평면 연삭

그림 9.55 **머시닝센터에 의한 파인 세라믹 연삭 가공**

대표적인 예로서 그림 9.55는 머시닝센터를 이용해 파인 세라믹을 다이아몬드 숫돌로 연삭 가공하는 것인데, 이처럼 가공 재료도 절삭 공구로 절삭이 곤란한 것이 많이 있다.

머시닝센터의 높은 기계 강성과 연삭력이 좋은 다이아몬드 숫돌을 사용해 절삭이 곤란한 재료의 거친 연삭, 복잡한 형상의 연삭을 하고 있다.

그림 9.56의 터닝 센터는 C축 제어를 부가하여 밀링 가공이 가능하게 한 CNC 선반을 말한다.

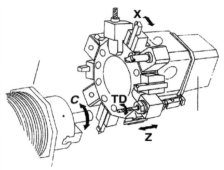

그림 9.56 **터닝 센터와 공구대**

작업 준비의 자동화기술은 목적 용도에 따라서 여러 가지가 있는데 여기에서는 대표적인 예를 그림 9.57에 표시하였다. 그림 9.58은 CNC 선반의 제3의 공구대와 픽 오프(Pick off) 기능을 부가했기 때문에 회전 중에 고쳐 물려서 공작물의 배면 가공을 할 수가 있다.

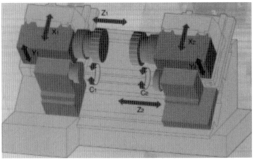

그림 9.57 **CNC 선반의 픽 오브 기능**

(a) 1차 가공(좌측 주축과 터렛)

(b) 공작물 이동

(c) 2차 가공

그림 9.58 **선반의 픽 오브 기능과 가공**

ATC가 붙은 CNC 선반은 공구 교환의 성력화를 기하기 위해 최근 널리 이용되고 있다. 공구대만으로는 탑재할 공구의 숫자도 제한이 있고, 공정에 따라 공구 준비를 하고는 있지만, 이 CNC 선반에선 대용량의 ATC 매거진을 준비해 퀵체인지 방식의 공구 고정구를 이용해서 공구를 자동 교환하고 있다.

(a) CNC 선반의 ATC

(b) CNC 선반의 AJC

그림 9.59 **CNC 선반의 ATC와 AJC**

그림 9.59(b)는 자동 죠 교환장치로 AJC(Automatic Jaw Changer)라 한다. 3본척의 죠를 공작물이 물리는 부분의 형상에 맞게 자동적으로 교환하는 장치이다.

그림 9.60은 머시닝센터의 자동 파렛트 교환장치(APC: Automatic Pallet Changer)이다. 한쪽의 파렛트에서 공작물을 가공하는 동안에 다른 파렛트에 공작물을 설치하는 것이 가능하기 때문에 머시닝센터의 장시간 운전이 가능하다.

그림은 여러 개의 파렛트가 장착된 머시닝센터이다.

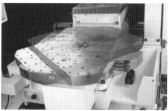
(a) 머시닝센터의 APC

(b) 여러 개의 파렛트

그림 9.60 **머시닝센터의 APC**

2   다축 가공

현재 국내에 많은 CAD/CAM 통합 소프트웨어(software)가 보급되어 있으나 기본적인 작업개념 및 원리는 동일함을 알 수 있다.

CAD/CAM 소프트웨어의 기능이 좋고 CNC 공작기계의 성능이 뛰어나더라도 원하는 형상의 모델링 작업이 이루어지지 않으면 안 된다.

그러므로 CAM 작업을 하기 위해서는 무엇보다도 원하는 형상의 모델링을 완벽하게 처리할 수 있어야 함은 물론이고, 반대로 모델링(modeling)이 완벽하더라도 CAM을 능숙하게 다룰 수 없다면 역시 무용지물이 될 수밖에 없다.

🔩 그림 9.61 **5축 머시닝센터**

1 5축 가공의 개요

5축 가공기는 회전축을 잡는 방법에 따라 테이블 2축형, 테이블 1축 헤드 1축형, 헤드 2축형이 있고, 이것을 x, y, z 직선축을 조합함으로써 여러 가지 사양의 5축 가공기가 공작기계 메이커에서 제품화되고 있다.

공작물의 형상 및 가공 목적에 따라 효율적인 형식이 선정된다.

일반적으로 NC 밀링(고정3축)은 서로 직교하는 3개의 자유도(선형 운동축)를 갖는 기계이다. 5축 NC 기계는 공구가 움직이는 자유도가 5인 기계이다.

다시 말하면 2개의 회전운동축을 더 갖고 있다. 이것은 기계의 움직임이 자유롭다는 의미이기도 하다.

이것이 고정 3축 NC 기계로 가공할 수 없는 형상을 가공할 수 있기 때문이다. 그림 9.62는 5축 가공의 실례를 보여 주고 있다.

그림 9.62 **5축 가공의 실례**

5축 기계로 가공할 수 있는 대표적인 제품은 항공기 부품, 터빈 블레이드(Turbine blade), 선박의 스크류, 자동차 외판 등의 프레스 금형, 자동차의 타이어 금형 등 플라스틱 사출 금형에도 도입이 증가되고 있다.

- 공구 간섭 때문에 가공할 수 없는 영역을 가공할 수 있다.
- 공구를 기울여 가공할 수 있으므로 절삭이 공구의 바깥쪽에서 일어나서 절삭력이 좋다.

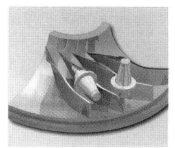

그림 9.63 **5축 가공의 장점**

5축 기계가 가질 수 있는 이점을 살펴보면 다음과 같다.

① **공구 원통면을 이용한 윤곽 가공** 단 한 번의 공구 경로로 cusp없이 가공이 완료될 수 있다.

② 효율적인 공구 자세
  ■ 평 엔드밀 사용 시 공구의 자세를 잘 조정함으로써 cusp양을 최소화할 수 있다.
  ■ 볼 엔드밀 사용 시 절삭성이 좋은 공구 자세를 취할 수 있다.
  ■ 공구 중심날(Center–Cut)이 없는 황삭용 평 엔드밀을 이용한 하향 절삭(Down
    Cutting)이 가능하다.

③ 고정 3축의 경우 접근 불가능한 곡면의 가공
그림 9.65는 5축 가공의 분류를 보여 주고 있다.

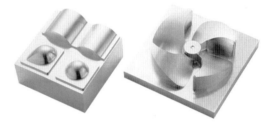

그림 9.64 **5축 가공**

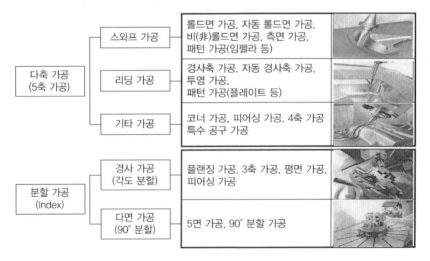

다축 가공 (5축 가공)	스와프 가공	롤드면 가공, 자동 롤드면 가공, 비(非)롤드면 가공, 측면 가공, 패턴 가공(임펠라 등)
	리딩 가공	경사축 가공, 자동 경사축 가공, 투영 가공, 패턴 가공(플레이트 등)
	기타 가공	코너 가공, 피어싱 가공, 4축 가공 특수 공구 가공
분할 가공 (Index)	경사 가공 (각도 분할)	플랜징 가공, 3축 가공, 평면 가공, 피어싱 가공
	다면 가공 (90° 분할)	5면 가공, 90° 분할 가공

그림 9.65 **5축 가공의 분류**

2 5축 CNC 기계 가공의 분류

5축 기계는 기계의 기구학적 자유도가 5인 기계를 말한다.

5개 자유도는 공구의 위치를 결정하는데 3개가 사용되고, 2개는 공구의 방향 벡터를 결정하는데 사용된다. 공구의 방향 벡터란 공구의 회전 중심축이 가리키는 방향을 말한다. 수평형 고정 3축 CNC 밀링인 경우 공구의 방향 벡터(Z축)는 지면과 수평이고, 수직형 고정 3축 CNC 밀링인 경우 공구의 방향 벡터(Z축)는 지면과 수직이다. 5축 NC 기계는 공구의 중심 벡터가 임의의 방향을 가리키고 있으므로 언더컷이 있는 부분도 가공을 할 수 있게 된다.

5축 CNC 기계를 기계적으로 구현하는 대표적인 3종류를 살펴보면

① 테이블이 회전되고 틸팅되는 기계
② 테이블이 회전되고 주축이 틸팅되는 기계
③ 주축이 회전되고 틸팅되는 기계

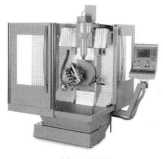  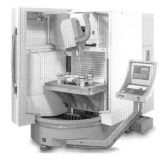

(a) A-TYPE　　　　　　(b) B-TYPE　　　　　　(c) C-TYPE

🔩 그림 9.66 **5축 기계의 분류**

- NC 밀링과 2축 로터리 테이블을 사용하는 방법이다. 그림 9.66(a)와 같이 로터리 테이블은 틸팅(Tilting)이 되고 회전(Rotating)된다.
  로터리 테이블은 CNC 기계의 테이블 위에 올려 놓으면 간단하게 5축 기계를 구현할 수 있다. 테이블 2축 수직형으로 소형의 공작물 가공에 적합하다.
- 1축 로터리 테이블과 공구가 틸팅(Tilting)되는 4축 기계를 사용하는 방법이다. 그림 9.66(b)와 같이 회전하는 로터리 테이블이 있고, 기계의 주축이 틸팅된다면 5축 기계가 되는 것이다. 대형 공작물 가공에 적합하다.
- 그림 9.66(c)와 같이 CNC 기계의 주축이 틸팅(Tilting)될 뿐만 아니라 수직 또는 수평 축을 중심으로 회전하는 기계를 이용하는 방법이 있다. 대형 공작물 가공에 적합하다.

5축 기계의 사용을 위해서는 그림 9.67처럼 기계 구조에 맞게 NC 코드를 생성하여 주어야 한다.

기본축	X	Y	Z
원호 중심 지령	I	J	K
회전 축	A	B	C
증분지령	U	V	W

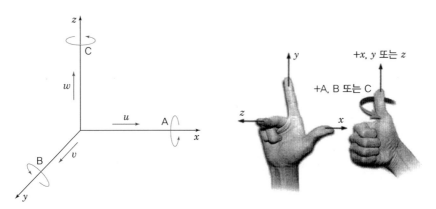

🔩 그림 9.67 **좌표축과 운동의 기호**

🔩 그림 9.68 **로터리 테이블**

CNC 로터리 테이블(rotary table)은 기존 3축의 CNC 공작기계에서 4축 또는 5축 가공을 가능케 하는 장비이다.

3 기계로 전송 DNC

(1) 개요

이제 원하는 가공 프로그램을 완성하였다면 CNC 공작기계로 프로그램을 전송하여 가공을 해야 한다. 일반적으로 3차원 가공을 할 경우 대용량의 가공 데이터가 필요하게 된다. CNC 공작기계가 읽어 들일 수 있는 Buffer Memory 용량은 매우 제한적이므로 가공 프로그램을 CNC 메모리(memory)에 넣는다는 것은 생각할 수도 없다.

어떻게 하면 비싼 CNC의 메모리를 증설하지 않고 간단히 대용량(가공물에 따라 10 Mb 이상의 용량도 필요함)의 가공 프로그램을 저장하고 가공할 수 있을까라는 질문의 해답으로 DNC가 있다.

범용 PC를 CNC 컨트롤러(controller)와 연결하여 데이터 전송과 동시에 가공을 진행하면 모든 것이 해결되는 것이다.

(2) DNC SYSTEM

여러 대의 NC 공작기계를 한 대의 컴퓨터(PC)에 연결하여 NC 프로그램(program)의 관리, 편집 및 송·수신과 기계의 운전 상태 감시, 생산 계획에 따른 기계 운전 조작 등을 컴퓨터에서 집중 관리하는 시스템이다.

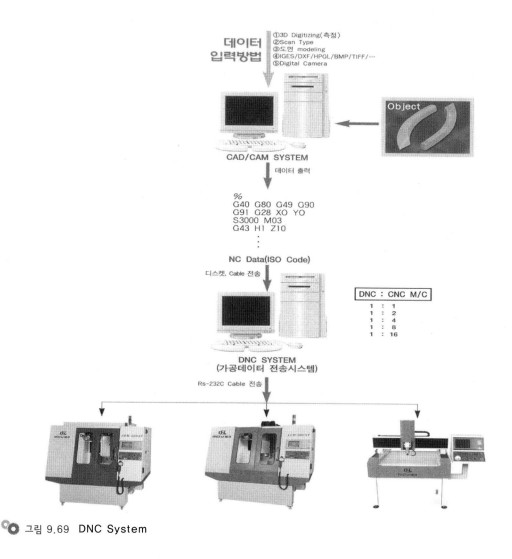

그림 9.69 DNC System

작은 의미로는 NC 프로그램을 관리하고 데이터의 편집과 송·수신을 수행하는 시스템을 DNC(Direct Numerical Control) 시스템이라 한다.

다른 의미로의 DNC(Distribute Numerical Controller)는 NC 프로그램을 CNC 컨트롤러에 있는 Buffer Memory를 이용하지 않고 컴퓨터를 이용하여 직접 전송함으로써 간편하게 가공할 수 있다는 이점이 있어서 많이 사용되고 있다.

그러나 보다 나은 DNC라면 작업 공정에 따라 한대의 DNC 호스트(host)에서 여러 대의 CNC 공작기계를 동시에 구동함으로써 반무인화 가공을 실현하는 이점이 더 크다.

이것이 Distribute 개념의 DNC이다. DNC 시스템에 이용되는 전송 방식은 메모리 방식, RS232C 방식, LAN 방식 등이 있다. DNC 시스템은 메모리 증설이 필요 없으며, 컨트롤러와 직접 연결하여 데이터 전송과 동시에 가공이 이루어지므로 NC 테잎이 필요치 않다. DNC 가공 시에는 가공물과 공구 및 원점 설정이 미리 세팅되어 있어야 한다.

ㄱ

가공경화 87
가공성(workability) 15
가단성 84
가단주철 29
가소성 84
가스용접 149
가융성(fusibility) 15
개방회로방식 410
건식 래핑법 376
겉불꽃 150
결합도 350
결합제 352
경납땜 190
계통 오차 240
고르개형 39
고압 주조법 69
고주파 경화법 233
고주파 압접법 187
골격형 39
공구수명(Tool life) 277
공기뽑기 51
과실 오차 241
구상흑연주철 29
구성인선 274
균열형 274
극성 161
글레이징 366
기공 32

ㄴ

나사 탭 291
납땜 143
내면 연삭기 356
내열성 48, 235

ㄴ

냉각쇠 51
냉간가공 90
너얼링(knurling) 305
눈메움 366

ㄷ

다기능화 431
다이아몬드 282
다이캐스팅 74
다인공구 269
다축 가공 434
단능 공작기계 270
단동척 300
단식 분할법 331
단인공구 269
단접 118
단조 111
담금질 216
덧붙임 42
덧살올림 용접 145
데드메탈 102
도형제 47
돌리개 299
돌림판 299
동력 프레스 121
드레서 366
드레싱 366
드로잉 132
드릴 289
드릴 게이지 257
드릴링 269
드릴링 머신 316
뜨임 229

ㄹ

래핑 270, 374
래핑 머신 377
레디알 드릴링 머신 321
레이저 빔 용접 179
레이저 빔가공 397
루브링 126
리머 290

ㅁ

마이크로미터 245
마르텐사이트 214
만능 공작기계 270
맞대기 용접 145
매치플레이트 39
맨드렐(심봉) 299
머시닝센터 419
면심입방격자 211
면판 299
모방 선반 311
모형 36
밀링 269
밀링 머신 325
밀링 바이스 329
밀링 커터 285

ㅂ

바닥주형법 48
반 폐쇄회로방식 410
반경 게이지 255
방전가공 392
방진구 301
버니싱 386
버니어 캘리퍼스 243
버링가공 131

버핑 384
범용 공작기계 270
베드 298
보로나이징 235
보링 머신 322
보통선반 309
복합화 431
복합회로방식 410
볼 나사 411
부분형 39
분단가공 126
분말 절단 196
분할대 330
불(비)수용성 절삭유제 279
불꽃심 150
붕괴성 46
블랭킹 125
비교 측정 242

ㅅ

사진법 261
산화불꽃 151
상향 밀링 334
샌드 슬링거 57
생형 44
서멧(Cermet) 281
서보기구 410
선반 295
선반의 크기 297
선삭 269
성형가공 131
세라믹(Ceramics) 281
세이빙 126
세이크 아웃머신 66
섹터(sector) 332
센터 작업 305
센터리스 연삭기 358
소르바이트 215
소성(plasticity) 84
속불꽃 150

쇼트 피닝 385
숏 피닝 236
수용성 절삭유제 279
수중 절단 195
수축 24
수축공 32
수축여유 41
수치제어 절단기 198
수하특성 164
슈퍼 피니싱 382
스크레이핑 261, 262
스프링 백 129
스피닝 139
습식 래핑법 376
시멘타이트 214
실리코나이징 234
심 용접 182
심랭 처리 228
심압대 297
심은날(insert) 커터 289

ㅇ

아세틸렌 152
아크 용접 159
아크 절단 192
알루미늄합금 31
압상력 53
압연 92
압접 143
압출 99
압하율 96
언더컷 200
업세팅 135
엠보싱 132, 136
연동척 300
연삭 269, 346
연삭 번 369
연삭가공(Grinding work) 12
연삭기 354
연삭성 16

연삭숫돌 348
연삭액 368
연성 84
연속 냉각 208
연속냉각 변태 216
열 변위 보정기능 428
열간가공 89
열단형 274
열처리 206
오른손 직교좌표계 414
오버랩 200
오스테나이트 214
온간가공 91
와이어 게이지 257
와이어방전 가공 393
왕복대 296
용접 142
용접기호 148
용접법(welding) 12
용접봉 157
우연 오차 241
운봉법 172
워터제트가공 390
원통 연삭기 354
원형 테이블 329
유동성(fluidity) 22
유동형 273
융접 143
응고 23
응력-변율 곡선 84
이산화탄소 아크용접 175
이산화탄소 주조법 74
이송 304
이송속도(feed) 271
이형제 48
인디게이터 254
인력 프레스 120
인발가공 106
인베스트먼트 76
일체형 바이트 283

입도 350
입자 349

ㅈ

자기 분리기 56
자동 계측 보정기능 429
자동 선반 310
자유 단조 116
잔형 40
재결정 87
적응제어 430
전기로 61
전단 가공 123
전단형 273
전연성 15
전용 공작기계 270
전조 109
전해연마 395
전해연삭 395
절삭 깊이 272
절삭가공 12, 268
절삭깊이 303
절삭성 15
절삭속도 271, 302
절삭온도 276
절삭저항 274
점 용접 182
점결성 46
점결제 47
접합성 15
조립주형법 49
조밀육방격자 211
조직 351
주입구 50
주조(casting) 12, 18, 84
주축대(head stock) 297
중성불꽃 151
직립드릴링 머신 321
직선 절단기 197
직접 분할법 331

직접 측정 242
직진법 261
질화법 231

ㅊ

채터링 369
천연사 46
청동(bronze) 30
청화법 231
체심입방격자 211
초경합금 280
초음파가공 388
총형 밀링 커터 289
총형 연삭기 361
총형 커터 292
최소설정단위(BLU) 411
측정 240
측정 오차 240
측정기의 감도 241
측정기의 정도 241
치핑(Chipping) 277
침탄법 230

ㅋ

칼로라이징 234
캘리퍼스 243
코어(core) 40
코어받침 51
코어프린트 43
코이닝 136
코팅(Coated) 초경합금 280
큐폴라 59
크로마이징 234
크리프 현상 86

ㅌ

탁상 드릴링 머신 321
탄성(elasticity) 84
탄화불꽃 151
탕구 50

탕구계 50
탕구비 51
탕도 50
터릿 선반 309
통기성 46
트래버스 연삭 355
트루잉 366
트리밍 125
특수사 46
특수연삭기 363
틈새 게이지 255

ㅍ

퍼얼라이트 주철 28
펀칭 125
펄라이트 214
페라이트 214
편석 25, 33
평면 연삭기 357
평삭 269
폐쇄회로방식 410
폴리싱 384
표준 게이지 251
표준 탭 291
프로젝션 용접 183
플라즈마 가공 13
플러그 용접 144
플런지 연삭 355
플레이너 312
플레인 밀링커터 286
필릿 용접 146

ㅎ

하이트 게이지 249
하향 밀링 334
한계 게이지 253
한계 측정 242
항온 냉각 209
항온 변태 215
핸드 탭 291

핸드드릴 321
현형 37
형 단조 117
호닝 269, 378
호브(hob) 293
호빙 머신 340
혼 379
혼성주형법 49
화염 경화법 232
황동(brass) 30
회전형 38

횡진법 261
후처리 68

영문
AJC 433
APC 420
ATC 419
CBN 공구 281
CNC 연삭기 421
C·C·T곡선 216
DNC 438

FMC 407
FMS 408
MIG 용접 174
NC 404
TIG 용접 173

기타
2단 냉각 209
2차원 절삭 272
3분력 275
3차원 절삭 272

실용기계공작법 제3판

2015년 2월 15일 제2판 발행
2023년 5월 20일 제3판 발행

지은이 박원규 · 이 훈 · 이종구 · 이종항 · 우영환
펴낸이 류원식
펴낸곳 **교문사**

주소 (10881) 경기도 파주시 문발로 116
전화 031-955-6111(代) | **팩스** 031-955-0955
등록 1968. 10. 28. 제406-2006-000035호
홈페이지 www.gyomoon.com | **이메일** genie@gyomoon.com

ISBN 978-89-363-2285-4(93550)

값 30,000원